地球化学在生态地质及环境工程的应用研究

姚美奎　吴连生　高　洋 ◎著

吉林科学技术出版社

图书在版编目（CIP）数据

地球化学在生态地质及环境工程的应用研究 / 姚美奎，吴连生，高洋著. -- 长春：吉林科学技术出版社，2021.8

ISBN 978-7-5578-8740-7

Ⅰ．①地… Ⅱ．①姚… ②吴… ③高… Ⅲ．①地球化学－应用－生态环境－环境地质学－研究②地球化学－应用－环境工程－研究 Ⅳ．①X141②X5

中国版本图书馆 CIP 数据核字 (2021) 第 180936 号

地球化学在生态地质及环境工程的应用研究

著　姚美奎　吴连生　高　洋

出 版 人　宛　霞

责任编辑　王丽新

幅面尺寸　185mm×260mm　1/16

字　　数　336 千字

印　　张　14.75

版　　次　2022 年 8 月第 1 版

印　　次　2022 年 8 月第 1 次印刷

出　　版　吉林科学技术出版社

发　　行　吉林科学技术出版社

地　　址　长春市净月区福祉大路 5788 号

邮　　编　130118

发行部电话/传真　0431-81629529　81629530　81629531
　　　　　　　　　81629532　81629533　81629534

储运部电话　0431-86059116

编辑部电话　0431-81629518

印　　刷　北京四海锦诚印刷技术有限公司

书　　号　ISBN 978-7-5578-8740-7

定　　价　60.00 元

前　言

　　地质环境是自然环境的一部分，是人类生存发展的基本地质空间，即指与水圈、大气圈、生物圈相互作用的岩石圈的表层。人类的一切活动均受地质环境的限制，而人类活动又在一定程度上影响地质环境的演化过程，甚至可极大地改造地质环境。近百年来，尤其是 20 世纪 50 年代以来，随着全球人口迅猛增长、城市无限扩张、经济和科技快速发展以及人类对资源、能源的极大需求和过度开发，由于人类工程活动对自然界的改造而遭到的自然环境的"报复"越来越强烈。目前，世界范围的水污染和水资源短缺、边坡灾害、土地沙漠化、洪水灾害、地面沉降、矿山地质灾害，大型水利交通工程地质问题均极大地威胁着人类的生存环境。因此，深入探讨环境地质问题的发生、演化过程和机理，探索环境地质问题的控制措施，对保护地质环境、实现人类可持续发展意义重大。从 20 世纪 60 年代提出环境地质学概念以来，本领域得到了众多地质工作者和环境保护工作者的重视并取得了一系列成果，这些成果从不同的研究领域丰富和发展了环境地质学的理论和方法。

　　本书由地球化学的基础理论、地球的物质组成、表生环境及表生地球化学、大气环境地球化学、环境中的光化学过程、环境介质中的化学平衡、重要化学元素的生物地球化学循环、地质环境与人类健康、水污染控制工程、固体废物处置及电子废弃物资源化、环境污染物质的生物化学等部分构成，内容以自然环境中化合物发生的主要物理、化学和生物化学过程为主线进行编排，较详细地论述了这些过程的基本规律及机制，较深入地阐述了人为污染物对这些过程的扰动及其机制、所产生的后果及其影响。全书对从事环境保护和环境科学研究人员与高等院校教师有学习和参考的价值。

　　本书在撰写的过程中参考了大量书籍，但由于作者的水平和所收集的资料有限，书中难免存在疏漏和不足之处，望广大读者批评指正。

目 录

第一章 地球化学的基础理论

地球化学，就是地球的化学，英文为 Geochemistry 或 Earth Chemistry。词源学上，地球化学是地质学和化学的"联姻"，是使用化学的工具来解决地质学问题，即依据化学科学去理解地球以及地球的物质运动。

地球化学是研究地球的化学特征和自然化学作用的科学，它的主要研究内容包括地球的化学组成、化学作用和地球历史过程的化学演化。地球是宇宙天体的一员，地球化学从一开始就不把研究范围局限于地球，而是扩大到宇宙物质，如陨石、月球和太阳系行星，因此广义上讲地球化学是研究地球及其所处天体系统物质化学运动的科学。它于20世纪20年代成为一门独立的学科。经过近百年的研究积累，尤其自20世纪70年代以来的迅猛发展，地球化学已形成一套完整的学科基础理论和专门的研究方法，成为地球科学的主要支撑学科之一，与地质学、地球物理学等并列为地球科学的二级学科。

百年地球化学的迅速发展是与她从诞生以来就紧密关注人类社会和经济发展的需求密切相关的。近几十年来，改善人类生存和生活环境，缓解矿物燃料和矿产资源短缺的压力及防止和减轻自然灾害等问题，成为地球科学愈来愈迫切的重大研究课题。这些问题将在很大程度上制约人类社会的生存和发展。例如，跨入21世纪以来，世界各国一致认识到人类不断加剧的工农业活动强烈地干扰了地球的自然碳循环，导致全球大气升温，给人类生活和生存带来多种灾难。为了解决这些问题，要求我们更加深入地了解人类居住的地球。对地球化学来说，要加深对构成地球的物质以及在地球上所进行着的各种自然和人为过程的了解。地球化学将在解决人类当前面临的发展问题和一系列基础理论问题中发挥重大和独特的作用，并在推动人类社会发展和经济繁荣的努力中不断得到提高和完善。

第一节 地球化学的基本问题和研究内容

一、地球化学学科的性质

每门学科的性质都是由其所研究的物质运动的形式和特征决定的。例如，力学研究物质的力学运动，物理学研究物质的声、光、电、磁、热等物理运动，化学则专门研究物质的化学运动——各种物质的组成、结构、性质以及物质分解和化合的变化。只有从物质运动特性来认识一门学科才易于把握该学科的本质。地球化学属于地球科学，它的研究对象是地球，那么地球系统中的物质运动（包括地球各子系统中的物质运动）究竟属于什么样的运动？这一问题由于受地质学发展和认识水平的局限，长期以来是模糊不清的，而现在已经逐步明朗。

现今科学界的共识是地球系统的物质运动，以及太阳系的物质运动均为高级综合的物质运动，其中包含着相互作用和相互制约的力学、化学和物理学形式的运动，在地球表层系统中还有生物学形式运动的参与。例如，力学运动表现为星体的轨道运动、板块的移动、地形的隆升与拗陷、岩层的变形、海洋和大气环流等；化学运动表现为太阳星云自中心向外随温度压力变化而发生的物质化学分异，地球早期地核、地幔和地壳分离形成过程中物质的分异；岩浆、风化、沉积和变质等作用过程中伴随着的熔融、结晶、溶解、沉淀、蒸发、凝聚、吸附、离子交换等机制所导致的原物相（矿物及岩石）的消失与新物相的形成等过程；地球中的热、电、地震波等的传导、物质密度和重力的分布、磁场的变化等则属于地球物质的物理运动；生物通过光合作用吸收大气圈中的二氧化碳同时向其中输入氧，从而促使大气圈的成分变化，则属于典型生物活动对地球产生影响的生物学形式的运动。需要特别强调的是，寓于地球物质运动中的这些不同形式的基础运动总是相互依存、相互影响和相互制约的，有着不可割裂的联系。例如，俯冲作用可将俯冲板片具有表生自然化合物组合的岩石带入地壳深部（力学运动），使岩石所处环境的温度和压力增高（物理场的变化），而导致原始岩石矿物组合的失稳消失和新矿物组合的形成（变质作用），并伴有化学元素的重组合和再分配（化学运动）。

既然地球物质运动和地质运动本身均始终包含着相互联系的不同形式的基础运动，为了更全面地认识地球形成和演化等地球科学问题，就特别强调要从力学、物理学、化学和生物学等角度进行综合研究，即多学科的综合研究。另一方面，为了更深入地了解寓于地球物质运动中的力学、化学、物理学、生物学形式的运动及其规律，以便能在更深层次上进行综合。在地球科学中，除了主要由宏观地质体在时间和空间上的相互关系探讨固体地球发展动力学的地质学外，地球科学还必须要有研究海洋和大气动力学的学科——海洋动力学和大气动力学，研究地球系统物质物理运动的学科——地球物理学，以及研究地球系统物质化学运动的学科——地球化学。针对研究寓于地球物质运动中的生物学运动，形成了古生物学及生物地球化学，该分支学科通过研究煤田、石油、天然气成藏的形成，以及金属矿床学的生物成矿作用，揭示生物学运动在地球物质演化中的重大意义。

二、地球化学的基本思想及主要研究内容

自然科学的学科发展都会受到所处时代科学和技术总体水平的制约及社会需求的推动，因而在其发展的不同阶段，每门学科的主导思想、主要任务、研究内容和范围，甚至定义都不是一成不变的。可以根据不同发展阶段地球化学家给出的地球化学定义，或关于地球化学主题和任务的表述，来把握地球化学的基本学术思想、研究内容、范围和任务及其发展趋势。

地球化学奠基人之一，苏联维尔纳斯基给出的地球化学定义为："地球化学科学地研究地壳中的化学元素，即地壳的原子，在可能范围内也研究整个地球的原子。地球化学研究原子的历史，它们在空间和时间上的分配和运动，以及它们在地球上的成因"。同期该

学派另一代表人物费尔斯曼提出了类似的定义："地球化学研究地壳中化学元素原子的历史及其在自然界各种不同的热力学和物理化学条件下的行为"。

地球化学的另一重要奠基人（北欧学派）戈尔德施密特（V.M.Goldschmidt）给出的地球化学定义为："地球化学的主要目的，一方面是要定量地确定地球及其各部分的成分，另一方面是要发现控制各种元素分配的规律"。在他逝世后1954年出版的《地球化学》中，对地球化学学科做了如下阐述："地球化学的主要目标是，一方面定量地确定地球及其各部分的成分，另一方面发现控制各种元素分配的规律。要解决这些问题，地球化学家就需要综合搜集地球物质，诸如岩石、水和大气等的分析测试数据，还需要进行陨石分析，以及应用其他宇宙体成分方面的天体物理学数据和有关地球内部物质性质方面的地球物理学数据。许多有价值的信息还来自一些矿物的合成实验，以及对合成矿物形成方式和稳定条件的研究"。

随着20世纪50～60年代地球化学的迅猛发展，1973年美国国家科学院委托地球科学部地球化学委员会组成小组，专门研究当时地球化学的发展状况，并指出地球化学未来的发展方向，该小组发表了《地球化学发展方向》（Orientations in Geochemistry）一书。该书对当时地球化学主要领域的重要进展做了总结，并根据当时地球化学发展的特征给出了地球化学定义："地球化学是关于地球和太阳系的化学成分及化学演化的一门科学，它包括了所有对它做出贡献的科学的化学方面（编者注：这里所指的对地球化学做出贡献的科学包括化学、生物学、物理学、天文学、医学、大气科学、环境科学等，因这些科学的数据和成果为地球化学所引用和借鉴）"。同时该书还补充指出："地球化学包括太阳系由之形成的宇宙尘化学，增生着的地球、月球和行星的化学，地壳、地幔和地核的化学，岩石循环的化学（包括侵蚀、搬运、沉积和隆起），海洋和大气圈的化学演化，岩石中有机物质的化学。于是，一切包容于地球和行星演化范畴中的化学就是地球化学"。

1982年由我国著名地球化学家涂光炽院士等编著的《地球化学》，将地球化学的定义概括为："地球化学是研究地球（也包括部分天体）的化学组成、化学作用及化学演化的学科"。

由上述地球化学定义和内涵的发展可以看出，在不到百年的短短发展过程中，有关地球化学的基本思想、主要研究对象、内容、任务和范围均发生了重大变化，表现为：地球化学研究对象已由强调地球的元素（原子）的地球化学行为扩展到强调地球及其子系统的化学；地球化学学术思想已由地球中元素原子分配、迁移的历史观提升到地球系统及其子系统化学演化的历史观；地球化学的主要研究内容和任务已由确定地球的化学成分或元素丰度及阐明元素分配规律转变为强调研究地球的化学组成、化学作用及化学演化；地球化学的研究范围则由早期仅限于地壳已发展到现今研究地球的各个层圈及众多的天体。

因此，如何能从认识上理清和把握地球化学思想和内涵演变的脉络，协调处理地球化学早期阶段和现阶段思想、对象、内容和任务的相互关系，是推动我国现代地球化学研究发展的关键。要全面地解决上面提出的问题，必须联系基础自然科学整体和地球科学发展历史和现状，结合当前社会经济发展的需求，从现代地球化学发展的理论和方法技术中寻求答案。

第二节　地球化学发展简史

一、地球化学开创时期

人类诞生和发展于地球之上，对于地球上的万物总想知道它们是由什么组成的，无论我国和外国的古代人都曾在这方面提出一些初期朦胧的见解，我国和希腊的古籍均有这类的记载。我国西周时期的"五行说"将地球上的自然物质划分为水、火、金、木、土五行；古希腊哲学家亚里士多德则把地球物质运动视为四元素（火、气、土、水）与四性（热、冷、干、湿）相结合的变换转化。这些认识反映了人类"万物由少数元素组成"的原始萌芽思想。但是在现代化学元素概念提出、原子分子学说建立和周期系中的元素被发现之前，真正意义上的地球化学是不可能形成的。正是由于18世纪后半叶拉瓦锡通过物质的燃烧实验研究否定了"燃素"的存在，从而建立了化学元素的科学概念，才促进了自然界元素的辨认和发现，并为原子、分子论和现代化学奠定了基础。在基础科学的发展和影响下，地质学竭力查明各类地质体及其组成矿物、岩石等究竟是由何种元素构成的，进而为了阐明各类地质体元素成分规律而导致理论地球化学的建立。

"地球化学"这个名称早在1838年由瑞士化学家申拜因首次提出，而后他在1842年就预言："一定要有了地球化学，才能有真正的地质科学"，并断言："未来地质学家不会永远追随现在那些学者所走的路。地质学需要扩大范围。一旦化石不能满足需要，势必另找新的辅助手段。毫无疑问，那时必然要将矿物学、化学的研究方法引入地质学中，这已经为期不远了"。然而，整个19世纪地球化学还是处于资料数据的积累阶段，即主要收集一般地质学和矿物学研究过程中分析得出的各类地质体——矿物、岩石、自然水体和大气等的化学成分数据。当时地质体化学组成的分析和研究，许多年来都限于在欧洲的一些实验室进行，直到美国地质调查机构成立并于1884年任命克拉克（F.W.Clarke）为首席化学师，一个从事地球物质成分研究的化学调查中心在美洲大陆上建立起来。

1900年左右，门捷列夫周期表中预测的元素大部分被发现。在20世纪最初20年内，原子结构和组成、分子结构和化学键学说先后建立，而热力学已广泛应用于化学，为地球化学由资料积累向理论学科发展奠定了必要基础。因此，20世纪20～40年代是地球化学成为一门独立成形学科的奠基和形成阶段。由于克拉克开拓了地壳化学组成研究的方向，他被认为是地球化学的奠基人。

1904年美国华盛顿卡内基研究所建立的地球物理实验室，开辟了地球化学发展的新方向。该实验室的方针是在有控制的条件下进行仔细的实验研究，并将物理化学原理应用于地质过程，由此大大推动了地球化学的发展。例如，N.L.鲍温关于岩浆反应序列的实验结果至今仍具有重要意义，它展示了玄武岩浆分异的全过程，即如何从一种贫硅、富镁铁的熔体通过结晶分异演化出一种富硅、贫镁铁的岩石的整个过程，这对于由上地幔演化出地壳这一过程的阐明有很大帮助。

　　20世纪20～30年代，一个重要地球化学学派在苏联发展起来（1917年前已开始工作），维尔纳斯基及其学生和同事费尔斯曼是这个学派的核心和创始人。维尔纳斯基发展了矿物成因及其历史的研究方向，他认为研究矿物学必须具有地壳中元素分布和迁移的知识。他对自然界元素共生、迁移等问题做了许多研究；创立了生物地球化学和放射性元素地球化学等分支。1924年出版了专著《地球化学概论》。费尔斯曼对当时已积累的大量地球化学资料进行了系统全面的理论综合，创立了地球化学作用过程能量分析的原理和方法，开展了有关伟晶作用的地球化学研究，开创了区域地球化学研究方向。他广泛应用地球化学知识来研究矿物原料工艺；他最早提倡地球化学找矿方法，于1940年出版了《地球化学及矿物学找矿方法》。1934～1939年间，费尔斯曼写成了巨著《地球化学》四卷集。

　　综合分析20世纪前半叶地球化学的发展途径可以认为：①地球化学的孕育和形成是地质学引入化学理论和方法认识地质现象，并推动地质学深入和精确化发展的结果。应用化学和物理化学理论可以对大量地质观测资料从微观原子和离子视角阐明元素分布、分配和迁移的规律，并根据热力学理论探讨自然作用过程。②人类社会经济发展对矿产资源不断增长的需求，则成为促使地球化学发展的重要动力。

二、现代地球化学

　　第二次世界大战后，世界进入了原子能应用和航天遥测时代，人类对矿产、能源、材料的需求不断扩大和迅猛增长，带动了各门科学的空前快速的发展，也包括地质学和地球化学。各门科学的发展为地球化学创造了快速发展的条件：①地球化学实验室在世界多个国家建立，地球化学专门人才的大量培养；②测试仪器和实验设备的不断改善，诸如精确的光谱仪、质谱仪、电子探针、电子显微镜、扫描电子显微镜、气相色谱仪以及高温高压实验设备、遥感技术方法等的陆续问世，仪器分辨率和精度的不断改进等，分析实验地球化学家的研究有力地推动了地球化学理论的深化和提高；③受到一些发达国家政府强力支持的空间和海洋探测事业的开展，为地球化学提供了更广阔的研究视野，获取了大量有关天体（行星、太阳、月球等）及海洋水体和洋底岩石等的资料和化学成分数据；④20世纪60年代中期全球板块构造学说的创立，带来了地质学界的思想革命，使地质学家的眼界第一次真正能拓宽到整个地球，开始认识到地球刚性岩石圈板块运动是由深部地幔热对流推动的，从而形成了以层圈相互作用观点为指导的对地球发展和演化进行探索的新方向；⑤20世纪最后30多年至今，由于全球面临资源、能源、环境、自然灾害等重大问题或危机，多学科综合研究不断增强，学科交流氛围日益趋浓，使得重视自然界物质元素交换循环的地球化学，扩大了与大气科学、海洋科学、天文学、地球物理学、环境科学、土壤学，甚至医学等学科的交流和渗透。所有这些均有利于现代地球化学研究功能的增长、研究范围的扩大，以及学科意义和地位的提高。本阶段地球化学的重要发展可归纳如下。

（一）同位素地球化学

　　在放射性衰变定律和核反应理论基础上，通过自然界放射性同位素组成的测定和研究，创立了放射性同位素定年技术方法，使地质学家能够准确地确定岩石形成年龄，了解地球发展和演化的时间顺序，并不断改进已有定年方法及补充新的地质时钟。

广泛测定和研究了自然界各类地质体和物质的元素稳定同位素组成或比值，总结出它们各自的特征作为标记；开展了元素在不同自然作用过程中同位素分馏与组成变化规律的研究，创立了同位素示踪理论和方法，开辟了追索和辨识地质体的物质来源、形成过程和机制的有效途径。例如，参与成矿作用热水溶液中的水可以有不同来源，可以是加热的大气降水、海水、深部来源的变质水和岩浆水等，根据不同成因水具有可相互区别的氢和氧同位素组成特征，可判定热液水的来源，并推知其参加到成矿热液中的途径。

（二）微量元素地球化学

在应用相平衡理论及微量元素在共存相间分配定律（Nernst 分配定律）研究岩浆体系的基础上，创建了微量元素（含稀土元素）在与岩浆作用有关的部分熔融和结晶分异等过程中的定量分配模型，解决了通过深部来源岩浆岩微量元素组成示踪岩浆源区物质成分和作用过程的问题，从而使研究深部地壳和地幔物质成分和作用特征成为可能。这种定量模型也适用于稳定同位素和放射成因同位素。因此，在微量元素和同位素示踪研究基础上，地幔地球化学和中下地壳地球化学得到了迅猛发展。

（三）地球化学热力学及地球化学动力学

自 20 世纪 60 年代以来，自然界化合物（主要矿物）的热力学数据逐渐积累，根据观察到的岩石中矿物相平衡关系，应用热力学理论和计算，大大增强了研究地质作用过程及其所处物理化学条件（温度、压力、氧逸度等）的能力。如认识到由深部岩浆（幔源玄武岩质，深源长英质）带至地表的橄榄岩类和麻粒岩类岩石包体，分别代表岩石圈地幔岩石和下地壳岩石，从而开辟了对岩石圈地幔和下地壳进行地球化学研究的新途径。同时，地球化学动力学方向的探索也有了较大的发展。

（四）有机地球化学与生物地球化学

有机地球化学以惊人速度快速发展，这是寻找和开发油气资源迫切需求带动的结果。有机地球化学几乎是剖析生油层的唯一手段，并且已经广泛应用于海洋学、土壤学、环境科学、生态学、金属成矿、风化沉积，以及生命起源等领域。相应地，生物地球化学（含微生物地球化学）也有了明显发展，特别是在探讨元素生物地球化学循环方面更是成果骄人。这使探索生物圈与其他地圈的相互作用成为可能。

（五）化学地球动力学

应用元素（主要是微量元素）和同位素示踪的理论和方法，地球化学开拓了通过追踪地球层圈间物质交换和元素再循环进而揭示层圈相互作用的有效途径。例如，根据板块会聚带中与俯冲作用有关的岛弧玄武岩（地幔岩浆产物）常显示出异常高的含量，可证明海洋沉积物曾随洋壳俯冲进入玄武岩质岩浆的地幔源区，后经部分熔融形成的玄武岩质熔体再喷发至地表固结成玄武岩。这是因为 10Be 为大气圈上层氮和氧在宇宙射线作用下经核分裂反应而形成的短寿命同位素（半衰期约为 1.5 Ma）。因此，10Be 只能在近代海洋沉积物中明显富集，并可作为海洋沉积物加入玄武岩地幔源区的重要标志。在这一壳幔物质再循环中伴随着 10Be 由大气圈进入海洋，再转入沉积物，接着随洋壳俯冲进入地幔，然后随经部分熔融形成的岩浆再返回地壳的全部历史。这样的研究能反映地球层圈的相互作用及其动力学特征。

（六）地球变化与地球古环境研究

在地球化学提升了探索地球深部物质演化能力的同时，它在大气圈和海洋研究领域也取得了重大进展。基于系统中物质输入和输出质量守恒的原理，考虑沉积岩石圈与大气圈和水圈等的物质交换关系，应用各种可能的地球化学标记或信息，根据它们在各类沉积物（沉积岩岩层、黄土层序、冰川冰盖层序等）中的含量、组成及其随时间的变化，可以揭示某一地质时期大气圈和海洋的化学组成和环境特征及其随时间的演化。例如，根据地层中有孔虫目化石的氧同位素组成，可估算出当时古海水的温度；根据不同时代海相硫酸盐的硫同位素组成，已经揭示了显生宙以来古海水硫同位素组成的演化。同样，大气圈某一时期 CO_2 含量水平也可从该时期可能由沉积圈、海洋和生物圈能供应的数量，以及能放出 CO_2 的深部火山作用的规模等来估计。因此，地球化学开创了定量研究古环境和古气候及其演化的途径。

（七）天体化学与空间化学

通过陨石和月岩样品的测定和研究，以及吸收日益增多的来自航天 - 遥感技术所获得的太阳系及其以外天体的化学资料和有关信息，地球化学已能在宇宙和太阳系的广阔背景下探索地球的形成和演化。

总之，地球化学的发展历史表明：前期的地球化学强调元素原子的自然历史观，注重由元素在地球（主要在地壳）中的分布、分配和迁移规律的探索来解决地学问题。从 20 世纪 70 年代开始，地质学已发展进入地球系统科学时代，地球化学在原有理论和技术方法基础上发展和提升到了探索地球、行星和太阳系化学组成、化学作用和化学演化历史的层次，并将元素和同位素的研究更多地朝着探索地球层圈相互作用和化学演化的示踪理论和方法的新阶段发展。

三、地球化学基本理论框架和技术方法体系

综上所述，地球化学经过百年的积累，已形成了一套完整的理论体系和方法技术，可归纳为"现代地球化学基本理论框架和技术方法体系"：

（一）地球和地质作用具有多层次时空结构，及对应于其物质能量系统的自发演化理论，和同位素地球化学定年技术方法。

（二）原子结构特征制约元素的基本地球化学习性理论，以及地质系统元素赋存状态观测方法。

（三）地质作用过程地球化学热力学参照系理论，与作用进程相图平衡计算方法。

（四）地球化学过程多重耦合动力学理论，及数字模拟计算和预测方法。

（五）地球化学示踪理论与成岩成矿物源追踪和作用物理化学条件计算方法。

（六）地球生命物质的阶段式衍生进化及其与无机环境物质交换理论，与有机、环境和生态地球化学方法。

地球化学通过最近50年的迅猛发展，在思想、理论和技术方法上已经具备了"上天、人地、下海"全方位探索地球的能力，已成为解决当代全球性地学重大前沿问题——地球动力学及全球变化的主要支撑学科之一。这两个领域科学问题的研究和进展，是解决当代人类面临的矿产资源、能源、生态、环境、地质灾害等危机的重要科学基础，并且成为实现社会和经济可持续发展战略的科学支撑。

第三节　地球化学的认知思想和方法论

每门学科都有自己的基本学术思想及其指导下的方法论，或统称学科的哲学或思路。它们对于学科发展来说，具有战略性的意义。在它们的指导下，能够根据所研究的科学问题的特点，更好地应用和集成学科的理论和方法以达到研究的最佳效果。本书拟在吸收国内外地球化学大师论著中的闪光思想与许多地球化学研究成功实例反映出的科学思路的基础上，结合我们自己的研究实践和体会，尝试做一些有关的论述。

一、地球化学的基本观点和方法论

从现代地球化学主要研究地球及其子系统的化学组成、化学作用和化学演化来看，下面的基本观点及其方法论的意义最为重要。

第一，地球化学系统观点，这里特别强调系统的组成和状态制约其化学过程和元素行为的特征。例如，在表生和内生地球化学系统中铁和锰均显示出不同的化学行为；不同地区由于地壳和地幔组成和温压等状态的差异，成岩和成矿的特征明显不同；地球由于温度适中和存在液态水，得以发展出繁茂的生物圈，从而导致地球具有含自由氧的大气圈及长英质成分的地壳，这些均为地球完全不同于太阳系其他行星的特殊性。地球化学与化学的区别在于自然地球系统在组成和状态上较之实验室和工厂中人为的化学系统具有无比的复杂性。这一观点的方法论意义在于研究任何地球化学问题，都须置于它所处的系统中来考察，以系统的组成与状态来约束所研究过程的性质和特征。如地壳是一种地球化学系统，它在某一时期的元素丰度既构成系统的一种状态参数制约着地壳中化学作用和元素行为，又是地壳发展的阶段状态，通过不同时期地壳组成的对比就可揭示地壳的化学演化。因此，不应仅仅将地壳元素丰度视为度量局部地区和地质体元素富集或贫化程度的标尺。

第二，寓于地球系统物质运动中的化学运动同力学运动、物理学运动和生物学运动相互依存、相互制约和相互转化的观点，这里强调不同形式运动的相互作用和相互制约的方法论意义。地球系统物质运动中化学形式的运动不是孤立的，而是与其他形式运动紧密联系和相互制约的，因此地球化学研究虽然重点探讨化学运动，但应重视地质学和地球物理学的实际资料和认识成果对地球化学立论的约束。同时由于我们是通过寓于地球和地质运动中的化学运动的研究来探索和解决地学问题，所以就可归纳为如下方法论：善于将地学和地质问题剖析为地球化学性质的问题来研究，以发挥地球化学学科的优势。例如，对于如何证明板块构造学说所设想的洋壳俯冲的地质学问题，就可将这个问题剖析为证明会聚板块俯冲带中同构造期的岛弧玄武岩的地幔源区中是否有洋壳物质卷入的地球化学问题，这样研究可发挥地球化学示踪的专长。

第三，地球层圈相互作用与物质和元素循环的观点。地球形成初期分异出层圈之后，化学组成、温度和压力迥异的各层圈之间，必然会发生强烈的相互作用，表现为层圈间的物质交换、能量输运及动量传递，推动着地球的运动和发展。因此，地球化学应以地球层圈相互作用为主线，以揭示物质和元素的循环为手段，进行地学和地质问题的研究。这一方法论对于现代地球化学从事地球系统重大问题研究更为重要。

第四，历史地球化学观点，强调地球系统的总体演化及寓于其中的化学演化具有循环性和不可逆性，即螺旋式上升规律。循环性（或旋回性）表现为相似的地质作用或事件，在地球历史中可以多次重复发生，如各地质时代均有沉积作用发生；不可逆性表现为同一种自然作用随时间推移其性质和特征是单向发展的。例如，沉积铁矿能出现于不同地史阶段：前寒武纪以形成海相条带状铁硅建造为特征，元古宙晚期以沉积滨海相的鲕状赤铁矿床（鲕状赤铁矿、鲕绿泥石、菱铁矿）为特征，而后显生宙则主要形成湖相 - 沼泽相沉积铁矿床（水针铁矿、鳞绿泥石）。这种演化规律主要是受大气圈从无自由氧到出现自由氧再到自由氧含量水平提高，致使地表环境由还原—弱氧化—较强氧化的转变的规律所控制。因为，这可以改变铁的价态，从而影响铁在表生作用中迁移活动性的变化。根据地球演化的螺旋式上升这一普遍规律，在地球化学研究中，应始终坚持以发展论和阶段论思想为指导。按照这一方法论，在特定历史阶段中可以进行一定程度的将今论古，但总体上必须坚持发展论，不应超越阶段进行类比。当然，还须考虑突变的发生。

第五，各类地质体的化学物相、元素和同位素组成、物相反应关系及相应参数为地球化学事件记录的观点，这里强调善于从地质体观察中获取地球化学信息的能力。因为除了地表正在进行的地质 - 地球化学作用可以直接观察研究外，绝大多数作用或发生于地球深部，或已完成结束于地球历史时期，无法对这些作用过程进行自始至终的正序研究，只能根据作用过程遗留在各类地质体中的产物和遗迹反序地追索地球的化学作用和化学演化。

二、地球化学的研究方法

地球化学的每种理论，应用于解决地学问题，均构成一种研究方法。地球化学的基本研究方法主要是对地球系统及其各级子系统进行观察、取样分析、归纳和演绎研究；其次是实验模拟研究及数字模拟研究。现就地球化学一般研究方法简述如下。

（一）地球化学野外工作方法

这里涉及的主要是人们肉眼可以直接观察的固体地球部分研究，至于大气圈、海洋和地外天体等研究方法，以及陨石的收集和研究，有专门书籍论述，在此不再介绍。

地球化学野外工作的目的是：观察了解宏观地质体的物质类型、结构构造及它们在时间和空间上的相互关系，在此基础上系统观察和收集寓于各地质体中的地球化学记录和信息，并采集具有明确代表对象和意义的样品。当然，观察收集信息及取样的侧重点应因研究目的的不同而有所差别。

因为地球化学运动和作用寓于地质运动和作用之中，所以必须首先较好地了解研究区的地质背景，把握所研究地质作用的产物的特征和矿物岩石组成、结构构造及它们之间的时空关系和序列。这些均属于地质学的观察研究内容，可按地质编录或制图法进行。这部分工作是地球化学研究的重要前提和必要基础，是地球化学研究客观性的根本保证。

在野外观察建立了较好的地质研究的基础上，必须重视各类地质体中地球化学记录和信息的观察和收集，力求在野外工作阶段就能形成地球化学研究的构想或工作假设，从而保证室内研究能更有效地开展。常见一些年轻地球化学家研究中只有野外地质观察而缺乏基本的野外地球化学信息收集，似乎认为地球化学研究对象仅限于化学元素和同位素微观层次。地球及其层圈中的化学作用绝大多数都是通过化合物（矿物）或物相之间的反应实现的，元素原子的相互作用只是这种反应的内在根据。化学、地学和地球化学今天的发展，已使地球化学从地质体的观察中直接获取地球化学信息成为可能。

如何进行野外地球化学观察和信息收集？通常地球化学可以广泛应用矿物化学、岩石化学、化学及物理化学的知识和理论指导地质体的观察。例如，根据地质体的岩石和矿物组成，不需化学分析就可知道它们的大致化学组成，基于矿物间受类质同象控制的元素分配规律，还可粗略推测它们中比较集中的微量元素种类和组合；石灰岩是强碱弱酸的盐类，其岩层可起着天然溶液酸碱度调剂的作用，是影响元素迁移的碱性障；观察组成岩石的矿物共生组合及矿物的交代关系，可为应用相平衡理论研究地球化学作用奠定基础。例如，在硫化物矿床氧化露头中见到方铅矿（PbS）依次被铅矾（$PbSO_4$）和白铅矿（$PbCO_3$）交代的现象，就可推断硫化物矿石的氧化应依次经历硫酸盐和碳酸盐阶段，其环境应先是酸化，而后向碱性过渡，从而提出进一步检验这种推断的设想。此外，从物理化学观点看来，天然溶液进入张性裂隙是外压力的突然降低，岩石的糜棱岩化实质为物质颗粒变细增加表面能，从而增强化学反应速率，等等。通过地质地球化学野外观察，收集到足够的地球化学信息，再结合地质背景、条件与研究的目的，就可形成进一步研究的构想。

样品采集必须注意的关键问题是，样品应能确切地代表所要研究的地质对象，尽可能详细地了解其产出的地质背景、环境和条件；符合所要研究的目的。例如，为了解原始岩石成分须采集新鲜的岩石样品，为研究蚀变过程应按剖面采集原岩、半蚀变岩石到全蚀变岩石的系列样品。样品的规格和重量按需进行测试方法的要求确定；每种样品采集的数量应以具有统计学上的一定代表性为准。

（二）地球化学室内研究方法

地球化学室内研究包括样品的加工、分选、预处理、岩石矿物鉴定和分析测试、数据处理，以及综合分析得出结论的全过程。

在野外观察和鉴别的基础上，为了准确鉴定矿物、岩石、矿石的成分和类别，确定矿物 - 流体相间反应关系，常须进行偏光和反光显微镜观察，对微粒和微区研究可以应用电子显微镜、电子探针等仪器进行精确分析和鉴定。这方面需要特别强调的是，准确地鉴定矿物和岩石只是目的之一，而详细观察和了解岩石与矿石中矿物间的相平衡和反应 - 交代关系，以及矿物晶粒中的环带结构和成分变化等，具有更深入层次的意义。现代高精度的实验观测技术为实时实地准确地观测微细地球化学作用过程提供了条件。

为了获取各类地质对象的化学成分，除主量元素可应用常规化学或仪器分析方法测定外，其余大多数测定项目为微量组分，含量一般为克拉克值级次。对于这些微量元素的测定需要使用灵敏精确的分析技术，灵敏度一般要求达到 10^{-6} ~ 10^{-9}。在这方面，现在常用的分析方法有：发射光谱分析、原子吸收光谱分析、火焰光谱分析、离子选择电极法、中子活化分析、等离子体光量计分析、质谱分析，以及一些专项分析技术，如测汞、测金、放射性测量等。可以根据研究目的，选用适用的方法，在满足灵敏度和精度要求的前提下，应考虑便捷、经济的原则，避免过度追求高精度、过多测试项目等。

进行同位素定年和同位素组成测定的样品，须根据样品性质、估计的可能年代范围，以及各种定年法和同位素测定分析法的特点和要求，选择质谱分析的类型及进行样品的制备和测定。

元素结合形式和赋存状态是制约元素地球化学行为及活动性的重要因素。其中主量元素形成各自的矿物或独立相，它们的结合形式根据矿物学的鉴定和研究确定。对不形成独立矿物的元素的赋存形式以及细粒岩石(页岩、黏土沉积物、土壤等)中元素的赋存形式，则须应用专门的综合测试方法解决，包括：晶体光学法、物性和物相分析法、X 射线分析法、电子探针等微区分析法，以及化学偏提取法、电渗析法、放射性乳胶照相法等。

地球化学作用的物理化学条件的确定包括测定和计算两类方法。如矿物流体包裹体测温和测压属于测定法；矿物温度计、微量元素温度计、同位素温度计等为测定和计算相结合的方法；而体系的 pH、E_h、f_{O_2}、盐度、离子强度、矿化度等参数则是通过热力学和化学平衡计算获得。

在取得了上述各种实际资料和数据后，研究就进入了数据处理和资料整理，进而综合提炼并得出科学结论的阶段。数据处理和资料加工包括，按照研究的目的，应用地球化学多元统计分析的方法（相关分析、判别分析、因子分析、聚类分析等）揭示研究对象数据和参数的分布形式、变异特征、相关程度、元素共生组合及其影响因素等；根据解决问题的设想，编制各种图件和表格等。此后，研究就进入了由客观向主观认识转化上升的思维过程，在这方面，辩证唯物主义认识论和前述的地球化学方法论具有关键性的指导意义。

（三）地球化学实验模拟和数字模拟

开展实验研究，尤其高温高压条件下的实验研究，是地球化学探索必不可少的一种手段。实验研究的内容主要包括：地球化学所需自然化合物（矿物）和化学物种热力学性质与参数的确定，元素在各种共存相间分配系数及同位素分馏系数的测定，极高温度和压力下矿物相变及超临界水流体溶液物理化学性质的研究，以及各类地球化学作用实验模拟的研究。这些实验使地球化学应用物理化学原理和进行定量计算成为可能，为地球化学对深部地幔物质成分的判断提供参考，使地球化学对各种自然和人为作用过程和机制的了解更加精确和深化。

在开展地球化学作用的实验模拟时，应注意使实验体系和条件尽可能地接近自然界的实际，这样才能获得有效和可信的结果。

各种地球化学体系的数字模型化研究（如，岩浆作用过程中微量元素分配的定量模型），以及地壳、地幔、海洋等复杂体系的数字或计算机模拟，近年展现出不断增多的趋势，被称为计算地球化学。计算地球化学既是地球化学向定量化发展的必然结果，同时也是对许多难以进行实验模拟的复杂自然体系定量研究的一种补充。

地球化学体系和作用过程的定量化数字模拟或建模，现在已广泛应用于解决地球化学问题，其中包括地球化学体系的质量收支平衡、反应的化学平衡、系统动力学、物质输运过程，以及上地幔、洋盆和岩浆房的化学演化等。

第二章　地球的物质组成

　　地球是一个物质世界，近 60 万亿亿吨的物质几乎都集中在固体地球里面，并主要以岩石和金属的形式出现。其中地核和地幔主要由金属组成，地壳主要由俗称石头的岩石（如石灰岩、花岗岩、砂岩等）组成。岩石又是由各种各样的矿物集合而成（如石灰岩是方解石、白云石等矿物的集合体；花岗岩是石英、长石、黑云母等矿物的集合体），矿物和金属则是由化学元素结合而成的，有的矿物为元素单质（如金刚石是碳的单质）；有的为元素的化合物（石英是氧和硅的化合物）。

　　在地球演变过程中，各种岩石、矿物和元素始终进行着成分、能量的交换和状态的变化，原有的岩石和矿物不断遭到破坏，新的岩石和矿物不断形成，尽管其过程是极其缓慢的，但却时刻都在不停地进行着，从而可造成某些元素或矿物的分散和富集作用，形成有价值的矿产资源。人们把在当前技术条件下可以利用的岩石统称为矿石，而把不能利用的称为岩石。从发展的眼光看，自然界所有的岩石都将可能成为矿石。

第一节　地球中的元素

一、元素的概念

　　元素就是具有相同的核电荷数（即核内质子数）的一类原子的总称。从哲学角度解析，是原子的电子数目发生量变而导致质变的结果。

　　关于元素的学说，即把元素看成构成自然界中一切实在物体的最简单的组成部分的学说，早在远古就已经产生了，不过，在古代把元素看作是物质的一种具体形式的这种近代观念是不存在的。无论在我国古代的哲学中还是在印度或西方的古代哲学中，都把元素看作是抽象的、原始精神的一种表现形式，或是物质所具有的基本性质。

二、地球中的元素

　　据万有引力定律计算，地球的质量为 5.965×10^{24} 千克，几乎都集中在固体地球内部，以矿物或岩石的形式出现，而大气、水和生物体的总质量不足 0.1%，但占领的空间极大。地球的密度从地球内部向大气圈外层越来越小。

　　据近年来的研究表明，组成整个地球的物质，按质量百分比计算，占 98% 以上的八大元素是铁、氧、硅、镁、镍、硫、钙、铝；其他所有元素仅占 1.5%。其中铁的含量竟高达总含量的 1/3 有余，铁与镍大部分以金属状态集中存在于地核中；而氧、硅、铝、铁和镁则主要赋存于地壳和地幔中；氧的含量也近 1/3，氧和硅共同构成地壳中最常见的硅酸盐岩石。大气圈主要是由氮、氧组成；水圈是由氧、氢组成；生物圈是以氧、碳、氢组成。虽然地球的外部圈层中所有元素的质量和地球的总质量相比，不及千分之一，但它们对人类所产生的影响快速而强烈，丰富而多变。

宇宙、太阳系、地球的数据是在美国化学家克拉克对地壳元素丰度的研究基础上，加上采用其他的方法推算出的。

1956 年第一次算出了以硅原子数量为基数的元素的相对宇宙丰度，后来又按质量估算出 9 两种元素在地球中含量的百分数。

三、地壳中的元素

地壳中各元素的含量从大到小依次为氧、硅、铝、铁、钙、钠、钾、镁、氢，百分比分别为：氧 48.60%、硅 26.30%、铝 7.73%、铁 4.75%、钙 3.45%、钠 2.74%、钾 2.47%、镁 2.00%、氢 0.76%、其他 1.20%。氧、硅、铝、铁、钙是地壳中含量前五位的元素。

地壳中各种化学元素平均含量的原子百分数称为原子克拉克值，地壳中原子数最多的化学元素仍然是氧，其次是硅，氢是第三位。

99% 以上的生物体是由 10 种含量较多的化学元素构成的，即氧、碳、氢、氮、钙、磷、氯、硫、钾、钠；镁、铁、锰、铜、锌、硼、钼的含量较少；而硅、铝、镍、镓、氟、钽、锶、硒的含量非常少，称为微量元素。这一研究表明人与地壳在化学元素组成上的某种相关性。

地壳中含量最多的元素是氧，但含量最多的金属元素则要首推铝了。铝占地壳总量的 7.73%，比铁的含量多一倍，大约占地壳中金属元素总量的三分之一。

铝对人类的生产生活有着重大的意义。它的密度很小，导电、导热性能好，延展性也不错，且不易发生氧化作用，它的主要缺点是太软。为了发挥铝的优势，弥补它的不足，故而使用时多将它制成合金。铝合金的强度很高，但重量却比一般钢铁轻得多，它广泛用来制造飞机、火车车厢、轮船、日用品等。由于它的导电性能好，它又被用来输电。由于它有很好的抗腐蚀性和对光的反射性，因而在太阳能的利用上也能一展身手。

第二节　地壳中的矿物

矿物是单个元素或若干个元素在一定地质条件下形成的具有特定理化性质的化合物，是构成岩石的基本单元。矿物多数是在地壳（地球）物理化学条件下形成的无机晶质固体，也有少数呈非晶质和胶体。自有人类以来人们就开始了对矿物的认识和利用，人类有了文字就有了对矿物认识的记载。矿物学作为一门独立的学科已有近三个世纪的历史了，20 世纪 20 年代以来在矿物学研究中逐步引入了现代科学技术的研究手段和方法，使矿物学进入了由表及里、由宏观到微观的研究层次，开始了矿物成分、结构与物理性质、开发应用综合研究的新阶段。

一、矿物的基本化学组成

（一）矿物化学组成

自然界中每种矿物都有一定的化学成分，根据它们的化学组成大致可以分为以下几种类型。

1. 单质矿物

仅由一种元素组成的矿物。如自然的金属元素金、银、铜等；自然的非金属元素，硫黄、石墨、金刚石等。

2. 化合物

由两种或两种以上的元素组成的矿物。化合物的种类很多，主要有硫化物、卤化物、氧化物、氢氧化物、含氧盐类等。

3. 含水化合物

矿物中的水除了普通水分子外，还包括氢离子、氢氧根离子、水合氢离子等水的形式。矿物中的水常以不同的方式存在于矿物中，最主要的形式有胶体水、结晶水、结构水等。

（二）晶质与非晶质

1. 晶质与晶质体

晶质是指矿物内部的质点（分子、离子、原子）在空间上规则地进行排列，形成具有平移对称的晶体格架。晶质体则是具有晶质的内部结构的矿物实体。

2. 非晶质与非晶质体

非晶质是指矿物内部的质点（分子、离子、原子）在空间上排列不规则，不具有平移对称。非晶质体则是具有非晶质的内部结构的矿物实体。

3. 晶体外形

晶质体与非晶质体都具有相对稳定的外部形态特征，突出的特点是具有与内部结构相协调的外部几何对称性。完整的晶质体外为一封闭的几何多面体。它是由一个或多个几何单形组成的。根据对称操作推导出的几何单形共有 47 种。

晶体外部平坦面称为晶面，晶面上常见晶体生长中交替生长不同单形而造成的晶面纹饰。由两个晶面相交组成晶棱，由三个晶面相交构成一个顶角。

二、矿物及种类

提及矿物，人们最常见的便是石英。石英是地表最常见、最普遍，也是最重要的一种固体矿物。它是由一个硅原子和两个氧原子组成的，其化学式为 SiO_2；它具有一定的形状，即单体多呈六方单锥，而多以晶簇的形式出现并具有无色、透明、玻璃光泽、硬度大等特性。因此，可得出矿物是在地壳中由化学元素组成的天然化合物。大多数矿物是由两种以上的元素组成的；少数是由一种元素构成的单质矿物，如金刚石、石墨、自然硫等。矿物具有一定的物理性质、化学、光学特性和外部形态。既然矿物绝大部分是固体的，那么矿物就一定具有形状、大小，而其形状、大小又主要受到矿物晶体构造控制。因矿物晶体太小，肉眼很难辨认，利用 X 射线研究发现，矿物按其内部结构特点可分为晶体与非晶体两类。晶体矿物的内部质点（原子、离子、分子）在三维空间中呈现规律的无限重复的几何排列，形成晶体结构。如石盐晶体结构中，钠离子和氯离子在三维空间中按相间排列的方式做无限延伸，形成规律的立方体几何图形。如果组成矿物的质点在三维空间中是呈不规则排列的几何图形则称为非晶体。自然界大部分固体矿物是晶体。

浅色大球表示氧原子；深色小球表示硅原子。说明 4 个氧原子围绕着 1 个硅原子构成一个硅氧四面体。这就是地壳造岩矿物中分布最广的元素（硅和氧）构成的晶体结构。（如图 2-1）

图 2-1 硅氧四面体晶体结构

不同的矿物化学成分与内部结构不同，就决定了其不同的外部形态与物理性质，这种矿物形态与物理性质的特征是鉴定矿物的重要依据。

综上所述：

1. 矿物必须是自然产出。任何人工的、实验室里合成的，或非因地球的地质作用产生的物质均不为矿物。如人造钻石、由松树脂形成的琥珀。

2. 矿物大多都是固体。除了天然汞（水银）为天然产出的液体外，绝大多数矿物都是固体的。

3. 矿物具有一定的化学成分。如金、石英等，而煤无一定的化学式，不属于矿物。

4. 矿物具有晶体结构特征。即矿物内部质点排列有序，如玻璃。

因此，人们可根据不同的化学组成、矿物形态、结构特征辨别不同的矿物。但有趣的现象是，相同的化学组分的矿物不一定形成同一样的矿物。如金刚石与石墨，它们都是由碳原子组成，但其晶体结构十分不同。这是因为控制矿物形成的化学组分在不同的地质条件（如温度、压力等）下可形成不同的晶体构造，于是产生结构不同、晶体形态与习性各异的矿物。金刚石形成在火山强烈爆炸下的高压状态；而石墨则主要因一定的温度经变质作用而成。因此金刚石具有无色透明，坚硬无比的特性；而石墨为黑色不透明的，硬度很小。

自然界的矿物种类繁多，目前已知的矿物有3600余种，但目前已被人类利用的矿物仅200余种。按矿物的化学成分可分为六大类。它们是自然元素矿物、硫化物矿物、氧化物和氢氧化物类矿物、卤化物类矿物及含氧盐类矿物。其中含氧盐类中的硅酸盐类矿物（如石英、斜长石、钾长石、黑云母、白云母、普通辉石、普通角闪石、橄榄石和黏土矿物等）最多，约占矿物总量的91%；矿种有800余种，其总量估计占地壳质量的80%，因此也称为造岩矿物。

三、矿物的性质

（一）矿物的物理性质

矿物物理性质是鉴别矿物的主要依据。

1. 颜色

颜色是矿物对不同波长可见光吸收程度不同的反映。它是矿物最明显、最直观的物理性质。据成色原因可分为自色、他色和假色。自色是矿物本身固有的成分、结构所决定的颜色，具有鉴定意义。他色是矿物混入了某些杂质所引起的。假色则是由于矿物内部裂隙或表面的氧化膜对光的折射、散射引起的。

2. 条痕

条痕是矿物粉末的颜色，一般是指矿物在白色无釉瓷板（条痕板）上划擦时所留下的粉末的颜色。条痕比矿物的颜色更固定，但只适用于一些深色矿物，对浅色矿物无鉴定意义。

3. 透明度

透明度是指矿物透过可见光波的能力，即光线透过矿物的程度。肉眼鉴定矿物时，一般可分为透明、半透明、不透明三级。

4. 光泽

光泽是矿物表面的反光能力，根据矿物表面反光程度的强弱，用类比方法常分为四个等级：金属光泽、半金属光泽、金刚光泽及玻璃光泽。由于矿物表面不平，内部裂纹，或成隐晶质和非晶集合体等，可形成某种独特的光泽，如丝绢光泽、油脂光泽、蜡状光泽、珍珠光泽、土状光泽等。

5. 解理与断口

矿物在外力作用（敲打或挤压）下，严格沿着一定方向破裂成光滑平面的性质称为解理。据解理产生的难易程度，可将矿物的解理分成五个等级：①极完全解理，②完全解理，③中等解理，④不完全解理，⑤极不完全解理。不同种类的矿物，其解理发育程度不同，有些矿物无解理，有些矿物有一组或数组程度不同的解理。如云母有一组解理，长石有二组解理，方解石则有三组解理。如果矿物受外力作用，无固定方向破裂并呈各种凹凸不平的断面，如贝壳状、参差状等，则叫作断口。

6. 硬度

硬度指矿物抵抗外力的刻画、压入或研磨等机械作用的能力。在鉴定矿物时常用一些矿物互相刻画比较其相对硬度，一般用 10 种矿物分为 10 个相对等级作为标准，称为摩氏硬度计。

7. 其他性质

如相对密度、磁性、弹性、挠性、脆性等。此外，利用与稀盐酸的反应程度，对于鉴定方解石、白云石等矿物也是有效的手段之一。

（二）矿物的化学性质

矿物是由自然界中 100 多个元素当中任何一个或二个以上的元素组成的。因此矿物的化学性质就离不开这些元素的组合性质。

人们把化学元素分为亲气元素，亲石元素和亲生物元素等。亲石元素与岩石圈关系密切又称为亲氧元系。

主要集中分布于地球的岩石圈中，是构成地壳岩石的主要元素。包括锂、铍、硼、碳、氧、纳、镁、硅等，多达 53 种元素。有趣的是，这些无素的离子最外层电子层多具有 8 个电子，呈惰性气体型的稳定结构，位于原子容积曲线的下降部分。

矿物的化学键是指矿物分子中原子间的化学结合力。化学键主要分为三种类型：离子键、共价键、金属键。

当带正负电荷的阴阳离子由于静电吸引形成离子化合物时，阳离子和阴离子之间的结合力称离子键。如石盐 NA 离子和 CI 离子的结合即为离子键 $NACI$ 。

当原子形成分子或分子化合物时，由于共用电子对所形成的原子之间的结合力称关价键。如两个氧原子形成一个氧分子时，两者为共价键。

此外金属键也是一种特殊的金属原子间的结合力。如陨石中特有的矿物铁纹石，是镍和碳两个原子的化学结合力。同质多象是指化学成分相同的物质，在不同的物理化学条件下结晶成具有不同结构晶体的性质。我们都知道金刚石是由碳原子组成的，而石墨也是由碳原子组成的，但由于结构晶体的性质不同，它们之间有极不相同的物理性质。在硬度方面金刚石是物质中硬度最大的，而石墨却是最小的。

同象异质是指矿物的结构相同，而化学成分不同，如方解石是碳酸钙，而菱镁矿的化学成分是碳酸镁，可它们的结构是相同的，都为三方晶系。

由于矿物具有各种有趣的化学性质，使宇宙间存在几千种特性不同的矿物，而且人们还在逐年发现许多新的矿物。

第三节　岩浆岩

地壳中的岩石，由于地壳活动或岩浆活动的影响，受到高温、高压的作用和岩浆的化学作用，使原来岩石的内部矿物成分、结构和构造发生了变化，从而形成一种新的岩石，称为变质岩，这种变化称为变质作用。因为原来岩石的性质不同，变质作用的性质和强度不同，所形成的变质岩亦各有不同之处。总的来说，变质作用的结果可以概括为两方面：一是岩石的矿物重新结晶或产生新矿物；二是某些矿物在定向压力下呈定向排列形成片理构造。

变质作用可分为两大类：接触变质作用及区域变质作用。

前者是指地壳深处的岩浆上升，侵入原生岩时，原生岩受到岩浆高温（可达 1000 摄氏度以上）的影响，或受到岩浆中分异出来的挥发成分及热液的影响而发生变质。这种变质作用又可称为热力变质作用，其变质带——受热而重新结晶的范围——范围较小，一般呈狭长带状分布。

后者，是由地壳运动所引起的大范围变质现象，是各种变质因素作用的结果。如天山、祁连山地区都曾经过区域变质作用。

地壳及地幔的上部是由岩石组成的，称为岩石圈。岩石圈的岩石按成因分为三大类，即岩浆岩、沉积岩、变质岩。

一、概述

岩浆岩又称火成岩，是由岩浆喷出地表或侵入地壳冷却凝固所形成的岩石，有明显的矿物晶体颗粒或气孔，约占地壳总体积的 65%，总质量的 95%。岩浆是在地壳深处或上地幔产生的高温炽热、黏稠、含有挥发分的硅酸盐熔融体，是形成各种岩浆岩和岩浆矿床的母体。岩浆的发生、运移、聚集、变化及冷凝成岩的全部过程，称为岩浆作用。目前已经发现 700 多种岩浆岩，大部分是在地壳里的岩石。常见的岩浆岩有花岗岩、安山岩、玄武岩、苦橄岩等。一般来说，岩浆岩易出现于板块交界地带的火山区。

二、作用方式

岩浆作用主要有两种方式：喷出作用和侵入作用。据此将岩浆岩分为喷出岩和侵入岩。

喷出岩是由火山喷发时喷出的岩浆冷凝而成的矿物岩石，多数为岩浆岩组成，质地疏松多孔。

侵入岩指液态岩浆在造山作用下贯入同期形成的构造空腔内，在深处结晶和冷凝而形成的火成岩。

三、形成特征

岩浆岩主要有侵入和喷出两种产出情况。侵入在地壳一定深度上的岩浆经缓慢冷却而形成的岩石，称为侵入岩。侵入岩固结成岩需要的时间很长。地质学家们曾做过估算，一个 2000 米厚的花岗岩体完全结晶大约需要 64 000 年。岩浆喷出或者溢流到地表，冷凝形成的岩石称为喷出岩。喷出岩由于岩浆温度急剧降低，固结成岩时间相对较短。1 米厚的玄武岩全部结晶，需要 12 天，10 米厚需要 3 年，700 米厚需要 9000 年。可见，侵入岩固结所需要的时间比喷出岩要长得多。

（一）黏度

黏度也是岩浆很重要的性质之一，它代表着岩浆流动的状态和程度。岩浆中二氧化硅的含量对黏度影响最大，其次是氧化铝、三氧化二铬，它们的含量增高，岩浆黏度会明显增大。酸性岩中二氧化硅、氧化铝的含量很高，因此，黏度也最大；溶解在岩浆中的挥发份可以降低岩浆的黏度、降低矿物的熔点，使岩浆容易流动，结晶时间延长。此外，岩浆的温度高，黏度相应变小；岩浆承受的压力加大，岩浆的黏度也增大。

（二）构造特征

岩浆岩中有一些自己特有的结构和构造特征，比如喷出岩是在温度、压力骤然降低的条件下形成的，造成溶解在岩浆中的挥发份以气体形式大量逸出，形成气孔状构造。当气孔十分繁多时，岩石会变得很轻，甚至可以漂在水面，形成浮岩。如果这些气孔形成的空洞被后来的物质充填，就形成了杏仁状构造。岩浆喷出到地表，熔岩在流动的过程中其表面常留下流动的痕迹，有时好像几股绳子拧在一起，岩石学家称之为流纹构造、绳状构造。如果岩浆在水下喷发，熔岩在水的作用下会形成很多椭球体，称之为枕状构造。可见，这些特殊的构造只存于岩浆岩中。

岩浆岩不论侵入到地下，还是喷出到地表，它们和周围的岩石之间都有明显的界限。如果岩浆沿着层理或片理等空隙侵入，常形成类似岩盆、岩床、岩盖等形状的侵入体，它们和围岩的接触面基本上和层理、片理平行，在地质学上称为整合侵入；如果岩浆不是沿着层理或片理侵入，而是穿过围岩层理或片理的断裂、裂隙贯入，这种情况形成的侵入体被称为不整合侵入体。人们通常所说的岩墙，就是穿过岩层近乎直立的板状侵入体，厚度一般为几十厘米到几十米，长度可以从几十米到数十千米，甚至数百千米。

由于岩浆岩和围岩有很密切的接触关系，因此，围岩的碎块常被带到岩浆中，成为岩浆的捕房体。但是生物化石和生物活动遗迹在岩浆岩中是不存在的。

在岩浆从上地幔或地壳深处沿着一定的通道上升到地壳形成侵入岩或喷出到地表形成喷出岩的过程中，由于温度、压力等物理化学条件的改变，岩浆的性质、化学成分、矿物成分也随之不断地变化，因此，在自然界中形成的岩浆岩是多种多样、千变万化的，如基性岩、中性岩、酸性岩，还有碱性岩、碳酸盐岩等岩类，也充分说明了岩浆成分的复杂多样性。

四、冷凝特征

岩浆岩是由岩浆直接冷凝形成的岩石，因此，具有反映岩浆冷凝环境和形成过程所留下的特征和痕迹，与沉积岩和变质岩有明显的区别。

不论喷出岩，还是侵入岩，大部分岩浆岩都是块状结晶的岩石，只有少数急速冷却形成的玻璃质岩石，如黑曜岩，外貌像沥青，就是完全由玻璃质组成的，这种玻璃质岩石一般只形成在岩浆岩中。

人们已经注意到每块岩石里面都有许多大小、形状、颜色不同的颗粒，它们就是组成岩石的矿物。虽然已知的矿物有将近 4000 种，但是，比较常见的组成岩石的矿物并不是很多。岩石学中把这些主要组成岩石的矿物称为主矿物；在岩石中虽然常见、但含量很少的矿物称为副矿物；没来得及结晶的玻璃质或隐晶质称为基质。

岩浆岩中除了具有特有的结构、构造之外，还有一些特有的矿物。有些在岩浆岩中出现的矿物（如石英、长石、角闪石、云母等），它们在沉积岩或变质岩中也可以见到。但是，有些矿物（如霞石、白榴石等）却只有在偏碱性的岩浆岩中才能见到。

此外，不同的岩石中还有着不同的矿物组合。比如在比较高温和高压条件下形成的岩石，组成它们的矿物不论在成分上，还是在结构和构造上都具有在高温和高压条件下相应的特点。而在低温常压条件下形成的岩石，其矿物的特征和组合就与之截然不同。

因此，科学家们研究岩石常常是从组成岩石的矿物入手，首先在显微镜下确定岩石是由哪些矿物组成的，每个矿物的含量有多少，矿物颗粒的大小和形状是什么样，还要观察这些大小不同、形态各异的矿物是怎么分布和排列的，这就引出了"岩石结构和构造"的概念。然后，还要配合岩石的化学成分分析资料以及岩石在自然界中产出的位置和状态，也就是地质学家们所说的"岩石在野外的产状"的详细观察。最后，把所有获得的资料综合考虑，才能够知道所研究的岩石是属于哪一类，岩石定名是什么以及它们是怎么形成的。

五、岩浆岩的成分

（一）化学成分

主要造岩元素包括：氧、硅、铝、铁、镁、钙、钾、钠等，还有少量的磷、氢、氮、碳、锰等。主要化合物由二氧化硅、三氧化二铝、氧化铁、氧化亚铁、氧化镁、氧化钙、氧化钠、氧化钾、水九种氧化物组成。

二氧化硅是最重要的一种氧化物，它是反映岩浆性质和直接影响矿物成分变化的主要因素。

随着二氧化硅含量的增加，氧化亚铁和氧化镁逐渐减少；而氧化钠、氧化钾则渐趋增加。氧化钙、氧化铝在纯橄榄岩中含量很低，但在辉长岩中则随二氧化硅含量的增加而增加，尤其是后者更为显著，而后随着二氧化硅含量的增加又逐渐降低。

（二）矿物成分

1. 主要矿物、次要矿物、副矿物

主要矿物指在岩石中含量多，并在确定岩石大类名称上起主要作用的矿物。次要矿物指在岩石中含量少于主要矿物的矿物。副矿物指在岩石中含量很少，在一般岩石分类命名中不起作用的矿物。

2. 硅铝矿物和铁镁矿物

硅铝矿物也称为浅色矿物，指二氧化硅和三氧化二铝的含量较高，不含铁镁的矿物，如石英、长石等。铁镁矿物也称暗色矿物，指氧化亚铁与氧化镁含量较高，二氧化硅含量较低的矿物，如橄榄石、辉石、角闪石及黑云母等矿物。

3. 岩浆岩矿物的成因类型

按矿物成因可分为原生矿物、他生矿物及次生矿物。原生矿物是指在岩浆结晶过程中形成的矿物。他生矿物是指由岩浆同化围岩和捕虏体使其成分改变而形成的矿物。次生矿物是指在岩浆形成后，由于受到风化作用和岩浆期后热液蚀变作用，原来的矿物发生变化而形成的新矿物。

六、常见岩浆岩

（一）花岗岩

是分布最广的深成侵入岩。主要矿物成分是石英、长石和云母，浅灰色和肉红色最为常见，具有等粒状结构和块状构造。按次要矿物成分的不同，可分为黑云母花岗岩、角闪石花岗岩等。很多金属矿产，如钨、锡、铅、锌、汞、金等，稀土元素及放射性元素与花

岗岩类有密切关系。花岗岩既美观抗压强度又高，是优质建筑材料。

（二）橄榄岩

侵入岩的一种。主要矿物成分为橄榄石及辉石，深绿色或绿黑色，比重大，粒状结构。是铂及铬矿的唯一母岩，镍、金刚石、石棉、菱铁矿、滑石等也同这类岩石有关。

（三）玄武岩

一种分布最广的喷出岩。矿物成分以斜长石、辉石为主，黑色或灰黑色，具有气孔构造和杏仁状构造，斑状结构。根据次要矿物成分，可分为橄榄玄武岩、角闪玄武岩等。铜、钴、冰洲石等有用矿产常产于玄武岩气孔中，玄武岩本身可用作优良耐磨耐酸的铸石原料。

（四）安山岩

喷出岩之一，分布很广，仅次于玄武岩。主要矿物成分是斜长石、角闪石和少量的辉石等。新鲜时呈灰黑、灰绿或棕色，具斑状结构。与安山岩有关的矿产主要是铜，其次是金、铅、锌等。

（五）流纹岩

是一种与花岗岩化学成分相当的喷出岩。一般色浅，多为浅红、灰白或灰红色，具斑状结构，流纹构造。流纹岩性质坚硬致密，可作建筑材料。

第四节　沉积岩

一、概述

沉积岩，又称为水成岩，是组成地球岩石圈的三种主要岩石之一（另外两种是岩浆岩和变质岩）。是在地表不太深的地方，将其他岩石的风化产物和一些火山喷发物，经过水流或冰川的搬运、沉积、成岩作用形成的岩石。在地球地表，有 70% 的岩石是沉积岩，但如果从地球表面到 16 千米深的整个岩石圈算，沉积岩只占 5%。沉积岩主要包括石灰岩、砂岩、页岩等。沉积岩中所含有的矿产，占全部世界矿产蕴藏量的 80%。相较于火成岩及变质岩，沉积岩中的化石所受破坏较少，也较易完整保存，因此对考古学来说是十分重要的研究目标。

二、岩石形成

沉积岩是由风化的碎屑物和溶解的物质经过搬运作用、沉积作用和成岩作用而形成的。形成过程受到地理环境和大地构造格局的制约。古地理对沉积岩形成的影响是多方面的。最明显的是陆地和海洋、盆地外和盆地内的古地理影响。陆地沉积岩的分布范围比海洋沉积岩的分布范围小；盆地外沉积岩的分布范围或能保存下来的范围，比盆地内沉积岩的分布或能保存下来的范围要小一些。

大地构造环境对沉积岩的形成及其以后的变化有多方面的制约。例如在陆内造山带形成山前粗碎屑砾岩层序；在陆内断陷盆地、洼地和山前拗陷盆地，可形成湖泊、干盐湖或湖沼沉积；在稳定大陆块或克拉通之上的陆表海内，常形成厚度不大的砂质岩或碳酸盐岩组合；在大陆与火山岛弧之间或弧后海沟一带，可形成厚度很大而且包含火山岩和火山碎屑岩的韵律层状沉积岩；在大陆架到深海的斜坡带形成滑塌堆积岩或混杂岩等。古气候对沉积岩的形成的影响在陆地范围内非常明显。在干旱古气候条件下，形成大面积的陆相红色粗细碎屑岩，这是由于沉积物中的氧化亚铁常氧化为三氧化二铁。潮湿气候条件下，有机质丰富，进入沉积物中使沉积岩颜色成为暗灰或黑色。盐类在炎热干旱气候形成，煤炭在温暖潮湿气候聚集，都说明古气候对沉积岩形成是有制约作用的。生物在地质历史时期的进化、繁盛或衰亡对沉积岩的形成有明显影响，元古宙时期还未出现大量的海生动物群，因此，世界各地的中、晚元古代地层都包含大量叠层石藻灰岩，据认为在显生宙以后大量海生动物出现并以食藻为生，因而叠层石灰岩大为减少。在石炭纪，全球性的植物繁茂，形成了大量煤炭层。

古水动力条件对沉积岩的形成的影响表现为不同的水流条件形成不同的沉积或造成不同的结构构造。山前和河流的水流主要是由高处流向低处的定向水流，常形成分选差的、具单向交错层理的洪积和冲积沉积。在滨海带，潮汐带主要是往复流动的双向水流，常形成分选好的、具鱼骨状交错层理的滨海和潮汐沉积。在海洋中还有风暴流、浊流等深流造成碎屑岩的结构、构造和造岩成分的差异。此外，有些沉积岩形成后还受到地下潜水流的影响，使石灰岩发生白云岩化和硅化等次生变化。此外，冰川和风也可搬运碎屑物，在特定条件下，形成冰碛岩和风成岩。

三、特性

（一）特性概述

沉积岩是指成层堆积的松散沉积物固结而成的岩石，曾称水成岩，是组成地壳的三大岩类（火成岩、沉积岩和变质岩）之一。沉积物指陆地或水盆地中的松散碎屑物，如砾石、砂、黏土、灰泥和生物残骸等，主要是母岩风化的产物，其次是火山喷发物、有机物和宇宙物质等。沉积岩分布在地壳的表层，在陆地上出露的面积约占75%，火成岩和变质岩只有25%。但是在地壳中沉积岩的体积只占5%左右，其余两类岩石约占95%。沉积岩种类很多，其中最常见的是页岩、砂岩和石灰岩，它们占沉积岩总数的95%。这三种岩石的分配比例随沉积区的地质构造和古地理位置不同而异。总的来说，页岩最多，其次是砂岩，石灰岩数量最少。沉积岩地层中蕴藏着绝大部分矿产，如能源、非金属、金属和稀有元素矿产，其次还有化石群。

（二）化学成分

随沉积岩中的主要造岩矿物含量差异而不同。例如，泥质岩以黏土矿物为主要造岩矿物，而黏土矿物是铝 - 硅酸盐类矿物，因此泥质岩中二氧化硅及三氧化二铝的总含量常达70% 以上。砂岩中石英、长石是主要的，一般以石英居多，因此二氧化硅及三氧化二铝含量可高达 80% 以上，其中二氧化硅可达 60% ~ 95%。石灰岩、白云岩等碳酸盐岩，以方解石和白云石为造岩矿物，氧化钙或氧化钙 + 氧化镁含量大，二氧化硅、三氧化二铝等含量一般不足 10%。

（三）造岩组分

包括碎屑组分、化学 - 生物化学组分、蒸发化学组分、有机质衍变组分、火山喷发组分、宇宙物质组分等。碎屑组分按物质来源又分下列几种：①陆源碎屑，指由早先生成的岩石经风化、剥蚀形成的碎屑，包括岩石碎屑和矿物碎屑。陆源矿物碎屑主要是硅 - 铝质的。②内碎屑，主要指沉积盆地内产生的碎屑，它是沉积盆地中固结的或半固结的沉积岩经水流、风暴、滑塌或地震等作用再次破碎而形成的。常见的是碳酸盐岩的内碎屑，也有泥质岩、铝质岩、磷质岩、硅质岩、石膏岩甚至盐岩的内碎屑角砾或砾石。③生物骨骼碎屑，多半是盆地内的钙质壳生物碎屑或壳体堆积而成，如甲壳类和珊瑚等，也包括微体动物的壳和壳屑，以及藻类和藻类的碎屑等。化学 - 生物化学组分，其中包括若干化学沉淀的组分。例如，由硅、铝、铁、锰、磷和硅酸盐等组成的矿物可由沉积区的化学条件控制，如铝 - 硅酸盐黏土矿物和铝矿物；也可由化学条件支配，又受到生物、微生物细菌等的促进，如有些铁、锰、铜、铅等沉积矿物组分；还有一些元素主要依靠生物体提供，如磷质岩中的磷来自海洋生物骨骼或陆地的鸟粪，硅质放射虫岩来自放射虫的硅质壳及硅质海绵等。蒸发化学组分，半封闭盆地内最常见的蒸发组分是方解石和白云石。在封闭盆地强烈蒸发条件下，可出现石膏、硬石膏、石盐、镁盐，或天然碱、苏打等。蒸发组分与干旱气候环境有关。有机质衍变分解，各种低等和高等植物的根、茎、叶的堆积物和各种陆生的和水生的高等、低等以及微体动物的堆积物的有机质部分经埋藏和细菌分解，可衍变为由碳、氢、氧不同比例聚合而成的有机酸、脂酸、纤维素和有机碳等多种衍生组分，构成煤、石油、天然气、油页岩等的主要成分。此外，有一些自然硫、锰、铁、铜、铅、锌、铀等在沉积岩中的聚集，也是在微生物或细菌活动的参与下造成的。

（四）火山喷发组分

由于火山喷发而进入沉积岩的物质，包括凝灰质、矿物晶屑、喷发的岩石碎屑和岩浆的浆屑等。陆地的火山喷发和海洋的火山喷发都可带来这些组分。海底火山喷发，还可由火山喷出的热水、气体等，把多种元素离子，如硅、铁、磷、镍、铜、铅、锌、锰、铀等，带入海水。这些元素经过富集，可在沉积岩、沉积层内形成矿床，或促进有关的沉积矿床的形成。

（五）宇宙物质组分

在沉积岩中含少量宇宙物质，如陨石、宇宙尘。对宇宙尘的研究不仅可了解沉积岩本身，而且还可进一步了解各地质时代沉积岩形成时，天体可能发生的某些事件或变化。

四、岩石分类

沉积岩分类考虑岩石的成因、造岩组分和结构构造三个因素。一般沉积岩的成因分类比较粗略，按岩石的造岩组分和结构特点的分类比较详细。外生和内生实际上是指盆地外和盆地内的两种成因类型。盆地外的，主要形成陆源的硅质碎屑岩，但是陆地的河流等定向水系可将陆源碎屑物搬运到湖、海等盆地内部而沉积、成岩；盆地内的，形成的内生沉积岩的造岩组分，除了直接由湖、海中析出的化学成分外，也可能有一部分来自陆地的化学或生物组分。因此，可简单地概分为两类：①陆源碎屑岩，主要由陆地岩石风化、剥蚀产生的各种碎屑物组成。按颗粒粗细分为砾岩、砂岩、粉砂岩和泥质岩。②内积岩，主要指在盆地内沉积的化学岩、生物 - 化学岩，也可由风浪、风暴、地震和滑塌作用将未充分固结的岩石破碎再堆积，成为内碎屑岩。内积岩按造岩成分分为铝质岩、铁质岩、锰质岩、磷质岩、硅质岩、蒸发岩、可燃有机岩（褐煤、煤、油页岩）和碳酸盐岩（石灰岩、白云岩等）。此外，由不同性质的水流可形成不同沉积岩。如浊流作用形成浊积岩，风暴流作用形成风暴岩，平流作用形成平流岩，滑塌作用可形成滑积岩，造山作用前后常可分别形成复理石和磨拉石。母岩分化产物形成的沉积岩是最主要的沉积岩类型，包括碎屑岩和化学岩两类。碎屑岩根据粒度细分为砾岩、砂岩、粉砂岩和黏土岩；化学岩根据成分，主要分为碳酸盐岩、硫酸盐岩、卤化物岩、硅岩和其他一些化学岩。火山碎屑岩主要由火山碎屑物质组成，是介于火山岩与沉积岩之间的岩石类型，有向熔岩过渡的火山碎屑熔岩类和向沉积岩过渡的火山碎屑沉积岩类。火山碎屑占 90% 以上的岩石，被称为火山碎屑岩类。生物遗体可组成可燃性（如煤及油页岩）和非可燃性两种生物岩。

（一）砾岩

是粗碎屑含量大于 30% 的岩石。绝大部分砾岩由粒度相差悬殊的岩屑组成，砾石或角砾大者可达 1 米以上，填隙物颗粒也相对比较粗。具有大型斜层理和递变层理构造。

（二）砂岩

在沉积岩中分布仅次于黏土岩。它是由粒度在 2 ~ 0.1 毫米范围内的碎屑物质组成的岩石。在砂岩中，砂含量通常大于 50%，其余是基质和胶结物。碎屑成分以石英、长石为主，其次为各种岩砾以及云母、绿泥石等矿物碎屑。

（三）粉砂岩

粉砂岩中，0.1 ~ 0.01 毫米粒级的碎屑颗粒超过 50%，以石英为主，常含较多的白云母，钾长石和酸性斜长石含量较少，岩屑极少见到。黏土基质含量较高。黏土岩是沉积岩中分布最广的一类岩石。其中，黏土矿物的含量通常大于 50%，粒度在 0.005 ~ 0.0039 毫米范围以下。主要由高岭石族、多水高岭石族、蒙脱石族、水云母族和绿泥石族矿物组成。

（四）碳酸盐岩

常见的岩石类型是石灰岩和白云岩，是由方解石和白云石等碳酸盐矿物组成的。碳酸盐中也有颗粒，陆源碎屑称为外颗粒；在沉积环境以内形成并具有碳酸盐成分的碎屑称为内碎屑。在中国北方寒武系和奥陶系的石灰岩中广泛分布着一种竹叶状的砾屑，这些竹叶状灰岩反映了浅水海洋动荡的沉积环境，是由未固结的碳酸盐经强大的水流、潮汐或风暴作用，破碎、磨蚀、搬运和堆积而成的。在鲕状灰岩中常见到具有核心或同心层结构的球状颗粒，很像鱼子，得名"鲕粒"。鲕粒的核心可以是外颗粒，也可以是内颗粒，还可以是化石。同心层主要由泥级（粒度 < 0.005 毫米）方解石晶体组成。

（五）碎屑岩

碎屑岩也称火山碎屑岩，是火山碎屑物质的含量占 90% 以上的岩石，火山碎屑物质主要有岩屑、晶屑和玻屑，因为火山碎屑没有经过长距离搬运，基本上是就地堆积，因此，颗粒分选和磨圆度都很差。

沉积岩的体积只占岩石圈的 5%，但其分布面积却占陆地的 75%，大洋底部几乎全部为沉积岩或沉积物所覆盖。沉积岩不仅分布极为广泛，而且记录着地壳演变的漫长过程。如今已知，地壳上最老的岩石，其年龄为 46 亿年，而沉积岩圈中年龄最老的岩石就 36 亿年（苏联科拉半岛）。沉积岩中蕴藏着大量的沉积矿产，如煤、石油、天然气、盐类等，而且铁、锰、铝、铜、铅、锌等矿产中沉积类型的也占有很大的比重。同时，沉积岩分布地区又是水文地质和工程地质的主要场所。因此，研究沉积岩，对发展地质科学的理论、寻找丰富的沉积矿产以及水文地质和工程地质工作均具有重要意义。

第五节　变质岩

一、简介

变质岩，是指受到地球内部力量（温度、压力、应力的变化、化学成分等）改造而成的新型岩石。固态的岩石在地球内部的压力和温度作用下，发生物质成分的迁移和重结晶，形成新的矿物组合。如普通石灰石由于重结晶变成大理石。

变质岩是在高温、高压和矿物质的混合作用下由一种岩石自然变质成的另一种岩石。变质可能是重结晶、纹理改变或颜色改变。

变质岩是组成地壳的主要成分，一般变质岩是在地下深处的高温（要大于 150 摄氏度）高压下产生的，后来由于地壳运动而出露地表。

一般变质岩分为两大类，一类是变质作用作用于岩浆岩（即火成岩），形成的变质岩为正变质岩；另一类是作用于沉积岩，生成的变质岩为副变质岩。

大面积变质的岩石为区域性的，但也有局部性的，局部性的如果是因为岩浆涌出造成周围岩石的变质称为接触变质岩；如果是因为地壳构造错动造成的岩石变质称为动力变质岩。

原岩受变质作用的程度不同，变质情况也不同，一般分为低级变质、中级和高级变质。变质级别越高，变质程度越深。如沉积岩黏土质岩石在低级作用下，形成板岩；在中级变质时形成云母片岩；在高级变质作用下形成片麻岩。

岩石在变质过程中形成新的矿物，所以变质过程也是一种重要的成矿过程，中国鞍山的铁矿就是一种前寒武纪火成岩形成的一种变质岩，这种铁矿占全世界铁矿储量的70%。此外如锰钴铀共生矿、金铀共生矿、云母矿、石墨矿、石棉矿都是变质作用造成的。

变质岩是组成地壳的主要岩石类型之一。在变质作用中，由于温度、压力、应力和具有化学活动性流体的影响，在基本保持固态条件下，原岩的化学成分和结构构造发生不同程度的变化。变质岩的主要特征是这类岩石大多数具有结晶结构、定向构造（如片理、片麻理等）和由变质作用形成的特征变质矿物如蓝晶石、红柱石、矽线石、石榴石、硬绿泥石、绿帘石、蓝闪石等。

二、变质岩的基础特征

（一）变质岩的矿物

变质岩既然是由火成岩或沉积岩等岩石变化而来的，那么其矿物成分一方面保留有原岩成分，另一方面也出现了一些新的矿物。如火成岩中的石英、钾长石、斜长石、白云母、黑云母、角闪石及辉石等，由于本身是在高温、高压条件下形成的，所以在变质作用下依然保存。在常温常压下形成于沉积岩中的特有矿物，特别是岩盐类矿物，除碳酸盐矿物（方解石、白云石）外，一般很难保存在变质岩中。

变质岩除了保存着上述火成岩和沉积岩中的共有继承矿物外，变质岩中还有它特有的矿物，如石榴石、红柱石、兰晶石、矽线石、硅灰石、石墨、金云母、透闪石、阳起石、透辉石、蛇纹石、绿泥石、绿帘石、滑石等。

（二）变质岩中的常见构造

变质岩的构造系指各种矿物的空间分布和排列特点。按其成因可分为三类。

1. 变成构造

指变质作用过程中已形成的构造。这类构造是变质岩中最重要的。常见者有：

（1）板状构造

是页岩或泥岩（黏土岩）在经微变质中所形成的一种构造。原岩组分基本上没有重结晶，岩石中表现的一组平整的破裂面，破裂面光滑而具微弱的丝绢光泽。

（2）千枚状构造

矿物初步具有定向排列，但重结晶不强烈，矿物颗粒肉眼不能分辨，仅在片理面上见有强烈的丝绢光泽，裂开面不平整而且有小褶皱。

（3）片理构造

主要由片状、柱状矿物（云母、绿泥石、角闪石等）平行排列连续形成面理，其粒度较千枚岩的矿物为粗，肉眼可分辨。为各种片岩特有的构造。

（4）片麻状构造

是由变质形成的粒状矿物（长石、石英）和定向排列的片状、柱状矿物（云母、角闪石等）断续相间排列而成。往往形成片麻理，如片麻岩就具有此构造。

上述几种构造主要是在定向压力作用下形成的。

（5）块状构造

岩石中的矿物成分和结构都很均匀，无定向排列。如石英岩、大理岩等。

2. 变余构造

是指变质岩中仍存在原来岩石的构造特征。例如变余层理构造、变余气孔构造和变余流纹构造等。

3. 混合岩构造

在变质过程中，由于外来物质的加入，或原来岩石局部重熔形成的脉体与原来岩石变成的基体混合而形成的构造。如眼球状构造，脉体呈眼球形；条带状构造，脉体与原有岩体相间成条带、肠状构造，脉体被揉皱成肠状。

三、变质岩的分类

变质岩是由原有的某种岩石（沉积岩、火成岩或变质岩）经过变质作用而成，由于原岩引起变质作用原因和变质作用的类型不同，故产生的变质岩也不同。因此，变质作用的类型是变质岩划分大类的依据。

表 2-1 变质岩分类简表

动力变质岩类	接触变质岩类	区域变质岩类	混合岩类	气成水热（交代）变质岩类
碎裂岩	石英岩	板岩	条带状混合岩	蛇纹岩
糜棱岩	角岩	千枚岩	肠状混合岩	云英岩
	大理岩	片岩	眼球状混合岩	矽卡岩
		片麻岩		
		大理岩		
		石英岩		

四、观察变质岩的方法

在野外鉴定变质岩时，首先要注意产状的观察，如石英岩和大理岩在接触变质或区域变质作用中均可形成，片岩和片麻岩为区域变质的产物，从岩性上无法区别某些变质岩的成因类型。又如有些石英岩与变质石英砂岩，结晶灰岩与大理岩等在室内也难以区别，但我们只要结合野外产状、分布及共生的岩石类型就能较好地解决。

在室内肉眼鉴定变质岩的具体步骤是：

区别常见的几种变质岩构造，如板状、千枚状、片状及片麻状等，在辨别时首先观察矿物的结晶颗粒大小。肉眼无法分辨的则可能属板状或千枚状构造类；反之属于片状或片麻状构造类。然后观察破裂面的特点，如破裂面光滑整齐，易裂成均匀的薄板者为板状构造；若片理面上有强烈的丝绢光泽和小褶皱者为千枚状构造。对于片理与片麻状构造的区别，主要是看矿物的形态特征和定向排列的连续性，若主要由片状或柱状矿物组成且又连续分布，则为片理构造；若是以粒状矿物为主，片、柱状矿物虽定向排列但不连续成层则为片麻状构造；若岩石中全部由粒状矿物组成，无定向性，则为块状构造。

五、常见变质岩的特征

（一）大理岩

碳酸盐类岩石（石灰岩和白云岩）在热变质或区域变质后，因受热重结晶形成的变质岩，一般呈白色，块状构造，粒状变晶结构。大理岩可以是主要由方解石组成方解石大理岩，也可以是由白云石组成白云石大理岩。

（二）石英岩

是石英砂岩等硅质岩石在充分热力影响下重结晶而成的块状岩石，主要是区域变质，部分是由热变质作用而形成的。岩石具粒状变晶结构，还因重结晶而失去原有的碎屑结构，其颗粒大小决定于原来岩石的粒度及重结晶程度。石英岩主要由石英组成，并有云母、绿泥石等矿物混入，其重要变种是含铁石英岩。含铁石英岩除石英岩外发育有薄片状赤铁矿及粒状磁铁矿，当铁质矿物占主要地位时，岩石就转变为矿石。

（三）角岩（角页岩）

是一种常见的泥质岩石的热变质产物，常产于侵入体周围。岩石呈深色、细粒，致密块状，坚硬，断口光滑平整或贝壳状，颜色决定于母岩成分。

（四）矽卡岩

主要是由含钙的石榴石和辉石及其他一些铁镁硅酸盐矿物所组成的岩石。岩石常产于中酸性侵入体和碳酸盐岩石接触带附近，由粗粒到细粒、块状构造，其组成成分及颜色则因地而异，根据其组成矽卡岩的主要矿物成分又有石榴石矽卡岩、辉石矽卡岩等。为变晶结构，常见为花岗变晶结构，有时有斑状变晶结构。

（五）板岩

由泥质的沉积岩变质而成。岩石由细小的云母、绿泥石、石英等组成，隐晶质，有大量的泥质残余，并具板状劈开，片理面平整。变余泥质结构，板状构造。

（六）千枚岩

由板岩进一步变质而成，成分与板岩同，但结晶程度较好，在稍有弯曲的片理面上常可见云母小片，呈丝绢光泽，千枚状构造。

（七）片岩

可以由各种岩石在高温高压下变质而成，也可以是千枚岩进一步变质，矿物重结晶而形成。矿物成分不定，但经常有多量片状矿物（云母、绿泥石、滑石等）或柱状矿物（角闪石等），它们呈定向排列故具明显的片状构造。岩石可按其主要成分分为：石英片岩、云母片岩、绿泥石片岩等。片岩中一般不含或很少含长石，变晶结构。

（八）片麻岩

也是一种变质较深的岩石，可由各种岩石变质而成。由石英、长石及某些暗色矿物所组成，岩石中片状或条状矿物较少，矿物常呈断续条带状定向排列，形成典型的片麻构造。片麻岩可按长石种类分出钾长石片麻岩和斜长石片麻岩。然后再按所含其他矿物进一步详细定名，如黑云母钾长石片麻岩等。

第六节　三大岩石的转化

三大类岩石构成了地壳或岩石圈。但是它们之间既有鲜明的不同点，在一定条件下又是可以相互转化的。

一、它们在地壳中的分布是不均匀的

若按重量计算，沉积岩仅占地壳重量的 5%，变质岩占 6%，火成岩占 89%。由于火成岩多数是在地下深处由岩浆冷凝而成，故主要分布在地壳深处。沉积岩是在近地表或地表形成的，因此在地表呈厚薄不均的不连续分布（厚度 0 ~ 10 000 米）。变质岩则主要分布于地壳运动剧烈的地带或火成岩体的周围。从各类岩石在地表的分布面积来看，沉积岩占陆地面积的 75%，变质岩和火成岩合计占 25%。至于大洋底，就目前所知，除了部分地区有较薄的未固结的沉积物之外，大部分分布着形成时代较新的玄石。

二、三大类岩石形成的温度不同

变质岩大多形成的温度为 150 ~ 180 摄氏度，直至 800 ~ 900 摄氏度；若低于这一温度，则属于固结成岩作用，适于沉积岩的形成；若高于这一温度，则岩石发生全面熔融形成岩浆，易形成火成岩。

三、三大类岩石的产出状态也不相同

沉积岩多呈层状；火成岩多呈块体状、脉状；变质岩则介于二者之间，既有呈层状或似层状的，也有呈块体状的。

在地壳的演变过程中，各类岩石、矿物也处在变化之中。出露到地表的火成岩、变质岩与沉积岩，在大气圈、水圈、生物圈等地表地质作用下，通过改造作用（风化作用、剥蚀作用）和建造作用（沉积作用、成岩作用），形成新的沉积岩。其形成的环境为地壳表层的常温、常压条件下；沉积岩经岩石圈动力作用可埋藏到地下深处，当温度达到 150 ~ 200 摄氏度时，在保持基本固态的情况下，原岩的物质组分、结构和构造均发生变化，形成了另一种新的变质岩；无论什么岩石，一旦进入相对高温状态（700 ~ 800 摄氏度），岩石将逐渐重熔，形成岩浆，岩浆在上升过程中通过冷凝、结晶，又可形成火成岩。无论地壳深处的变质岩和火成岩，还是地表的沉积岩，当受到构造运动的上升作用后，这些岩石又进入了一个新的改造作用和建造作用的沉积序列。如此轮回，周而复始，生生不息！这就是岩石圈中三大类岩石的相互转化过程。

可以说，地表出露的各类岩石，都是处在构造环境相对平衡的状态中，并受到多种因素的制约。一旦某种边界条件发生改变，则岩石的性质及类型也相应地发生变化，形成新的岩石类型。这就构成了地壳中丰富多彩、形态各异的三大类岩石。

显然，三大类岩石的转化，是由于受到岩石圈动力系统作用及岩石圈与大气圈、水圈、生物圈、地幔等圈层相互作用的缘故。特别是岩石圈板块构造活动对岩石形成的构造环境产生重要的作用。构造活动可使岩浆运移，火山喷发，形成各种岩体，火山堆积物，并与围岩相互作用；可为变质作用提供温度、压力等条件，产生形态多变的变质岩类型；可为沉积作用奉献充足的物质来源，建造独特的具层理构造的、在地表最为常见的沉积岩类型。注意这里所说的岩石转化过程，是一个相对较复杂而漫长的地质作用过程。

第三章　表生环境及表生地球化学

表生地球化学（exogenic geochemistry 或 geochemistry of Earth surface）研究地球表生作用带的化学组成、化学作用和化学演化。从地球系统科学的观点来看，地球表生带是地球上大气圈、水圈、生物圈和岩石圈相互作用，接触渗透的界面，表生地质作用就发生在这一多圈层交错重叠的具有一定厚度的界面上。表生地球化学是地球化学的分支，其研究涉及地质学、地理学、土壤学、微生物学、植物学、生态学、环境科学和大气科学等学科。

自然景观中的表生地球化学主要涉及元素的迁移、循环和演化，因而被称为常温水-岩体系地球化学。近年来，随着分析测试手段的改进和高新技术的应用，特别是由于全球环境变化、层圈相互作用和地球系统科学的新概念、新理论的引入和一些新现象的发现，为表生地球化学的发展注入了新的活力。表生地球化学的研究对象从传统的固体岩石圈向大气圈、水圈和生物圈延伸；其研究方法也从静态的、线性的分析，向动态的、非线性的分析和整体论（或系统论）的方向发展——将地球表层作为一个有机联系的整体或系统加以考虑，研究该系统在不同时间尺度上的变化和历史演化。作为研究地球系统科学的重要分支学科之一，表生地球化学正在发挥自身独特的优势和作用。

第一节　表生带环境特点

一、表生带环境的主要特征

表生带是岩石圈演化及其与其他圈层相互作用的活跃地带，也是对地球系统变化响应的敏感区域。表生带的概念源于地球化学研究，它是相对于地球深部而言的，将地壳表层称为表生带。表生带的厚度由岩石圈顶界向上算起，有的地方可达几千米。表生带中的物理化学环境与内生作用不同，其主要特点是：

1. 低而速变的温度条件（世界地表的温度差一般小于160℃，即由 -75 ~ +85℃），有昼夜变化和季节变化；

2. 低压（常压状态）；

3. 常处在大气圈游离氧和二氧化碳的环境下（氧化-还原界面主要取决于潜水面的高低及其他因素）；

4. 水源极丰富，且具各种不同的酸碱度（pH 变化范围一般为 4 ~ 9）的介质条件；

5. 有生物和有机质参加，它们有时甚至起主要作用。

表生环境是在太阳能和重力能的驱使下，以固体岩石圈提供的岩石、矿石为原料，固相、液相、气相共同存在，物理、化学、生物作用综合进行的多组分的巨大动力学体系。表生带化学元素的迁移在低温低压下进行，表生作用包括土壤形成作用、风化作用、沉积作用、地下水的地球化学作用及其他的地表过程。相对岩浆与变质作用而言，表生作用是次生的、累加的，这些过程又通常被称为后生过程。具有高度化学活性的地表水和地下水是造成岩石后生变化的最重要因素，但岩石的后生变化绝不仅仅是机械的物理现象和化学现象，而且叠加着复杂的生物过程。从地球圈层理论而言，表生带是地球表面岩石圈、水圈、大气圈和生物圈及其综合作用形成的土壤圈彼此交汇和重叠的区域。实际上，表生过程还应该考虑人类活动的影响。

相对于原生过程而言，表生作用是在地球外层进行的，是岩石圈与水圈、生物圈和大气圈相互间复杂的物理化学与生物作用的综合。表生带作用过程具有以下显著特点：

1. 表生过程中元素迁移的物理化学环境和原生过程完全不同。主要表现在：低而速变的温度；低压、游离氧和二氧化碳的参与；通过水介质和空气介质迁移；有生物过程的参与。

2. 表生过程的主要动力因素是外营力，而原生过程的主要动力因素则是地球内营力。不断进入表生带的太阳能使岩石圈、水圈、大气圈和生物圈相互作用，产生一种外部营力，这是表生带元素迁移的主要动力。

3. 表生过程和原生过程中分散和富集的化学元素互为来源。原生过程形成的岩石被造山及其他地质作用带到地球表面，与大气圈和水圈相互作用，经受物理、化学和生物风化，释放出的元素成为表生过程中迁移元素的主要来源。而后生过程中元素在自身性质和环境条件影响下富集后，在内生作用下，又可成为内生过程地球化学异常的根源。

4. 表生过程中人类活动造成的地球化学异常可能大于自然地球化学异常，并可能打破地理环境中化学元素的自然平衡。随着工业和技术的不断进步，人类活动，如对矿床的开采利用远远超过了风化作用引起的矿床自然破坏速度，在矿床开采过程中获得的矿物，有一部分进入环境参与表生过程元素的迁移与循环。尤其是在矿物的开采、运输、原料加工及最终矿物产品的应用过程中，都伴随着元素的损耗，这种过程的元素迁移与自然条件下表生带的元素迁移是不一定一致的。例如，在自然条件下，元素在环境中随水介质总是由地势的高处向低处迁移，而人类活动则可使元素由地势低处向高处迁移，这就有可能打破地理环境中化学元素的自然平衡。

二、表生带环境的地带性特征

地球上的气候、水文、生物、土壤等，都与温度的变化密切相关。伴随地表热能的经纬度和海拔分布规律，气候、水文、植物、土壤等呈现明显的地带性分布规律，表现为纬度地带性、经度地带性和垂直地带性。元素的化学活动与水、温度、生物、土壤等因素密切相关。因此，表生地球化学环境也具有地带性规律，与气候、植被、土壤的地带性基本一致（表3-1）。

各种自然带与地球化学环境之间关系十分密切，它们互相联系、互相影响、互相制约。地球化学环境按地理纬度从北向南可分为：酸性、弱酸性还原的地球化学环境；中性氧化的地球化学环境；碱性、弱碱性氧化的地球化学环境；酸性氧化的地球化学环境。其地理分布、气候、植被、水环境、土壤性质和地球化学主要特征见表3-1、表3-2。

表 3-1 中国的自然地带与地球化学环境带

位置	气候带	植被带	土壤带	地球化学环境带
东部地区	寒温带	落叶针叶林	棕色针叶林土	酸性、弱酸性还原和中性氧化的地球化学环境
	温带	落叶阔叶林	暗棕壤、棕壤褐土	
	亚热带	常绿阔叶林	黄棕壤、黄红壤、红壤、砖红壤性红壤	
	热带	季雨林		
西北部地区	温带	森林草原	黑钙土、黑垆土	中性氧化和碱性、弱碱性氧化的地球化学环境
		草原	栗钙土、灰钙土	
		荒漠、半荒漠	灰棕漠土、风沙土	
		荒漠、裸露荒漠	棕漠土、风沙土、盐土	
	高寒带	森林草甸	高草甸土	中性、碱性、弱碱性还原的地球化学环境
		草原	高山草原土	
		荒漠	高山寒漠土	

表 3-2 中国地球化学环境带的地理、地球化学等特征

	地球化学环境带			
	酸性、弱酸性还原的	中性氧化的	碱性、弱碱性氧化的	酸性氧化的
地理分布	森林景观及相毗邻的森林草原景观	森林草原景观及其相邻的草原景观和森林景观	干旱、半干旱草原，包括部分沙漠区	热带、亚热带雨林景观
气候状况	气候寒冷、湿润，年降水量为 600 ~ 1000 mm，蒸发微弱	热量较充分，年降水量为 600 ~ 1200 mm，蒸发作用不强	气候干旱，年降水量为 250 ~ 400 mm，蒸发强烈	热量丰富，水分充沛，年降水量为 1000 ~ 3000 mm
植被情况	植被茂盛，植物残体得不到彻底分解，长期处于半分解状态	植被不甚发育，植物残体分解较彻底	植被稀少，且残体被彻底分解	植被发育
水环境	水分相对充裕，在地表水、潜水中含有大量腐殖酸	地表水通畅，潜水位较低，天然水 pH 为 7 左右，水质一般较好	水分不足，地表水系不发育，潜水位很低，地表水、潜水 pH 为 8 ~ 10	地表水和潜水多为酸性软水，pH < 6
土壤性质	土壤湿度大，腐殖质大量堆积，透气性不良，多为还原环境；潜育层发育；土壤层 pH 多为 3.5 ~ 4.5	土壤湿度适中，腐殖质基本不堆积，透气性较好，多为氧化环境	土壤腐殖质贫乏，透气性良好，为氧化环境	碱土元素缺乏，土壤 pH 为 3.5 ~ 5
地球化学特征	多数元素被禁锢在植物残体中，分解淋溶作用较强，元素多淋失迁移，环境中的化学元素缺乏	淋溶作用不强，富集作用也不显著，无明显的元素过剩或不足的现象	淋溶作用微弱，蒸发强烈，富集作用显著，大部分地区生物元素过剩	元素的生物地球化学循环强烈，风化、淋溶作用也十分强烈，水土和食物中碘异常缺乏

1. 酸性、弱酸性还原的地球化学环境带

富含腐殖质的酸性还原环境决定了该环境带的地球化学作用的性质和强度。该环境带的分解淋溶作用较强，在酸性条件下，Ca、Mg、K、Na、Sr、B、I、Cu、CO、Ni、Cr^{3+}、Mn^{2+}、Fe^{2+}、Al、Si 等易从矿物中淋溶和迁移，尤其是 Fe^{2+}、Mn^{2+} 具有较高的迁移能力。这些元素大多被有机胶体所吸附，或形成金属有机配合物、螯合物，被水迁移。由于生物必需元素缺乏，常出现许多地方病或地方性疾病。

2. 中性氧化的地球化学环境带

元素的淋溶作用不强，富集作用也不显著，无明显的元素过剩或不足的现象。该环境带所属范围较广，但在中国，该环境带的天然植物被砍伐殆尽，取而代之的是大面积的农田和局部的次生林。

3. 碱性、弱碱性氧化的地球化学环境带

以灰钙土、栗钙土为主。土壤的透气性良好，为氧化环境。地表水、潜水多属碱性，在碱性介质中，V^{5+}、Cr^{6+}、As^{5+}、Se^{6+} 等活性较大，易迁移。但由于淋溶作用微弱，蒸发强烈，上述元素仍富集于该环境带中的水土和生物体中。此外，Ca、Na、Mg、SO_4^{2-}、Cl^-、F、B、Zn、Ni 等也在土壤中大量富集。因此在该环境中的大部分地区，生源要素是过剩的。因而，流行某些地方病，如氟斑牙、氟中毒，有时还出现砷中毒、硒中毒，或因环境中砷过剩而导致皮肤癌。

4. 酸性氧化的地球化学环境带

元素的生物地球化学循环强烈，风化、淋溶作用也十分强烈。风化壳中的 Ca、Na、Mg、K、Se、Mo、Cu、S、Li、Rb、Cs、Sr、B、I 等大量淋溶流失，而残留的 Fe_2O_3、Al_2O_3 和 SiO_2 形成红色的风化壳。在该区发育着典型的砖红壤和广泛分布的红壤，局部为黄壤。水土和食物中碘异常缺乏，地方性甲状腺肿的分布十分广泛。

三、表生带环境的非地带性特征

非地带性的地球化学环境主要可分为两种类型：元素富集的氧化地球化学环境和腐殖质富集的还原地球化学环境。例如，在某些火山、温泉分布区可造成局部环境水和土壤中S、F、Si、Se、As 等元素的富集；在某些煤系地层、凝灰岩分布区和硫化矿床的氧化带，Se 高度富集；在某些多金属矿区或金属矿床的氧化带，水和土壤中富集 Cu、Pb、Zn、Mo、Cd、Hg 等。在上述环境中因某些元素的过剩，可导致人类和牲畜的许多地方性中毒性疾病。

非地带性的腐殖质富集的地球化学环境以沙漠中的沼泽最为典型。例如，在毛乌素沙漠、昭乌达盟等地的沙漠区，有许多小范围的沙丘间的沼泽，有的沼泽底部堆积有薄层草炭，有机质含量高。在自然界中，某些局部地球化学环境不受地理纬度分带的影响。例如，在湿润的森林景观地带可以出现高氟区、高硒区；而在干旱的荒漠景观地带可以出现沼泽，造成局部腐殖质堆积的环境。

四、地球关键带及其性质和作用

（一）概述

地球关键带（Earth's critical zone）是由地球表层各部分和相互作用过程组成的一个综合系统，具体而言其是近地球表面、有渗透性、介于大气圈和岩石圈之间的地带，垂直方

向的范围是从树的冠层往下直到地下水深层。传统上，由不同学科分门别类地研究地球表层各组分，如生物学家研究植被，水文学家研究地表水和地下水，地质学家研究岩石和沉积物等。这些研究虽然有助于理解地球表层各组分的状态，但是无法全面掌握地表系统的整体动态和行为。因此，地球科学家提出一个地球表层过程的系统科学框架，即地球关键带科学。地球关键带是地球表层系统中最活跃、最富有活力的部分，其包括异质性的近地表环境，岩石、土壤、水、空气和生物在其中发生着复杂的相互作用。在横向上，关键带既包括已经风化的松散层，又包括植被、河流、湖泊、海岸带与浅海环境等不同的生态系统类型；在纵向上，关键带自上边界植物冠层向下穿越了土壤层、非饱和包气带、饱和含水层，下边界通常为含水层的基岩底板。地球关键带控制着土壤的发育、水的质量和流动、化学与生物循环，其在调控自然生境的同时，还供应着经济社会发展所必需的资源，故这一地带对维持地表生命非常重要。

（二）地球关键带的分层特征

关键带在垂向上呈现出明显的分层特征。关键带通常由地面之上的植物冠层、植物根系生长的土壤层、土壤层之下的包气带、含水层等组成，并且每一层还可细分为多个亚层。例如，土壤层可分为腐殖质亚层、淋溶亚层、淀积亚层等，包气带和饱水带之间存在一个过渡的、近饱和的毛细上升区。层与层之间形成关键带的界面，主要界面有土壤-大气界面、土壤-植被界面、包气带-饱水带界面、地表水-地下水界面、含水层-基岩界面等，在沿海地区还有陆地-海洋界面。这些界面对关键带发生的各种过程具有重要的控制作用，也为人为调控关键带过程提供了重要的切入点。例如，作为包气带-饱水带界面的潜水面对土壤剖面的含水量和水势分布有很大影响，是土壤发生盐渍化的重要原因，也是地表生态格局变化的影响因子之一。

（三）地球关键带的性质和作用

关键带中发生复杂的物理、化学和生物过程相互耦合，使其成为不可分割、有机联系、不断变化的动态系统。按照其性质与作用，这些过程大致可分为三类：生态过程、生物地球化学过程和水文过程。

1. 生态过程

生态过程通过植物、微生物等生产者的作用将土壤中的物质合成为植物量，经消费者消费后又被微生物分解返回土壤。人类活动可被看作是生态循环的一部分。由于人类活动对生态过程的影响越来越大，有人又将其单独划分出来作为一类过程加以研究。

2. 生物地球化学过程

生物地球化学过程将生物过程与非生物过程联系在一起，通过流体、沉积和气体作用，使碳、氮等化学元素和物质在空间上的分布发生变化，重点研究各种化学物质的来源、存在数量、状态和迁移转化规律，以及生物有机体参与下发生的地球化学过程。

3. 水文过程

水文过程是通过水分运移、转化使物质和能量在空间上重新分布的动态过程。

生物地球化学过程和水文过程相互耦合，推动生态过程的持续进行，又共同决定关键带的整体形态和功能。这种多重的交互作用构成了一个巨大的科学挑战，即如何理解关键带动态组成之间的联系和连锁响应，这需要一个新的协同科学理论框架和观测方法集成在一起的学科，迫切需要包括地貌学家、地球化学家、水文学家、土壤科学家、生态学家和许多其他相关领域专家的协作研究来推动对关键带科学的理解和应用，以维持人类的生存发展，这也是国际地学界提出地球关键带概念的意义所在。

第二节　表生作用的动力学过程

表生作用包括风化和沉积这两个互相联系着的表生作用的不同发展阶段。风化作用中元素以原地淋滤集中或者短距离迁移集散为主，沉积作用则是元素经过长途搬运到异地聚集的过程。

一、风化作用地球化学过程

与内生作用不同，风化作用发生于地表，太阳辐射能决定着表生带的温度，推动着大气圈和水圈的运动，决定着生物界，同时也支配着元素在表生带内的迁移。风化作用揭开了外力地质作用的序幕，为其他外动力地质作用的进行创造了有利条件，导致了岩石矿物的崩解和分解，从而加速了大陆地形的改造和各种沉积物的形成过程。风化作用影响着人类居住的地表自然环境，改变了地下水、地表水和岩石的化学性质，为土壤形成提供条件，因此，风化作用的地球化学研究具有重要的实际意义。

（一）风化作用的概念和分类

风化作用是指地表岩石和矿物受温度变化、大气、水溶液和生物的影响所发生的一切物理状态和化学成分的变化。根据风化作用的因素和性质将风化作用分为三大类型：物理风化作用、化学风化作用及生物风化作用。不过这种人为的分类在客观实际中是不存在的，每一种风化作用中都有其他风化作用的参与。

物理风化作用是风化作用的初级阶段，是在地表或接近地表条件下，岩石、矿物在原地产生机械破碎而不改变其化学成分的过程。岩石失重、温度变化是物理风化作用的主要原因。岩石失重引起岩石膨胀；温度变化引起岩石、矿物的膨胀与收缩，水的冻结与融化，盐类的结晶与潮解，从而使岩石、矿物发生崩解。

化学风化作用指化学作用使组成岩石的矿物发生分解，直至形成表生环境中稳定的新矿物组合的过程。引起化学风化作用的主要因素有水、氧和二氧化碳。有机酸也常常起到很大作用。从本质上讲，化学风化的过程就是富含氧及二氧化碳的水（雨水和土壤水）与矿物发生化学反应的过程。

生物风化作用指生物对岩石、矿物产生的破坏作用。这种作用可以是机械的，也可以是化学的。由于生物广泛分布在地壳表层，因此生物风化作用是一种普遍的地质现象。已经发现，在许多情况下，岩石的风化作用是由生物活动开始的。细菌、真菌、藻类以及地衣覆盖在岩石的表面上，用自身分泌出来的有机酸分解岩石，并从中吸取某些可溶物质转变为有机化合物，以构成它们的躯体。当地衣死亡后，有机质分解，一系列元素又转变为矿物质，形成黏土矿物（如蒙脱石等）。

总的来说，与化学风化作用相比，物理风化作用在岩石的风化过程中所起的作用是次要的，但在严寒的极地，气候干燥、温度变化剧烈的沙漠地带及温带的高山区，它却起着重要的作用。应该强调的是，物理风化作用是化学风化作用的前提和必要条件，没有物理风化作用的产物或辅助，化学风化作用不一定能完全彻底地进行。

（二）风化作用的产物

母岩遭受风化后，组成岩石的物质并没有消失，而是在表生作用的支配下，经过再分配后以其他形态存在。岩石及矿物经过各种风化作用后的反应产物可以划分为四类：①由风化地区带出的溶解组分；②经风化作用但未发生变化的残留原生矿物；③通过上述作用产生的新的稳定矿物；④由有机物分解形成的有机化合物。

1. 溶解组分

这部分溶解物质由原生矿物分解而释放出来，且不参与形成次生矿物的那些组分，一般呈溶液状态被带走。如 K_2O、Na_2O、CaO、MgO 等为花岗岩类的溶解风化产物。这些组分的比例随母岩的性质不同而变化。例如，母岩为暗色岩时钙和镁占优势，花岗岩、浅色片岩和黏土沉积岩则产生较高的钾和钠。一般情况下，钙比镁更易于迁移，而镁可以被黏土牢固地吸附，或者结合进入蒙脱石、绿泥石的结构中。钾可以一定限度地被保留在伊利石中，钠则倾向于几乎完全留在溶液中。铁只在还原的条件下明显地溶解，但是三价铁的氢氧化物可以部分地呈稳定的胶体溶液被迁移。溶解的物质受气候和地形等因素的影响。例如，在干燥气候下溶解的盐类可以通过蒸发而沉淀；在潮湿的热带，二氧化硅表现得相当活泼，并且最终除含水氧化物外，其他组分全都倾向进入溶液。地形决定排水状况，且影响着许多金属的溶解和迁移，在地下水进入地形低洼的地表以致排水不畅的情况下，可以形成蒙脱石，阻碍了铁和镁的溶解，有利于通过黏土吸附的方式把其他阳离子保留下来。

2. 残留原生矿物

这类物质是母岩机械破碎的产物，包括遭受分解的矿物碎屑和机械破碎而成的岩石碎屑。以花岗岩为母岩的风化产物为例，此类碎屑物质为石英砂粒、云母碎片和锆石砂粒。因为表生风化带在低温、低压和水、二氧化碳、自由氧充足的条件下，某些沉积岩的造岩矿物，如黏土矿物、石英和某些绿泥石常常能稳定存在，大多数岩浆岩和变质岩的矿物都是不稳定的，但在岩石和矿石的风化露头中可以看见造岩矿物风化分解各个阶段的中间过渡性矿物，它们都是作为风化残余物而存在的。矿物耐风化的能力越强，存在的时间自然也越长，这就造成残余土壤的主要成分是白云母以及重的副矿物，如磁铁矿、钛铁矿和金红石等。在矿石矿物中，金、铂、锡石、铌铁矿、钽铁矿、铬铁矿和绿柱石是残余原生矿物最普遍的代表。

3. 新形成的稳定矿物

这是母岩在分解过程中新形成的不溶物质，即原生造岩硅酸盐矿物在风化过程中经受淋滤和水解常形成一套新的特征的稳定矿物（次生矿物），如花岗岩母岩风化产物中的黏土物质和氧化铁。这类物质中以黏土矿物为主的不溶残积物是母岩在分解过程中新形成的。几乎所有的次生产物颗粒都是极细的，其粒度一般小于 0.02 mm。这类物质中以黏土矿物为主。

（1）黏土矿物组

黏土矿物根据结晶学特征分为三类：①片状黏土矿物（层状硅酸盐）；②纤维状黏土矿物；③非晶质黏土。其中，片状黏土矿物占绝大多数，包括大多数传统意义上的黏土矿物。层状硅酸盐黏土矿物从外部形态上看，是一些极微细的结晶颗粒；从内部构造上看，是由两种基本结构单位所构成，并都含有结晶水，只是化学成分和水化程度不同而已。层状硅酸盐矿物的性质与矿物的化学组成和晶体结构关系十分密切。纤维状黏土矿物有海泡石和坡缕石（也称凹凸棒石），它们虽不如片状黏土矿物常见，但可在不同的沉积环境中经常出现，包括海相和湖相沉积物、热液矿床和干旱地区的土壤等。所谓的非晶质黏土，如水铝英石，是一种化学成分可变的铝硅酸盐，X 射线衍射显示其为非晶态，但能衍射电子，可能是层状硅酸盐黏土形成过程中的一种中间产物。

黏土矿物种类繁多，它们的组成、结构和特性各不相同。根据层状硅酸盐黏土矿物晶格结构特点和性质，可将其归纳为四个类组，主要有高岭石组、蒙脱石组、伊利石或水云母组、绿泥石组。

高岭石组矿物又称 1:1 型矿物（晶层由一层硅 - 氧四面体和一层铝 - 氢氧八面体重叠而成，硅和铝的比例为 1:1），是硅酸盐黏土矿物中结构最简单的一类。包括高岭石、珍珠陶土、迪开石及埃洛石。高岭石是风化带中最常见的黏土矿物，其化学式可表示为 $Al_4[Si_4O_{10}](OH)_8$，或 $Al_2O_3 \cdot 2SiO_2 \cdot 2H_2O$。高岭石组矿物的层间以氢键连接，无膨胀，因此高岭石含量高的土壤具有较好的透水性。晶层没有或极少有类质同象现象，电荷数量少，颗粒较大（有效直径为 0.2 ~ 2 μm），比表面积小，阳离子交换量低（3 ~ 15 cmol/kg），胶体特性弱。从黏土矿物形成环境看，高岭石是在酸性环境中，Na、K、Ca、Mg 等阳离子淋洗很强的条件下形成的，高岭石组黏土矿物大量存在于南方热带和亚热带土壤中。

蒙脱石组矿物又称 2:1 型膨胀性矿物（晶层由两层硅 - 氧四面体夹一层铝 - 氢氧八面体构成，硅和铝的比例为 2:1），包括蒙脱石、绿泥石、水云母、蛭石等。蒙脱石是其典型代表，其化学式可表示为 $Al_4Si_8O_{20}(OH)_4 \cdot nH_2O$。晶层只能形成很小的分子引力，层的间距因水的进入而扩张，因失水而收缩，具有很大的胀缩性。晶片间普遍存在类质同象现象，阳离子交换量大（可高达 80 ~ 120 cmol/kg），胶体特性突出。蒙脱石、水云母等则形成于中性到碱性环境。蒙脱石在我国东北、华北和西北地区的土壤中分布较广。

水云母组矿物又称 2∶1 型非膨胀性矿物或伊利石组矿物，晶层结构与蒙脱石相似，包括伊利石、海绿石和迪开石。伊利石是其主要代表，其化学式可表示为 $K_2(Al·Fe·Mg)_4(SiAl)_8O_{20}(OH)_4·nH_{20}$。晶层间吸附有钾离子，键联效果很强，晶层不易膨胀。晶层间也普遍存在类质同象现象，阳离子交换量（20 ~ 40 cmol/kg）、胶体特性均介于高岭石与蒙脱石之间。伊利石的形成条件同蒙脱石可能十分近似，只是形成伊利石必须有足够的钾供应。伊利石广泛分布于我国多种土壤中，尤其是西北、华北干旱地区的土壤中含量很高。

绿泥石组矿物的晶层结构为 2∶1 型（晶层由滑石和水镁层[$Mg_6(OH)_{12}$]或水铝层[$Al_4(OH)_{12}$]相间重叠而成，滑石属 2∶1 型，与蒙脱石结构相似，但其铝 - 氢氧八面体层中 Al^{3+} 为 Mg^{2+} 所替代，由于滑石的晶层结构由两层硅 - 氧四面体夹一层铝 - 氢氧八面体组成，再加上与之重叠的水镁层或水铝层也是八面体层，所以绿泥石的晶层结构为 2∶1∶1 型）。这类矿物以绿泥石为代表，绿泥石是富含镁、铁及少量铬的硅酸盐黏土矿物，其化学式可表示为 $(Mg·Fe·Al)_{12}(Si·Al)_8O_{20}(OH)_{16}$。类质同象替代较普遍，因而绿泥石元素组成变化较大（除含有 Mg、Al、Fe 等离子外，有时也含有 Cr、Mn、Ni、Cu 和 Li 等离子），阳离子交换量为 10 ~ 40 cmol/kg。颗粒较小，土壤中的大部分绿泥石是由母质遗留下来的，但也可能是由层状硅酸盐矿物转变而来的。沉积物和河流冲积物中含较多的绿泥石。

（2）氧化物组

土壤黏土矿物组成中，除层状硅酸盐外，还含有一类矿物结构比较简单、水化程度不等的铁、锰、铝和硅的氧化物及其水合物和水铝英石。氧化物矿物既可以结晶态存在，如三水铝石 [$Al(OH)_3·3H_2O$]、水铝石 [$Al(OH)_3·H_2O$]、针铁矿（$α-FeOOH$）等，也可以非晶质状态存在，如水铝英石。无论是结晶质还是非晶质的氧化物，电荷的产生都不是通过类质同象替代获得，而是通过质子化和表面羟基的 H^+ 的离解产生，既可带负电荷，也可带正电荷，这取决于土壤溶液中 H^+ 浓度的高低。

4. 有机化合物

土壤或风化壳中的有机化合物是由 C、H、O、N、S、P 等组成的高分子有机化合物，为非晶质。土壤有机质在土壤形成过程中，特别是在土壤肥力（指土壤物理、化学、生物化学和物理化学特性的综合表现，也是土壤不同于母质的本质特性，包括自然肥力、人工肥力和二者相结合形成的经济肥力）发展过程中，起着极其重要的作用。从广义上讲，土壤有机质包括土壤中各种动、植物残体和微生物分解和合成的有机化合物。从狭义上讲，土壤有机质主要是指有机物质残体经微生物作用形成的一类特殊的、复杂的、性质比较稳定的高分子有机化合物，其主要成分是各种腐殖质，还有少量的木质素、蛋白质、半纤维素和纤维素等。

腐殖质是一类组成和结构都很复杂的天然高分子聚合物，其主体是各种腐殖酸及其与金属离子相结合的盐类。腐殖酸分子中含各种官能团，其中主要是含氧的酸性官能团，包括羧酸（R-COOH）和酚羟基（酚 -OH）。此外，还存在一些中性和碱性官能团，中性官能团主要是醇羟基（R-CH$_2$-OH），醚基（R-CH$_2$-O-CH$_2$-R）、酮基［R-C=O（-R）］、醛基［R—CO=（-H）］和酯［R-C=O（-OR）］；碱性官能团主要有胺（R-CH$_2$-NH$_2$）和酰胺［R-CO=（-NH-R）］。由于各种功能团的存在，腐殖酸表现出多种活性，如离子交换、对金属离子的配合作用、氧化 - 还原性以及生理活性等。对于土壤养分的供应、物理性状的改善、土壤环境解毒、土壤碳库的变化等均产生一定的影响。

（1）土壤有机质是植物营养的主要来源

土壤有机质中含有大量的植物营养元素，在矿化分解过程中，这些营养元素释放出来供作物吸收利用。所谓矿化作用，是指在土壤微生物作用下，土壤中有机态化合物转化为无机态化合物过程的总称。有机质矿化过程分解产生的 CO$_2$ 是植物碳素营养的重要来源。据估计，土壤有机质的分解以及微生物和根系呼吸作用所产生的 CO$_2$，每年可达 1.35×10^{11}t，大致相当于陆地植物的需要量 . 由此可见，土壤有机质的矿化过程是大气中 CO$_2$ 的重要来源，也是植物碳素营养的重要来源。

（2）土壤有机质可改善土壤的物理性状

腐殖质是土壤团聚体的主要胶结剂，可促进土壤团粒结构的形成。土壤中的腐殖质以游离态形式存在的很少，多与矿质土粒相互结合，包被于土粒表面，形成有机 - 无机复合体。有利于土壤结构的改善，土壤水分的供应和气体的交换。有机质还能改善土壤黏性，降低砂粒的分散性。腐殖质为棕色、褐色或黑色物质，它包被土粒后，使土壤颜色变暗，从而增加了土壤的吸热能力。它具有高度亲水性，可以从大气中吸收水分子，最高可达其自身质量的 80%～90%。因此砂土增加有机质后，可增强其蓄水能力。

（3）土壤有机质与土壤环境解毒

土壤有机质可以减轻或消除土壤中农药的残毒和重金属污染。进入土壤中的农用化学品或污染物能以各种方式从土壤环境中消失或转化为毒性较低的形态，其消除毒性或毒性降低的过程被称为解毒过程。由于农药的施用、工业"三废"的排放等多种原因，大量污染物进入土壤，因此土壤就成了农药、重金属和其他污染物的重要集散地和储藏库。

①有机质对重金属的作用

土壤中的有机质可以与进入土壤中的重金属离子发生复杂的生物、物理、化学作用。土壤腐殖质含有的多种官能团对重金属离子有较强配合和富集能力，对土壤和水中的重金属离子的固定和迁移有着非常重要的影响。

根据腐殖质与金属离子相互作用时形成键的性质，可将腐殖质与金属离子的反应分为两种类型：第一种类型中的腐殖质与金属离子主要形成离子键，这些金属离子主要是碱金属离子（Li$^+$、Na$^+$、K$^+$、Rb$^+$、Cs$^+$）及碱土金属离子（Be^{2+}、Mg^{2+}、Ca^{2+}、Sr^{2+}、Ba^{2+}、Ra^{2+}）；第二种类型中的腐殖质能与二价或多价金属离子形成配位化合物，这些金属阳离子不易和腐殖质形成离子键，主要是过渡族元素和重金属元素。

金属离子的存在形态也受腐殖质的配合作用和氧化还原作用的影响。腐殖质能将 V^{5+} 还原为 V^{4+}、Hg^{2+} 还原为 Hg、Fe^{3+} 还原为 Fe^{2+}、U^{6+} 还原为 U^{4+}。此外，腐殖质还能催化 Fe^{3+} 变成 Fe^{2+} 的光致还原反应。腐殖酸对无机矿物也有一定的溶解作用。腐酸对矿物的溶解作用实际上是其对金属离子的配合、吸附和还原作用的综合结果。

②有机质对农药等有机污染物的吸附作用

有机质是固定农药的最重要土壤组分，其对农药的固定与腐殖质官能团的数量、类型和空间排列密切相关，也与农药本身的性质有关。一般认为，极性有机污染物可以通过离子交换和质子化、氢键、范德华力、配位体交换、阳离子桥和水桥等各种不同机制与有机质结合；非极性有机污染物可以通过分隔机理与有机质结合。腐殖质分子中既有极性亲水基团，也有非极性疏水基团。腐殖质可通过疏水作用、配位交换和氢键作用吸附有机污染物，如多环芳烃、多氯联苯、农药、除草剂等。通过螯合作用富集水体中有机污染物，表现为增强有机污染物在水体中的溶解度、降低挥发性、增加光解速率以及改变生物可利用率和影响有机污染物毒性等。腐殖质与有机污染物结合成大分子或极性很强的分子后就难以进入生物体的细胞膜，从而降低有机污染物的毒性。因此，有机质对农药这样的有机污染物有强烈的亲和力，对有机污染物在土壤中的生物活性、残留、生物降解、迁移和蒸发等过程有重要影响。

（4）土壤有机质与土壤固碳

①土壤有机碳库

土壤有机碳库（soil organic carbon pool，SOCP）是指全球土壤中有机碳的总量。植物通过光合作用固定大气中的碳，一部分以有机质形式储存于土壤中。土壤碳库是陆地生态系统中最大的碳库。不同学者选用的数据和所取土层深度不同，对SOCP的估算值也不同。例如，有的对土壤有机碳库的估算值为 3000 ~ 5000 Pg（1 Pg=10^{15} g）；有的估算值为 2500 Pg、700 ~ 3000 Pg 或 1200 ~ 1600 Pg；有的对 1 m 土层内的估算值为 1555 Pg。总的看来，SOCP 值的范围可能是 1200 ~ 1600 Pg，为陆地植物碳库的 2 ~ 3 倍，全球大气碳库的 2 倍。陆地生态系统中的土壤碳库，以森林土壤中的碳为最多，占全球土壤有机碳的 73%；其次是草原土壤的碳，占全球土壤有机碳的 20% 左右。粗略地估计，我国的 SOCP 值为 185.7 Pg，约占全球土壤总碳量的 12.5%。

②土壤有机碳的变化

从地球陆地表面开始有生命活动，特别是出现植物以后，便开始形成土壤。在自然土壤形成初期，随着太阳能的输入，有机碳含量逐渐增加，并随着土壤的发育达到动态平衡。自然土壤一旦被开垦耕种，这种平衡就被打破，在 30 ~ 40 a 内达到新的动态平衡。若原来土壤中的有机碳含量较高，一般随耕种年数的增加，有机碳含量降低；若原来土壤中的有机碳含量较低，耕种后通过施肥等措施，可使进入土壤的有机物质数量较荒地明显增加，土壤有机碳含量逐步升高，并稳定在一定的数量水平。

（三）影响风化作用的因素

在风化作用过程中，外界条件起着重要的控制作用，但外因通过内因起作用，矿物本身的特性对风化过程的速度和强度发生着根本性的影响。如物理风化引起岩石崩解，使矿物颗粒比表面（单位体积的表面积或每单位质量物体的表面积）逐步增大（矿物颗粒越来越细），这就增强了地表水、氧、二氧化碳对矿物和岩石的分解作用。生物活动直接或间接地影响物理风化和化学风化，因此这三种过程往往相伴同时发生。但随环境条件的不同，其作用的相对强度也有所不同。

1. 内因

（1）母岩成分和矿物的抗风化能力

岩石的节理和构造，矿物的类质同象杂质，矿物共生关系，尤其是晶体结构和元素存在形式等均影响岩石和矿物的抗风化能力。一般情况下，矿物在风化过程中稳定性大小的顺序为：氧化物 > 硅酸盐 > 碳酸盐和硫化物。最难风化的矿物有锆石、刚玉、尖晶石；其次是石榴子石、钛铁矿和独居石等。在长石族矿物中，钠长石的风化难于含钙多的斜长石，也难于钾长石。在石榴子石族矿物中，铁铝榴石要比富钙的石榴子石稳定些。在云母族矿物中，则是铁质云母易于风化，黑云母比白云母易于风化，云母的层状结构有利于风化。

存在于矿物中的类质同象混入物，在风化过程中可以起催化剂的作用，使矿物加快氧化和溶解。例如，富 Fe、Mn、Cd 的闪锌矿的风化速度要比几乎不含类质同象混入物的浅绿黄色闪锌矿快得多。因此，岩石遭受风化的速度在很大程度上取决于其矿物成分。除上述因素之外，普通岩石和矿石遭受风化的强度，在相当程度上还受到矿物集合体的结构和可渗透性的制约，粗粒岩石常常较细粒致密岩石更易于被分解。

对于沉积岩的风化须另行考虑。因为大多数沉积岩是由前期岩石风化旋回作用所形成的次生物质组成的，在简单的成岩作用过程中，这些以前风化旋回的产物可能只受到相当轻微的变质和改造。当这些物质重回到风化带内时，它们的化学反应较之更高程度变质岩的矿物要微弱得多。沉积岩的主要矿物成分是黏土矿物、水云母、绿泥石、石英和钙 - 镁碳酸盐。高岭石、蒙脱石、绿泥石族矿物和水云母常常都是极细粒的，并且很容易遭受再水合作用、水解作用以及淋滤作用，以重建它们对新环境的平衡关系。但是，最终的化学变化是十分微弱的，其中碳酸盐几乎在风化带的所有条件下都倾向于溶解，若石英是粗粒的，则被保存下来。

（2）岩石的结构与构造

岩石中矿物颗粒的大小、等粒不等粒和胶结程度等都会影响风化作用的速度。在相同的气候条件下，细粒、等粒和胶结好的岩石抗风化能力较强，风化速度较慢。对化学风化作用而言，情况则不同，矿物颗粒愈小，愈有利于化学反应；等粒结构和疏松的岩石有利于水溶液的渗透和生物的活动，因而化学风化作用较快。构造对岩石风化速度的影响也很显著。节理的存在有利于水溶液的流动和生物活动，所以节理多的岩石容易风化。

2. 外因

（1）构造运动对风化作用的影响

由于经受长期的剥蚀作用或堆积作用，构造运动相对稳定或相对下降的地区地形平坦，各种风化剥蚀的产物易于保留在原地，形成巨厚的松散堆积物，化学风化作用可以不断地进行，风化程度深。但在局部地区，母岩被风化产物覆盖，限制了物理风化作用。相反，在构造抬升区，剥蚀作用强烈，地面切割程度高，地形陡峭，岩石破碎。风化剥蚀的产物，特别是那些颗粒较细的产物，在其形成后容易转移他处，风化层一般较薄；颗粒较粗，甚至基岩裸露，为持续不断地发生快速物理风化作用创造了条件，而在这些情况下，化学作用则仅具有限的作用。

岩石性质对风化作用的影响最显著，在其他条件相同的情况下，当抗风化能力弱的岩石被风化剥蚀时，形成低凹的负地形，而抗风化能力较强的岩石则形成凸起的正地形。这种由于岩性不同所导致的风化速度不同使岩面或地面形成凹凸不平的现象称为差异风化。在层理不明显的岩石露头上常因差异风化使层理显露，利用这些特征可帮助确定岩层产状。

（2）气候条件

气候条件是决定岩石风化方向和强度的基本要素。影响风化的主要气候因素是雨量和温度。因为没有水，不但失去了水的机械搬运能力，也会使化学反应难以进行；温度影响化学反应的速率，特别是有机物质分解的速率，进而影响化学分解的速率。气候还控制着植物的数量和类型，从而对风化作用产生不同的影响，造成不同气候地带中生物风化强度的巨大差异。

地球上的气候具有明显的分带性，决定了风化作用速度及其产物类型的分带性。在降水量大、温度高、植被茂盛的热带多雨森林地区，化学风化作用和生物风化作用普遍而强烈，岩石矿物分解迅速，形成大量厚层黏土矿物，风化物厚度可达 100 m 以上；相反，在温度低、植物稀少的极地地区和降水少、温差大的中纬度荒漠地区，盛行物理风化作用而化学风化作用微弱。

（3）地形和排水条件

地形对于风化作用的进行、风化壳的形成和元素的迁移关系重大，影响着水、热条件的重新分配，从而影响物理风化、化学风化及生物风化的强度，因此，风化产物的淋滤、风化壳的厚度和保存程度均与地形有关。地形还影响到气候、植被和土壤覆盖层以及生物界的差异，这些都直接影响和决定着风化壳的特点。如在大陆夷平面或接近夷平面的准平原，风化产物不易被冲刷流失。在气候适宜（湿润的热带和亚热带）并保持稳定时，可使岩石的分解作用向纵深发展，有利于造成巨厚的风化壳；坡向对风化作用也有影响，中低纬度山地阳坡（北半球为南坡，南半球为北坡）日照时间长、温度高，冰雪容易消融，夜间又冻结，寒冻风化作用比较强烈，以致阳坡比阴坡更为凹凸不平。

（4）时间因素

厚度巨大的风化壳的形成，除了有利的气候、地形等因素外，时间也是一个不可缺少的因素。一个较长时间稳定的地质环境，可使风化作用进行得较彻底。世界上一些大型红土铁矿床及残余铝土矿床，一般都经历了漫长的风化时期。

二、沉积作用地球化学过程

沉积作用作为常温或低温条件下进行的外生地质作用的重要组成部分，在地球形成和发展的历史过程中占有重要地位。在水、空气和其他地质营力的作用下，遭到风化作用破坏的地壳物质，在水、风、冰川等介质中迁移、搬运、沉积、固结成岩，形成至今占有地壳大陆表面积60%、大洋盆地表面近100%的不同类型的沉积岩层。而在这一不断进行、反复循环的风化、搬运、沉积、成岩的过程中，始终贯穿着不同化学成分和元素的地球化学活动，包括集中和分散、分解和再组合，而后形成不同化学组分特点的沉积岩。在这一过程中元素的活动，不仅服从于地球化学的一般规律，而且也有沉积作用独有的规律性。

（一）沉积物的来源

沉积物质来源有四类：①陆源物质——母岩的风化产物；②生物源物质——生物残骸和有机物质；③深源物质——火山碎屑物质和深部卤水；④宇宙源物质——陨石与宇宙尘。四类沉积物原始物质来源中，陆源物质是主要的，其次为生物源物质，深部来源的物质限于特定的环境，而宇宙来源的物质则似乎不可能构成沉积岩层。

这些原始物质除小部分残留原地外，大部分都要被搬运到沉积盆地中沉积下来。对沉积物进行搬运和沉积的介质主要是水和大气，其次为冰川、生物等；搬运和沉积的方式有机械的、化学的和生物的。

（二）碎屑物质的搬运和沉积作用

1. 碎屑物质在水流中的搬运和沉积作用

碎屑物质在水流中的搬运和沉积，主要与水的流动状态和碎屑物质的特点密切相关。水流是层流还是紊流，是急流还是缓流，碎屑物质的大小、相对密度、形状等都会影响碎屑物质在水流中的搬运和沉积。

（1）搬运方式

水流搬运碎屑物质的方式主要有两种：推移和悬移，前者也可称为床沙载荷。至于跳跃搬运，基本上属于推移搬运。较粗的碎屑（如砂和砾石）大都沿水流的底部移动，呈滚动或跳跃方式搬运。较细的碎屑（如粉砂和黏土）在水流中常呈悬浮状态搬运。实验证明，当沉降速度小于流速的8%时，即流速至少是沉降速度的12.5倍时，颗粒才能呈悬浮状态。较细的颗粒碎屑之所以常呈悬浮状态，主要与它们的沉降速度低有关。

（2）机械沉积作用

在一定的沉积条件下，主要是当水流的动力不足以克服碎屑的重力时，已经处于搬运状态的碎屑物质就会沉积下来。悬浮的粉砂或黏土在流速减小到一定限度（小于沉降速度的12.5倍）时，就会下沉。

碎屑物质在流水中的搬运和沉积，与流速和颗粒大小的关系最为密切。流水把处于静止状态的碎屑物质开始搬运走所需要的流速，称为开始搬运流速。开始搬运流速要大于继续搬运已经处于搬运状态的碎屑物质所需的流速（即继续搬运流速）。

（3）碎屑物质在水流搬运过程中的变化

碎屑物质在水流搬运过程中，由于颗粒之间的碰撞、摩擦，水流对颗粒的分选等，其不稳定成分逐渐变少，粒度逐渐变小，圆度（磨圆的程度）与球度（趋近于球形的程度）逐渐变好，并且随着搬运的时间及距离越长，这些变化就越明显。碎屑物质在流水搬运过程中的这些变化，都会在碎屑沉积物及碎屑沉积岩的岩性特征上反映出来。

（4）碎屑物质在水流搬运及沉积作用过程中的分异作用

碎屑物质在水流搬运和沉积作用过程中，除了在成分、粒度、圆度、球度等方面发生一些重大的变化以外，还将在许多方面发生分异作用。

首先，是粒度的分异，原来大小混杂的原始碎屑物质，在流水搬运及沉积过程中，按粒度的大小分别集中，即从上游到下游，出现了粒度从大到小、分选由差到好的顺序分布，即砾（岩）、砂（岩）、粉砂（岩）、黏土（岩）的顺序分布。其次，相对密度也发生分异，即相对密度大的颗粒难以搬运和易于沉积，相对密度小的颗粒易于搬运和难以沉积。这样，就出现了从上游到下游，碎屑物质按相对密度大小依次沉积的现象，即从上游到下游，相对密度大的碎屑含量逐渐减少，相对密度小的碎屑含量逐渐增多。再次，碎屑物质在形状上也发生了分异，即粒状碎屑不如片状碎屑搬运得远。最后，碎屑的成分也发生了分异，因为不同成分的碎屑，在粒度、相对密度、形状上都是有所不同的，粒度、相对密度、形状上的分异必然反映出成分上的分异，即随着搬运距离的增加，成分稳定的颗粒含量相对增加。以上四种机械分异作用是同时出现的，但是在一般情况下，这些分异作用都很难进行得彻底，通常是某一种分异作用（如粒度分异作用）表现得较为明显，其他的分异作用常被粒度分异作用所掩盖。

碎屑物质在水流搬运及沉积过程中的分异作用，几乎总是与碎屑物质在这一过程中所发生的变化（成分、粒度、形状上的变化）同时发生，这些变化使分异现象更加明显，但是两者在成因上却根本不同。

2. 碎屑物质在空气中的搬运和沉积作用

风是碎屑物质在空气中搬运和沉积的主要营力。在干旱地区，这种搬运及沉积作用是主要的。空气只能搬运碎屑物质，而不能搬运溶解物质。与流水的搬运及沉积作用相比，风的搬运及沉积作用具有以下特点：

（1）风只进行机械搬运，只能搬运碎屑物质，而不能进行化学搬运，缺乏溶解载荷沉积。

（2）由于空气的密度比水小得多，故风的搬运能力也远比水小；在同样的速度下，风的搬运能力约为流水的1/300。因此，在一般情况下，风只能搬运较细粒的碎屑物质，如砂以下的碎屑；只有在特大的风暴时，才能搬运砂和砾石。由于风的搬运能力有限，所以它对搬运物质的选择性就比较强。因此，风成物的分选性较好。

（3）空气的密度较小，碎屑物质在搬运过程中，颗粒之间的碰撞和磨蚀，以及它们与地表之间的相互碰撞和磨蚀都比较强，所以较粗的风成沉积物（如砂、砾石等）的圆度都比较好，而且常具强烈摩擦所致的"霜状"颗粒表面。

常见的风成沉积是各种沙丘，如沙漠沙丘、滨海沙丘、滨湖沙丘、河漫沙丘和黄土等。

在正常地面风力条件下，沉积物以推移搬运（跳跃搬运约占70%～80%，滚动搬运小于20%）为主，其次为悬浮搬运（小于10%，黄土主要呈悬浮状搬运）。

（三）生物的搬运和沉积作用

随着地质历史的演变与发展，生物在沉积形成作用中的意义越来越大。生物具有强烈的生命力，它们能通过自己的生命活动，直接或者间接地对化学元素、有机或无机的各种物质进行分解与化合，以及迁移、分散与聚集等作用。生物参与沉积物的搬运与沉积作用，一般是通过以下两种方式来实现的。

1. 生物化学作用

生物能产生大量的 CO_2、H_2S、NH_2、CH_4 及 H_2 等气体，能影响沉积介质的氧化还原条件，能进行有机物质的分解与合成等。这样，生物就能显著地影响沉积物质的搬运与沉积。例如，由于生物活动引起 CO_2 含量的变化可能影响碳酸盐的沉淀或溶解搬运；特别重要的是由于生物消耗氧气的作用，或者生物遗体的堆积、分解，可以生成大量的 H_2S、CH_4 等一类气体，使沉积介质的 E_h 和 pH 发生改变，从而促进很多有用金属元素的富集，甚至形成矿床。

2. 生物遗体的沉积作用

生物遗体可以直接堆积并形成岩石或者矿床。如生物灰岩、磷块岩以及硅藻土、白垩等。有的则是由生物遗体堆积经转化而成，如石油、煤等。此外，生物还可以从周围环境中吸取各种溶解物质，有助于元素迁移、分散与聚集的发生。

（四）溶解物质的搬运和沉积作用

母岩风化产物中的溶解物质，主要为 Cl、S、Ca、Na、K、Mg、P、Si、Al、Fe 等。前面的物质溶解度较大，多呈真溶液；后面的物质溶解度较小，多呈胶体溶液。它们在河水或地下水中均呈溶解状态，向湖泊和海洋中转移。这些物质在河流中很少沉淀，在地下水中沉淀的也不多；它们主要沉淀在海洋及内陆的盐湖中，尤其是在海洋中，海洋是这些溶解物质沉淀的最主要场所。

海水的平均含盐量为 3.5%，含盐总量约为 5×10^{16} t。如果这些盐类全部沉淀下来，将铺满海底 60 m 厚。河水的平均含盐量远小于海水，但河水每年向海洋中输入的盐类物质数量非常可观。据估计，陆地上所有河流每年带到海洋中的溶解物质总量可达（25～70）$\times 10^9$ t。显然，海洋中的盐分基本上都是由河流注入的。

1. 胶体溶液物质的搬运和沉积作用

低溶解度的金属氧化物和氢氧化物常常可以呈胶体溶液的形式搬运。胶体溶液是指带有电荷，大小介于 1～100 nm 之间，多呈分子状态的胶体质点。胶体溶液的性质既不同于粗分散系（悬浮液），也不同于粒子分散系（真溶液）。胶体质点带正电荷者为正胶体，如铁、铝等的含水氧化物胶体；带负电荷者为负胶体，如硅、锰等的含水氧化物胶体（表3-3）。

表 3-3　自然界常见的正、负胶体

正胶体	负胶体
Al（OH）$_3$，Fe（OH）$_3$	PbS，CuS，CdS，As$_2$S$_3$，Sb$_2$S 等硫化物
Cr（OH）$_3$，Ti（OH）$_3$	S，Au，Ag，Pt
Ce（OH）$_4$，Cd（OH）$_2$	黏土质胶体，腐殖质胶体
CuCO$_3$，MgCO$_3$	SiO$_2$，SnO$_2$
CaF$_2$	MnO$_2$，V$_2$O$_3$

胶体物质的主要特点是：①由于胶体质点很小，在搬运与沉积过程中重力的影响很微弱。②由于表面的离子化作用，胶体质点常带电荷。胶体质点的这种带电特点，是影响其搬运和沉积的一个很重要的因素。③胶体粒子比真溶液离子要大得多，故扩散能力很弱，往往不能通过致密的岩石。④天然胶体的吸附现象很普遍，例如带负电荷的黏土质胶体对 K、Rb、Cs、Pt、Au、Ag、Hg、V 等具有很大的选择吸附能力；二氧化硅水溶胶能有效地吸附放射性元素；铁的水溶胶能吸附 As、V、P 等；锰的胶体可强烈吸附 Ni、Cu、CO、Zn、Hg、Ba、K、W、Ag 等。

在搬运过程中，当胶体溶液失去稳定时，胶体质点就会发生凝聚作用——胶凝作用（絮凝作用）。在重力的作用下，于适当的沉积环境里逐渐沉积下来。影响胶体物质凝聚与沉积的因素有：①当两种带有不同性质电荷的胶体相遇时，会由于电荷的中和而发生凝聚与沉积。在物理化学中称为"相互聚沉"。在自然界中，负胶体比正胶体要多，因此，正胶体就比较容易在搬运早期被中和沉淀，剩下的负胶体就常常可以搬运得更远一点。当然，也不尽如此，例如，一种观点认为可能是由于腐殖酸的保护作用，一些正胶体（如氢氧化铁等）就可能被搬运很远，以至到大海中去凝聚沉积。②电解质的作用。在胶体溶液中加入电解质后能使胶体发生凝聚沉淀。电解质中聚沉离子所带电荷愈多，其聚沉能力愈强。当河流携带的胶体物质与富含电解质的海水相混合时，就可以形成大量的凝胶沉淀。因此，在三角洲的沉积中就常常可以见到大量的黏土和氧化铁等胶体凝聚沉积，形成巨大的沉积矿床。③当胶体溶液的浓度增大时，可以促使胶体凝聚。由于强烈的蒸发作用，不但增大了原先存在于溶液中电解质的浓度，另一方面也增大了胶体的浓度。这既增强了电解质的作用，又促进了各种质点接触的机会，因此有利于凝聚作用的进行。④溶液的酸碱度（pH）对胶体的搬运与沉积也有很大的影响。例如，高岭石在酸性介质条件（pH=6.6 ~ 6.8）下即能凝聚；而蒙脱石则需在碱性(pH > 7.8)介质条件下才能发生凝聚。此外，还有一些因素，如放射线照射、毛细管作用、剧烈的振荡以及大气放电等，都可以导致胶体的凝聚作用。

2. 真溶液物质的搬运和沉积作用

真溶液物质是指在溶液中呈离子状态存在的化学物质。母岩风化产物中的真溶液物质主要是 Cl、S、Ca、Na、K、Mg 等；P、Si、Al、Fe、Mn 等也可部分地呈离子状态在水中搬运。真溶液物质的搬运及沉积作用的根本控制因素是溶解度，即溶解度越大，越易搬运，越难沉积；反之，溶解度越小，则越易沉积，越难搬运。Fe、Mn、Si、Al 等溶解物质的溶解度较小，易于沉淀。在它们的搬运和沉积中，水介质的各种物理化学条件的影响十分重要。对于溶解度大的物质（如 Cl、S、Na、K、Mg 等）的搬运和沉积作用，水介质条件的影响不大。只有在干热的气候条件下，在封闭或半封闭的盆地中，或者在水循环受限制的潮上地带，即在蒸发条件下，溶解度大的物质才能沉积下来。石膏、硬石膏、钠盐、钾盐、镁盐就是这样形成的。

第三节　表生带环境中元素的存在形式和迁移转化

一、元素的存在形式

地壳中的元素，尤其在地表环境条件下的元素绝大多数以化合物形式存在，只有极少数以原子结合成单质形式存在。基岩经过化学风化和生物化学风化后，元素在疏松覆盖物中的存在形式具有很大的不同。风化后形成了活动态的离子或自由分子、次生矿物、有机化合物等。元素的不同存在形式，反映了表生地球化学环境、元素活动的途径和演化阶段不同。表生带化学元素的迁移强度取决于它的存在状态，即取决于化学元素是否仅存在于天然水、生物有机体、矿物晶格或其他形态中。对于环境地球化学而言，研究表生介质中元素的赋存形式具有重要的实际意义。

化学元素在表生带的主要赋存形态为气体、易溶性盐类及其在溶液中的离子等。在天然水中，化学元素的两个主要存在形态为真溶液和胶体溶液，而在真溶液范围内又有各种类型的离子。如铁在水中能够以 Fe^{3+}、Fe^{2+}、$Fe(OH)^{2+}$、$Fe(OH)_3$（非离解的分子）等形态存在。值得注意的是，即使处于相同状态的元素，在某一条件下可能是活性的，而在另一条件下又可能是惰性的。例如，氢氧化铁在草原和荒漠土壤与风化壳中是惰性的；而在泰加林沼泽的酸性还原环境中则具有高度迁移能力。

二、元素的迁移转化

在宇宙中，一切物质均处于不停的运动之中。组成地壳物质的化学元素也在不断地进行着地球化学循环。在地表环境中，这种地球化学循环运动主要表现为元素的迁移转化。在一定的物理化学条件或人类地球化学活动的作用和影响下，地表环境中的元素随时空变化而发生迁移转化，并在一定环境下发生重新组合与再分布，形成元素的分散或聚集，由此产生元素的"缺乏"或"过剩"。

（一）表生环境中元素迁移的特点

元素在地表环境中的迁移与在地壳内部的迁移显然是不相同的，因为地表环境与地壳内部的环境条件不同。元素的迁移特点除受自然地理条件影响外，还明显地受人类地球化学活动的影响。

1. 地表环境是地球内部能量释放与太阳辐射能量作用的交织带

由于太阳辐射能量占优势，控制着地表环境呈明显的周期性、地带性和地区性变化，因而地表环境中元素的迁移过程也具有周期性、地带性和地区性变化特点。

2. 地表环境中水是较强的天然溶剂

水在大气圈和岩石圈上部进行着不断的溶解循环，出现以淋滤与沉淀为主的化学元素的水迁移过程。人类活动对水资源的开发利用，更加剧了元素在地表环境中的迁移作用。

3. 地球表面是生物的生存环境

各种生命体活动对元素的吸收（或摄入）与分解（排泄）造成元素的生物小循环。

4. 地球表面的地质与地貌条件

由于地球表面地质、地貌条件的不同，使地表环境的物理化学条件（如氧化还原、酸碱度等）也有所不同，元素在迁移过程中发生再分配和重新组合的地质地理迁移循环。

5. 地表环境是人类生存与活动的地方

人类活动影响元素的迁移过程，在局部地区可能改变元素的迁移环境，引起某些元素和化合物的浓集。

（二）地表环境中元素的迁移类型

地表环境中的元素迁移需要借助某种介质进行。介质不同，其迁移类型也不同。按介质类型，可将元素的迁移分为空气迁移、水迁移和生物迁移三种形式。

1. 空气迁移

空气迁移是指元素以气态分子、挥发性化合物和气溶胶等形式在空气中进行的迁移。属于空气迁移的化学元素有 O、H、N、C、I 等。以气溶胶形式迁移只是在近代工业发展以来，因工业废物的大量排放才出现的一种形式。

2. 水迁移

水迁移是指元素在水溶液中以简单的或复杂的离子、配离子、分子、胶体等状态进行的迁移。元素可以胶体溶液或真溶液的形式随地表水、地下水、土壤水、裂隙水和岩石孔隙水等发生迁移运动。水迁移是地表环境中元素迁移的最主要类型，大多数元素都是通过这种形式进行迁移转化的。

3. 生物迁移

土壤、水、肥料或农药中的元素通过生物体的吸收、代谢和生物本身的生长发育以至死亡等过程实现的迁移，属于生物迁移。这是一种非常复杂的元素迁移形式，不同的生物种或同一生物种不同的生长期对元素的吸收、迁移均有差异或不同。

通常，环境中元素的迁移方式并不是绝然分开的，有时同一种元素既可呈气态迁移，又可呈离子态随水迁移。如组成原生质的 C、O、H、N 等元素，在某些情况下呈气态分子（O_2、CO_2、NH_3、CH_4）形式进行迁移；在某些情况下则呈离子态（如 SO_4^{2-}、CO_3^{2-}、NH_4^+ 和 NO_3^- 等）随水进行迁移。此外，按照物质运动的基本形态还可将元素迁移划分为元素及其化合物被外力机械的搬运而进行的机械迁移，元素以简单的离子、配离子或可溶性分子的形式，在地表环境中通过物理化学作用所进行的物理化学迁移，以及通过生物体而发生的元素生物迁移三种类型。

（三）影响地表环境中元素迁移的因素

风化壳中的化学元素通过后生过程进入环境的迁移途径，首先是与大气和水发生化学作用，溶解并释放出可溶性组分，组分通过水圈转移，并沉淀在大陆水体，或蓄水区内、或汇入海洋并在其中沉淀。元素在风化壳中的迁移行为是一种复杂的过程，在不同的自然景观中的迁移能力是极不相同的。元素迁移行为既由原子本身固有的性质决定，也由外界物理化学条件（介质的酸碱性、氧化还原电位等）决定。例如：在地表环境中，pH 可影响元素或化合物的溶解与沉淀，决定元素迁移能力的大小。大多数元素在强酸性环境中形成易溶性化合物，有利于元素的迁移；在酸性和弱酸性水中，有利于 Ca^{2+}、Sr^{2+}、Ba^{2+} 等的迁移。环境中的氧化还原条件对元素的迁移具有一定的影响，如 Fe 在氧化环境下形成溶解度很小的高价化合物，难以迁移；在还原环境下，则形成易溶的低价化合物，发生强烈迁移。Mn 的行为则与 Fe 相反，在氧化环境下以 MnO^{4-} 的形式迁移，在还原环境下则以 MnO_2 形式沉淀下来。气候条件也能通过温度和降水等因素直接或间接地影响地表环境中元素的迁移。由此可见，究竟以上哪种因素在元素迁移过程中占据主要地位，取决于迁移的具体元素及风化壳的分布特点。

第四节　重金属元素的表生地球化学特征

本节仅以汞、砷、铅、镉为例说明重金属元素在表生环境中的地球化学特征。

一、汞的表生地球化学特征

汞位于化学元素周期表第六周期第二副族。在自然界中存在的汞有金属汞、一价汞和二价汞的化合物。汞是典型的亲铜元素。自然界中的汞主要形成红色的硫化物，而黑色的硫化物和液态的自然汞则比较少。红色的硫化物——辰砂，几乎是一种纯的 HgS；黑色的硫化物——黑辰砂，则是化学式为（Hg·Zn·Fe）（S·Se）的固溶体。在许多矿物中还可发现汞替代其他元素作为次要组分形式存在，因为 Hg 的离子半径与 Cu、Ag、Au、Zn、Cd、Bi、Pb、Ba、Sr 等都比较接近，可使汞进入这些元素所组成的矿物中。

因为汞的主要矿物——辰砂，在表生带属于最稳定的矿物，但还是可以发生缓慢的变化，所以几乎在每个汞矿床中都可以遇见辰砂变化的痕迹，有时出现辰砂被淋滤后留下的空隙，有时见到次生的汞矿物——角银矿（甘汞），或见到再沉积粉末状的辰砂。至于地下水中汞的分布，由于汞化合物的溶解度很低，而周围介质中许多物质对汞都有很高的吸附能力，因此地下水中汞的含量一般都很低，即使在矿床周围可以有较高的含量，但这种汞的水分散晕能延伸的范围也很小。正是由于这些原因使汞不能大量进入河流及海洋中。据艾季尼扬的计算，河水中汞的质量浓度为 2×10^{-6} g/L，海水与河水中汞的质量浓度也基本一致（如大西洋中为 8.0×10^{-7} g/L，印度洋中为 1.4×10^{-6} g/L）。

现代沉积物中汞的质量分数为 $6 \times 10^{-8} \sim 2 \times 10^{-6}$，其中以黑海沉积物的质量分数为最高，达到 5×10^{-7}，这种异常现象可能与黑海沿岸汞的矿化点有关。此外，火山喷发物质对现代沉积物中汞的含量似乎没有什么影响，例如印度洋中含大量火山物质的两个沉积物样品，汞的质量分数为（$1 \sim 2$）$\times 10^{-7}$；大西洋一些黏结有水下喷发熔岩物质的有孔虫软泥中，汞的质量分数为 1.7×10^{-7}，这表明它们与一般沉积物中汞的质量分数是相近的。

风化作用时及风化产物在盆地中的再沉积作用会引起汞的某种富集，例如石灰岩中汞的质量分数只有 3×10^{-8}；在红土风化壳中汞的质量分数会增加到 $n \times 10^{-7} \sim 2 \times 10^{-6}$；在盆地中风化再沉积的产物（如氧化铁、氧化锰、铝土矿）都具有较高的汞质量分数，可达到 $n \times 10^{-7} \sim n \times 10^{-6}$。

植物和动物都能吸收汞，在不同种类的鱼中，汞的质量分数可达 $28 \sim 180$ ng/g。在与生物有成因关系的煤和石油中均含有汞，其质量分数为 $1 \sim 30$ ng/g。过量的汞对人体和生物有明显的毒性，如日本熊本县水俣湾因排放到该海湾中的无机汞（Hg）与水底排放出的甲烷（CH_4 相结合形成甲基汞（CH_3Hg），造成当地居民神经损害，导致水俣病。水俣病是举世闻名的日本公害病之一，该病于 1953 年首先在日本熊本县水俣市发生，当时为病因不明的"奇病"，故以地名命名，称之为"水俣病"。水俣病严重危害当地人民的健康，临床表现以中枢神经系统症状为主，呈现手足运动笨拙、指趾变形、中心性视野缩小、运动失调、语言障碍等，有严重的后遗症，病死率高达 40%，经过多次反复的病因调查，结果证明是由于甲基汞引起的公害。氯乙烯和醋酸乙烯在制造过程中要使用含汞的催化剂，这使排放的废水中含有大量的汞，当汞在水中被水生物食用后，会转化成甲基汞。这种剧毒物质只要有挖耳勺的一半大小就可以使人致死。

二、砷的表生地球化学特征

砷位于化学元素周期表中第四周期第五主族。在自然界中有以下几种存在形式：①自然砷及砷的化合物，如砷锑矿（SbAs）、微晶砷铜矿（Cu_3As）；② As^{3+} 的简单硫化物和氧化物，如雌黄（As_2S_3）、白砷石（As_2O_3）；③ As^{5+} 形成砷酸根配阴离子 [AsO_4]$^{3-}$ 与 Fe^{3+}、Cu、Pb、Zn 等重金属形成砷铁矿 [Fe_3（AsO_4）$_2 \cdot 8H_2O$]、翠绿砷铜矿 [Cu_5（AsO_4）$_2$（OH）$_4 \cdot H_2O$]；④ As 与 S 形成含硫盐阴离子 [As_mS_n]$^{x-}$，并与重金属 Fe、Cu、Pb、Zn 等形成含硫盐矿物，如硫砷铅铜矿（$PbCuAsS_3$）；⑤ As 可能以阴离子的形式 As^{3-} 或 $AsAs^{n-}$ 替代矿物中的 S^{2-}。

砷是个相当复杂的元素，它的离子性质与介质的 pH 及其他热力学条件有关。值得注意的是，由于砷能形成阳离子或阴离子，因此也易于从阳离子或阴离子转变为中性原子。在大多数情况下，砷为 +3 价和 +5 价，在含硫盐和硫化物中以 +3 价占优势；在含硫盐中，只在极稀少的情况下，才有 +5 价存在。

据测定，雨水中砷的质量浓度约为 $1\mu g/L$，南极洲的雪中砷的质量浓度为 $0.6\mu g/L$，美国哥伦比亚河中砷的质量浓度为 $1.56\mu g/L$，德国萨勒河中砷的质量浓度为 $9.3\mu g/L$。有关热泉中含砷的资料较多，其质量浓度一般都比较高，据日本对 190 个热泉水的统计，砷的平均质量浓度为 0.3 mg/L。无论在中性、碱性及酸性热泉中，砷的质量浓度以 0.2 mg/L 最常见。砷质量浓度最高的热泉是德国的巴特迪克海姆热泉，为 13 mg/L。

海洋表层水中砷的平均质量浓度为 $2\mu g/L$，随着海水深度的不同，含砷量会有一定的变化，但目前尚未得出其变化规律。

三、铅的表生地球化学特征

铅是自然界中常见的元素之一，位于化学元素周期表中第五周期第四主族。已知铅的独立矿物有 200 多种，主要是硫化物，此外还有硫酸盐、磷酸盐及砷酸盐等，以及少数氧化物。主要工业矿物有方铅矿（PbS）和硫锑铅矿（$5PbS\cdot 2Sb_2S_2$）等。

铅主要富集在钾长石及火成岩和变质岩的云母中。岩石风化过程中也可产生一些活动性铅，这些铅化合物的溶解度较低，在迁移过程中也可被风化产生的黏土矿物所吸附。所以岩石风化过程中铅的迁移能力较小。如德国某地新鲜花岗岩中铅的质量分数为 $22\mu g/g$，弱风化的花岗岩中铅的质量分数为 $6\sim 11\mu g/g$，在红土化过程中铅的淋失近 80%。铅主要集中在黏土类矿物之中，在风化形成的高岭土矿床中铅的平均质量分数为 $83\mu g/g$。

铅的氧化物性质稳定，相对密度大，风化时也可以在原生矿床附近的残积、坡积及冲积层中富集，形成有工业意义的砂矿床。

风化岩石形成的土壤中，其黏土级部分有风化残留的铅。大气中悬浮的铅是表层土壤中铅的主要来源，世界各地明显未受污染的土壤中铅的质量分数为 $8\sim 20\mu g/g$，而城市土壤中铅的质量分数明显增加，土壤中含铅量与土壤剖面深度成反比。因普通岩石风化时，有少量铅呈溶解状态被带出，但它们能被黏土矿物、有机质等吸附；加之铅的化合物溶解度极低，在还原条件下易形成硫化物沉淀，故自然界水体中铅的浓度极低。

高质量浓度铅的地表水往往在矿区附近，如苏联高加索矿区附近的河水中有 $7000\sim 9000\mu g/L$ 的铅。地下水中铅的质量浓度有时要高于地表水，它与地下水的成分、温度及流经的地层含铅量有关。海水中铅的质量浓度为：大西洋中部海水中平均为 $0.05\mu g/L$，太平洋及地中海海水中为 $0.03\mu g/L$，并有随着海水深度变大而含铅量降低的趋势。近海岸的水中含铅量大于远海，这是由于近海岸易受到污染。

大气中铅的平均质量浓度为 $0.0005\mu g/m^3$（大西洋、印度洋及中国南海的上空），大气中铅的主要来源归结为含铅汽油的使用，因而在工业城市及大公路沿线的上空大气中，铅的质量浓度远大于此值，如纽约市上空大气中约为 $4.1\mu g/m^3$，伦敦市上空大气中为 $5.1\mu g/m^3$，而世界卫生组织规定的标准是 $2\mu g/m^3$。

铅能置换骨骼内的钙而贮藏在骨中，如进入血液中将会引起许多病症，甚至导致死亡。因此铅对生物而言是有毒元素，但各种生物中含铅量高低不同，这与它们赖以生存的环境有关。动物血液中 $\omega(Pb)>0.5\mu g/g$，即会导致铅中毒，会造成儿童颅骨坏死、智力发育不正常。即使每天摄入很低量的铅，也会因它在人体内积累、贮藏而致使慢性中毒。铅及其化合物对人体各组织均有毒性，中毒途径可由呼吸道吸入其蒸气或粉尘，然后呼吸道中吞噬细胞将其迅速带至血液；或经消化道吸收，进入血循环而发生中毒。中毒者一般有铅及铅化物接触史。口服铅 2 ~ 3 g 可致中毒，50 g 可致死。铅中毒会出现高级神经机能障碍。严重中毒时，会引起血管管壁抗力减低，发生动脉内膜炎、血管痉挛和小动脉硬化。铅中毒时还会发生绞痛，造成死胎、早产、畸胎以及婴儿精神呆滞等病症。通过测定血液中的含铅量，可以获得人体中含铅量的高低。人体血液中含铅量与其所处的环境关系密切，北美人的体内含铅量要比亚洲、非洲及欧洲人高，且美洲人体内的含铅量随着年龄的增长而增高。人体中的含铅量与大气中的含铅量具正相关关系。

四、镉的表生地球化学特征

镉位于化学元素周期表中第五周期第二副族（锌副族）。

在地表风化条件下，镉与锌有着近似的地球化学性质，但镉表现得更稳定些，氧化较慢，且更不易活动，较快地沉淀。

在不强的氧化环境下，含镉的主要矿物——闪锌矿，可被迅速氧化溶解，但镉还可以作为硫化物（CdS）残留下来，或形成次生的 CdS 呈薄膜状存在于闪锌矿等硫化物矿物表面（$Cd^{2+}+S+2e^-=CdS$，$E^0=0.31$ V）。在强烈的氧化条件下，镉则形成 CdO 与 $CdCO_3$ 之类的氧化矿物，并能氧化成 $CdSO_4$ 而进入于水溶液中。$CdSO_4$ 与 $ZnSO_4$ 有相同的溶解度，且由于镉具有较大的离子半径和较低的能量系数，可在水溶液中进行搬运，能长期停留在水溶液中，只有在强碱性环境（即 pH > 10）中，才开始发生沉淀。

镉的迁移性极有限，因为镉具有强的主极化能力，所以能被土壤的胶体溶液强烈吸附，以致它不能迁移至海中。

在表生条件下，因为碳酸的作用，镉可形成菱镉矿（$CdCO_3$），它比 $ZnCO_3$ 的溶解度低，所以镉的碳酸盐较锌的碳酸盐先沉淀下来。因 $CdCO_3$ 与 $ZnCO_3$、$FeCO_3$、$MnCO_3$ 有类似的化学和结晶化学性质，形成条件也基本相同，故在氧化带中常紧密共生。镉在表生带中被固定的方式除碳酸盐外，还有 CdS 沉淀及吸附状态，这两种方式都较锌表现强烈。

由于镉在酸性溶液中（即 pH≤5）表现得很活泼，因此在硫化矿床的氧化带中镉可与锌一起形成次生分散晕，以此作为含镉的原生金属矿床的地球化学找矿标志。

镉是海水中最富的重金属之一，而锡含量则极低。爱尔兰海和英吉利海峡 37 个表层海水样品中镉的平均质量浓度为 0.11μg/L，由于样品来源不同和季节变化，镉的质量浓度介于 0.024 ~ 0.25μg/L 之间。三个取自日本的样品中，镉的质量浓度为 0.08 ~ 0.17μg/L。塞尔维于 20 世纪 60 年代测定美国加州 72 个泉水中的镉的最高质量浓度为 20μg/L，平均为 8μg/L。某些海生动物的干物质中含有质量分数为 0.03 ~ 11 mg/kg 的镉，含镉量最高的是水母。人的肾脏中曾出现镉的最高质量分数在 1000 mg/kg 以上，血液、血浆和血清中都有镉的存在。

第四章　大气环境地球化学

本章首先从物理结构和化学成分两方面给出未受污染的自然大气的地球化学特征，然后分析了可能进入大气的污染物及其污染源，以及这些污染物进入大气后会产生什么变化，接着引入大气污染对全球环境、局部生态环境、人类生产生活和人体健康的影响和危害，最后提出常用的大气污染的评价方法和防治措施。

第一节　大气圈的结构与成分

一、大气圈层结构

大气圈由围绕地球的多种气体混合物组成，由于重力作用，大气圈在海平面上最稠密，向上迅速地变稀薄。虽然大气中99%的质量集中于地球表面之上的29 km以内，但大气圈的上限可达到10 000 km的高度，几乎接近地球本身的直径。

（一）根据大气中气体成分的均一性划分

可将大气圈分为均质层和非均质层。

1. 均质层

从地球表面向上到大约90 km的高度，该层中气体组成极为一致。均质层空气大部分由氮气和氧气组成，其中氮气约占整个均质层体积的78.1%，氧占20.9%；其次是氩气（约0.9%）和二氧化碳（不到0.04%）；余下的气体是氖、氦、氪、氙、氢、甲烷和水蒸气。均质层中上述成分的气体通过相互扩散作用而充分混合。

2. 非均质层

在地球表面大约90 km以上为非均质层，由四个气体层所组成，每个层有特殊的组成成分。最底层是分子氮层，主要由氮分子（N_2）组成，向上延伸到大约200 km处；在200 km以上是原子氧层，主要由氧原子（O）组成；在1100～3500 km高度之间是氦层，主要由氦原子（He）组成；在3500 km以上的区域由氢原子（H）组成，氢层的外部界限大致确定为10 000 km。这是由于在近10 000 km高空的氢原子的密度与整个星际空间中的密度大致相同，但10 000 km高空的氢原子随同地球一起旋转，因而属于地球的大气圈。

以上所述的四个非均质层的大气层具有转换的过渡带，并不存在非常明确的分隔面。

非均质层中的气体是按照它们的相对质量顺序排列的：最重的分子氮在最低层；最轻的原子氢在最外层。在非均质层的最高处，气体分子和气体原子的密度最低。例如，在 96 km 的高度，靠近非均质层的底部，大气的密度大约只有海平面上的百万分之一。

（二）根据大气温度的变化和物理状态划分

可以把大气圈划分为五层，其中三个温度带位于均质层内，其余温度带在非均质层内。各层的主要特征如下：

1. 对流层

这一层最贴近地面，直接与水圈、岩石圈接触，因而对表生地球化学作用最为重要。对流层内有各种复杂的天气和气候现象，因此会直接影响大气圈底部生活环境中各种生物的生命形式。

在这一层中，空气是对流的，这是由于地面吸收太阳辐射中的红外部分、可见光及波长小于 3μm 的紫外线，并将这些光能转化为热能，再从地面向大气底层输送，从而发生强烈的对流。又因地面上有海陆之别、昼夜之差、纬度的高低不同，使得地面温度也有差别，从而形成水平方向的对流。对流作用使对流层的气体成分相当均匀，它们与地表附近的气体成分大致相同。对流层的温度随着高度的增加，以正常环境递减率 6.5℃/km 下降。对流层顶部的温度在赤道附近可降到 190 K，在极地可降至 220 K。对流层顶的高度随所在地区纬度不同而有所不同，这是由于上升气流的上升高度不同所致，在赤道附近为 16 ~ 18 km；在中纬度地区为 10 ~ 12 km；在两极附近为 8 ~ 9 km。

除了纯净干燥的空气以外，对流层含有水汽，水汽可以凝结成云和雾，并产生雨、雪、冰雹等。水汽赋予对流层一种隔热性的特性，从而阻止地球表面的热量迅速散失。由于地面对气流的摩擦作用和风的垂直切变，可以形成大气湍流，大气湍流会把空气污染物和周围空气充分混合。

2. 平流层

在这一层内，大气的垂直对流不强，多为平流运动，这种运动尺度也很大。由于平流层中水汽的含量很少，在对流层中经常出现的天气现象在平流层中不大会发生。同时，平流层中的空气尘埃含量也很少，大气的透明度很高。由于平流层中有臭氧集中，太阳光波辐射的紫外部分，大部分被臭氧吸收转化为热量。该层温度随高度的增加而增高，从低于 -50℃可升高到 0℃左右。

3. 中间层

该层温度随高度的增加而降低，到中间层顶（80 ~ 90 km 的高度），温度下降到 -83℃左右。在这一层大气中，存在着强烈的光化学效应。同时，也存在显著的对流运动，但由于大气稀薄且缺少水蒸气，没有风和雨等地面常见的天气现象。这层也称为高空对流层。

4. 暖层

在中间层之上，温度转为直线上升，在 300 km 高度，温度可达 1000℃以上。太阳的微粒辐射及宇宙空间的高能粒子，对于暖层大气的热状态有显著的影响。

5. 外层

又称散逸层。暖层顶以上的大气层流称为外层。在这里大气大部分处于电离状态，质子的含量大大超过中性氢原子的含量。由于大气高度稀薄，同时地球引力场的束缚也大大减弱，大气质点不断向星际空间逃逸。

二、大气成分

（一）大气气体成分组成

大气的组成可以有以下三种成分，即：干空气的混合物；处于三种物理状态中的任一种水物质；悬浮的固体粒子或液体粒子（称为大气气溶胶）。

1. 根据丰度分类

分为主要成分和次要成分。四种主要成分占干空气成分的 99.997% 以上，体积分数大于 300×10^{-6}。次要成分的体积分数都低于 20×10^{-6}。因此，两组成分丰度的差别十分明显。

2. 根据滞留时间分类

平均寿命或者平均滞留时间（τ）是大气化学中各种气体的一个重要参数。τ 的定义为

$$\tau = m / f \tag{4-1}$$

式中，m 是大气中气体的总平均质量；f 是总平均流入量或流出量（它们在整个大气层中按时间平均必定是相等的）。$1/\tau$ 称为循环率。

τ 的重要性在于，它表示某种气体通过一个循环时的活跃尺度。如果 τ 比较小，并且气体很活跃，那么 m 就比较小，气体的浓度也就是可变的，因为它来不及从局地源进行均匀分布。

从滞留的时间来考虑，空气成分可粗略地分为两类：

（1）τ 很长的永久气体，例如氮的 τ 大约为 3 Ma。

（2）τ 从几个月到几年的半永久性气体，尽管它们的化学成分不同，但却有许多相似的地方。

（二）气体来源和消耗

在整个地质年代中，大气圈内有的气体在散失，有的气体则在增加，有的气体在消耗和补给之间并不构成平衡。

1. 大气的补充

在整个地质年代中，大气圈从以下方式得到补充：

（1）岩浆结晶作用及火山作用放出气体，如水蒸气、HCl、HF、H_2S、CO、N_2、H_2、Br 及 At 等。

（2）光化学分解作用可产生氧气，如 $HO+HO_2 \rightarrow H_2O+O_2$，$2H_2O \rightarrow 2H_2+O_2$，$2HO^{2+}N_2 \rightarrow 2HONO+O_2$，其总量约为 4×10^{11} g/a。

（3）一般认为，现代大气圈中游离氧的全部或绝大部分产生于植物的光合作用，根据沉积岩中有机碳总量相当于 2.5×10^2 g 的 CO_2，估计由此放出的氧总量为 1.81×10^2 g，光合作用产生的氧进入周围环境，在漫长的历史过程中，发生了氧的积累。其反应式为：$6CO_2+12H_2O \rightarrow C_6H_{12}O_6+6O_2+6H_2O$，其中 $C_6H_{12}O_6$ 代表葡萄糖。

（4）铀和钍的放射性衰变会产生氦，如 $^{238}U \rightarrow 206Pb+8He$、$^{235}U \rightarrow ^{207}Pb+7He$、$^{232}Th \rightarrow ^{208}Pb+6He$ 等。

（5）钾的放射性衰变产生氩，即 $^{40}K+e \rightarrow ^{40}Ar$。

（6）生物体的呼吸和有机体的腐烂会产生二氧化碳和极微量的甲烷。

（7）人类生产活动向大气排放各种气体污染物质，这些空气污染物包括含硫、氮、碳的化合物、卤素化合物和放射性化合物，以及颗粒状物质。

2. 大气的消耗

在地质时期中，大气圈的消耗可以是物理的，如 H 和 He 向宇宙空间扩散；也可以是化学的，如大气圈同水圈、生物圈和岩石圈之间的化学反应。其中主要的大气消耗过程如下：

（1）各种氧化作用可消耗大气中的氧。

（2）碳酸盐的沉积消耗大气中的二氧化碳，如一部分 CO_2 由于各种有机体的生命活动转变成碳酸盐沉积物，另外煤和石油的形成也消耗 CO_2。

（3）空气中氮氧化物的形成，以及土壤中硝化细菌作用时消耗氮（硝化作用是一种氨被氧化成硝酸根所发生的生物化学过程，这种反应分成两步进行，每一步由不同种类的细菌完成，亚硝化细菌使氨或铵离子与氧发生作用以产生亚硝酸离子和水，即 NH_3 或 $NH_4^++2O_2 \rightarrow NO_2^-+2H_2O$，硝化细菌组把亚硝酸离子氧化成硝酸根，即 $2NO_2^-+O_2 \rightarrow 2NO_3^-$，因而当 NH_3 由固氮作用或氨化作用产生时，就会迅速被微生物氧化成硝酸根，这样形成的氨可以全部被植物和微生物所利用）。

（4）从地球大气圈向宇宙空间逸散氢和氮。

第二节　大气污染源及污染物

一、大气污染源

污染源就是造成环境污染的发生源，一般指向环境排放有害物质或对环境产生有害影响的场所、设备和装置等。大气污染源指的是向大气中排放污染物质的发生源。例如，焦化厂向大气中排放烟尘、二氧化硫等污染物质，就是一种大气污染源。

污染源分为天然污染源和人为污染源。为了便于根据污染源的特点对污染物的排放进行控制，人们对污染源做了多种形式的分类。

（一）按污染源存在的形式划分

可以划分为固定污染源和流动污染源。

所谓固定污染源就是位置固定不变的污染源，主要是一些工矿企业在生产中排放污染物。例如，火电厂主要以燃烧煤为主，煤中含有较多的灰分（5%～20%）和硫（1%～5%）。在燃烧过程中产生大量的粉尘、二氧化硫及氮氧化物等。据估计，全世界每年从火电厂排入大气中的废气多达几千万吨，约占燃料质量的0.05%～1.5%，其中二氧化硫约占58%，粉尘约占17%，氮氧化物约占15%，二氧化碳约占5%，碳氢化合物约占1%。火电厂排放的大气污染物在整个工业系统中占很大比例。作为固定污染源，冶金、钢铁工业对大气污染的影响也很大。在钢铁工业的焦化、炼铁、炼钢、轧钢及精制五个主要生产过程中，前三个都是重大的大气污染源。

与固体污染源相反，流动污染源的位置是变动的，主要是指由交通工具在行驶时向大气中排放污染物而形成的污染源。例如，汽车、火车、飞机、轮船等。它们与固定污染源相比，单个污染源的规模要小得多，且分布比较分散、不固定，但总量不一定少，并且由于来往行驶频繁，具有很大的流动性，在现代社会汽车使用日益普遍的情况下，汽车废气造成的污染也不可忽视。

这种划分方法适用于大气质量评价时污染源分析图的绘制。

（二）按排放污染物的空间分布划分

可以划分为点源、线源和面源三类。

点源是指污染源集中在一点或相对于所考察的范围而言可以看作一个点的情况，如高的单个烟囱就可以看作点源。

线源是流动污染源在一定的线路上排污，使该线路成为一条线状污染源的情况。如一条汽车来往频繁的公路就可以看作线源。

面源是在一个较大范围内较密集的排污点源连成一片，把整个区域可以看作一个污染源。如许多低矮烟囱集合起来就构成了面源。

这种划分方法适用于污染物在大气中扩散的计算。

（三）按污染源排放时间状况划分

可以划分为连续源、间断源和瞬时源。

钢铁厂的烟囱持续不断地向大气中排放污染物就是一种连续源；取暖锅炉的排烟具有一定时间间隔，因此属于间断源；而某些工厂发生事故时向大气中排放污染物，由于这种排放为突发性或暂时性的，并且一般排放时间也较短，因而属于瞬时源。

这种划分方法适用于分析污染物排放时间的规律性。

（四）按人类活动功能划分

可以划分为工业污染源、能源污染源、交通污染源和生活污染源等。

污染源分类方式的多样性是由于在环境保护工作中，处理的污染对象不同以及解决问题方法上的差异。因此，污染源的分类方式的选用必须根据造成污染的具体情况和对象来确定。

二、大气污染物

人类活动（包括生产活动和生活活动）及自然界都在不断地向大气排放各种各样的物质，这些物质在大气中会存在一定的时间。当大气中某种物质的含量超过了正常水平而对人类和生态环境产生不良影响时，就构成了大气污染物。

环境中大气污染物种类很多，若按物理状态可分为颗粒污染物和气态污染物两大类；若按形成过程则可分为一次污染物和二次污染物，或者分别称为原生污染物和次生污染物。

所谓一次污染物是指直接从污染源排放的污染物质，主要包括碳氢化合物（HC）、一氧化碳（CO）、氮氧化物（NO_x）、硫氧化物（SO_x）和微粒物质等。一次污染物可分为反应性污染物和非反应性污染物两类：反应性污染物的性质不稳定，在大气中常与某些其他成分产生化学反应，或作为催化剂促进其他污染物产生化学反应；非反应性污染物的性质较为稳定，基本不发生化学反应，或反应速度很缓慢。

二次污染物是由一次污染物经过各种反应生成的一系列新的污染物，常见的有臭氧、过氧乙酰硝酸酯（PAN）、硫酸及硫酸盐气溶胶、硝酸及硝酸盐气溶胶，以及一些活性中间产物，如过氧化氢基（HO_2）、羟基（OH）、过氧化氮基（NO_3）和氧原子等。此外，大气污染物按照化学组成还可以分为含硫化合物、含氮化合物、含碳化合物和含菌素化合物。

（一）气态污染物

气态污染物主要有含硫化合物、含氮化合物、碳氢化合物、碳氧化合物、卤素化合物等。这些气态物质对人类生产、生活以及其他生物所产生的危害主要是其化学行为造成的。

典型气体污染物如下：

1. 二氧化硫

二氧化硫（SO_2）是含硫化合物中典型的大气污染物。在火山气体、煤和石油等化石燃料中都含有一定量的硫，通过燃烧90%以上的硫被氧化成二氧化硫。

2. 碳氧化物

燃料燃烧是环境中的碳氧化物（CO 和 CO_2）的重要来源。在燃料燃烧中，氧气不充足就会产生一氧化碳（CO）；氧气充足则生成二氧化碳（CO_2）。

CO 是一种无色、无味、毒性极强的气体，也是排放量最大的大气污染物之一。它的天然来源主要包括：甲烷的转化、海水中 CO 的挥发、植物的排放以及森林火灾和农业废弃物焚烧，其中以甲烷的转化最为重要。

汽车发动机、炼铁炉、炼钢炉、炼焦炉、煤气发生炉以及工厂烟囱、家用煤气炉等都是 CO 的人为污染源，吸烟成为室内 CO 和 CO_2 的主要污染源。据估计，在全球范围内，CO 的人为来源为（$600 \sim 1250$）$\times 10^6$ t/a，其中80%是由汽车排放。尽管现在汽车都已经安装了尾气净化器，但由于汽车总数量的增加，排放的 CO 总量并没有减少。在我国北方，由于冬季取暖使用火炉，在通风不良的居室中 CO 浓度超标所造成的危害也值得重视。

一般城市中的 CO 浓度对植物及有关的微生物均无害，但对人类则有害，当人将 CO 吸入肺部后，CO 能与血红素作用生成羧基血红素（简写为 COHb）。在肺部，血红素与 CO 的结合能力比与氧的结合能力强 $200 \sim 300$ 倍，即使 CO 的体积分数降低 1‰，CO 的配合物仍优先形成。因此，CO 使血液携带氧的能力降低而引起缺氧，出现头疼、晕眩，甚至死亡。

CO_2 是一种无毒、无味的气体，对人体没有显著的危害作用。在大气污染问题中，CO_2 之所以引起人们的普遍关注，原因在于它能够吸收来自地面的 $13 \sim 17\mu m$ 的长波辐射，因而能够导致温室效应的发生，从而引发一系列的全球性环境问题。CO_2 的天然来源主要包括：海洋脱气、甲烷转化、动植物呼吸，以及腐败作用和燃烧作用。CO_2 的人为来源主要为矿物燃料的燃烧过程。

3. 氮氧化物

大气中存在的含量比较高的氮氧化物（NO_x）主要包括氧化亚氮（N_2O）、一氧化氮（NO）和二氧化氮（NO_2）。其中 N_2O 是低层大气中含量最高的含氮化合物，主要来自天然来源，即由土壤中硝酸盐（NO_3^-）经细菌的脱氮作用而产生，即：

$$NO_3^- + 2H_2 + H^+ \rightarrow \frac{1}{2}N_2O + \frac{5}{2}H_2O \qquad (4\text{-}2)$$

低层大气中的 N_2O 非常稳定，是停留时间最长的氮氧化物，一般认为其没有明显的污染效应。因此这里主要讨论 NO 和 NO_2，化学式采用通式 NO_x 表示。

NO 和 NO_2 是大气中主要的含氮污染物，它们的人为来源主要是燃料在空气中的燃烧，也可由氮肥厂、化工厂和黑色冶炼厂的三废排放引起。燃烧源可分为流动燃烧源和固定燃烧源。城市大气中的 NO_x（NO 和 NO_2）一般有三分之二来自汽车等流动燃烧源的排放，三分之一来自固定燃烧源的排放。无论是流动燃烧源还是固定燃烧源，燃烧产生的 NO_x 主要是 NO，体积分数占 90% 以上；NO_2 很少，占 0.5% ~ 10%。

4. 碳氢化合物

碳氢化合物是大气中的重要污染物。大气中以气态形式存在的碳氢化合物的碳原子数主要为 1 ~ 10，包括具挥发性的所有烃类。其他碳氢化合物大部分以气溶胶形式存在于大气中。

自然界中的碳氢化合物，主要由生物分解作用产生，而人为的碳氢化合物排入大气，主要是汽车尾气中烃类没有充分燃烧以及石油化工工业裂解石油时排出的废气所致。

甲烷为无色气体，性质稳定，在大气中的浓度仅次于二氧化碳。大气中的碳氢化合物有 80% ~ 85% 是甲烷。甲烷是一种重要的温室气体，可以吸收波长为 7.7 μm 的红外辐射，将辐射转化为热量，影响地表温度。每个 CH_4 分子导致温室效应的能力比 CO_2 分子大 20 倍。冰芯记录显示，在 1800 年以前的至少 2000 a 里，大气中甲烷的体积分数基本维持在 700×10^{-9} 左右，此后一直呈上升趋势，进入 21 世纪以来，大气中甲烷的质量分数逐渐趋于稳定。

5. 卤素化合物

在卤素化合物中，氟与氟化氢、氯与氯化氢是主要污染大气的物质，它们都有较强的刺激性，很大的毒性和腐蚀性，氟化氢可以腐蚀玻璃，发生如下反应：

$$SiO_2 + 4HF = SiF_4 + 2H_2O \tag{4-3}$$

卤素化合物一般是工业生产中排放出来的。如氯碱厂液氯生产排放的废气中，就含有 20% ~ 50% 的氯气；提取金属钛时排放的废气中含有 12% ~ 35% 的氯。氯最大的用途是用作漂白纸张、布匹，消毒饮用水等，现代氯碱工业和其他农药、造纸、纺织等工业生产中往往有大量的氯气排放，造成大气污染。氯气在潮湿的大气中，容易形成气溶胶状的盐酸雾粒子，这种酸雾有较强的腐蚀性。冶炼工业中电解铝和炼钢，化学工业中生产磷肥和含氟塑料时都要排放出大量的氟化氢和其他氟化物。

氟污染会给人体健康带来很大的威胁。氟可以和体内的钙、镁、锰等离子结合，抑制许多种酶，使骨细胞能量供应不足，造成骨细胞营养不良。氟化钙还可抑制骨磷酸化酶，使骨中钙代谢紊乱，钙的吸收和积蓄过程减缓，并可从骨组织中游离出来，导致形成氟骨症、氟斑齿症。此外，其对造血系统（贫血）、泌尿系统、神经系统、心血管系统等也有影响。

氯气是黄绿色、具有强烈刺激性的气体，化学性质活泼，容易和其他元素结合。如果吸入氯气，会使呼吸道发炎。人长期接触低浓度的氯可引起呼吸道、眼结膜及皮肤的刺激症状，其中以慢性支气管炎为常见。同时，氯气可使受污染区的金属物件腐蚀、生锈，衣服等织品变色、发脆。由于氯气具有以上特征，曾被其用作化学武器。

（二）大气颗粒物

大气中除了氮气、氧气、氩气等气体以外，还有各种固体或液体微粒均匀地分散其中形成的一个庞大的分散体系，也可以称之为气溶胶体系。气溶胶体系中分散的各种粒子称为大气颗粒物，它们既可以是无机颗粒物，也可以是有机颗粒物，或者由两者共同组成；可以是无生命的，也可以是有生命的；可以是固态，也可以是液态。

随着近些年空气污染的加剧，大气中各种悬浮颗粒物含量的超标被笼统表述为雾霾。其中雾和霾的区别主要在于水分含量的多少：水分含量达到 90% 以上者称为雾；水分含量低于 80% 者称为霾；水分含量介于 80% ~ 90% 之间者是雾和霾的混合物。雾和霾具有颜色上的区别：雾是乳白色、青白色，霾则是黄色、橙灰色。雾的边界很清晰，过了"雾区"可能就是晴空万里；但是霾则与周围环境边界不明显，城市化和工业化是霾产生的主要因素。

在清洁大气中，大气颗粒物较少，而且是无毒的。在污染大气中，大气颗粒物本身既可以成为一种污染物，同时又可以是重金属、多环芳烃等许多有毒物质的载体。

大气颗粒物的污染特征与其物理化学性质以及所引起的大气非均相化学反应有着密切的关系，许多全球性环境问题（如臭氧层破坏、酸雨形成和烟雾事件）的发生都与大气颗粒物的环境作用有关。此外，大气颗粒物对于人体健康、生物效应以及气候变化也有独特的作用。因此，自 20 世纪 90 年代以来大气颗粒物已成为大气化学研究的最前沿领域。

1. 大气颗粒物的粒径分布

大气颗粒物既包括固体微粒，也包括液体微粒，其固体或液体微粒的空气动力学直径（与研究粒子有相同终端降落速度的质量浓度为 1 g/cm^3 的球体直径，记为 D_p）分布为 0.002 ~ 100 μm，下限值来自目前能够测出的最小尺度，上限值则对应于在空气中不能长时间悬浮而较快降落的粒子尺度。大气颗粒物中的各种粒子根据其粒径大小可分为 4 类。

（1）总悬浮颗粒物

总悬浮颗粒物（TSP）是指用标准的大容量颗粒物采样器（流量为 1.1 ~ 1.7 m^3/min）在滤膜上所采集到的颗粒物的总质量，其绝大多数粒子的粒径在 100 μm 以下，尤以 10 μm 以下的 PM10 最多。TSP 是分散在大气中的各种粒子的总称，是目前大气质量评价中的一个通用的重要污染指标。

（2）飘尘

飘尘是指可在大气中长期飘浮的颗粒物，其粒径主要是小于 10 μm 的 PM10 颗粒。飘尘粒径较小，可以被人直接吸入呼吸道内，危害人体健康。而且，飘尘可在大气中长期飘浮，可以将污染物带到很远的地方，使污染范围扩大。此外，飘尘在大气中还可为化学反应提供反应床。因此，飘尘是大气颗粒物中最引人注目的研究对象之一。

（3）降尘

降尘是指用降尘罐采集到的大气颗粒物。在总悬浮颗粒物中，直径大于 30 μm 的粒子由于其自身的重力作用一般会很快沉降下来，所以将这部分微粒称为降尘。单位面积的降尘量也可以作为评价大气污染程度的指标。

（4）可吸入颗粒物

根据国际标准化组织（ISO）的建议，可吸入粒子是指粒径小于或等于 $10\mu m$ 的粒子，尤其是 $2.5\mu m$ 以下被称为PM2.5的颗粒，可通过呼吸进入人体呼吸道。

2. 大气颗粒物的来源与消除

（1）大气颗粒物的来源

大气颗粒物的来源可以分为天然来源和人为来源两种。天然来源主要有地面扬尘、海浪溅出的浪沫、火山爆发释放出来的火山灰、森林火灾的燃烧物、宇宙尘以及植物的花粉、孢子等。人为来源主要是燃料燃烧过程中形成的煤烟、飞灰等，各种工业生产过程中所排放出来的 SO_2 在一定条件下转化为硫酸盐粒子等。大气颗粒物有很多种类，按其大小和形成原因，常见的有粉尘、烟、灰、雾、霾（轻雾）、烟尘和烟雾等。

若按颗粒物形成机制分类，大气颗粒物可分为一次颗粒物和二次颗粒物。由天然污染源和人为污染源释放到大气中直接造成污染的颗粒物称为一次颗粒物；由大气中某些污染气体组分（如二氧化硫、氮氧化物、碳氢化合物等）之间，或这些组分与大气中的正常组分（如氧气）之间通过光化学氧化反应、催化氧化反应或其他化学反应转化生成的颗粒物称为二次颗粒物。

（2）大气颗粒物的消除

大气颗粒物的消除与颗粒物的粒度、化学性质密切相关。通常有两种去除方式：干沉降和湿沉降。

1）沉降

干沉降是指颗粒物在重力作用下，或与其他物体碰撞后发生的沉降，这种沉降存在两种机制：一种是通过重力对颗粒物的作用，使其降落在土壤、水体的表面或植物、建筑物等物体上；另一种是粒径小于 $0.1\mu m$ 的颗粒物（即爱根粒子），靠布朗运动扩散凝聚成较大的颗粒，通过大气流扩散到地面或碰撞而去除。沉降速率与颗粒物的粒径、密度、空气运动黏滞系数等有关。粒子的沉降速率可应用StokeS定律求出：

$$V = \frac{g \cdot d^2 \cdot (\rho_1 - \rho_2)}{1.8 \cdot \eta} \tag{4-4}$$

式中，V 为沉降速度，cm/S；g 为重力加速度，cm/S^2；d 为粒子直径，cm；ρ_1，ρ_2 为颗粒及空气的质量浓度，g/cm^3；η 为空气的黏滞系数，Pa·S。

2）湿沉降

湿沉降是指通过降雨、降雪等方式使颗粒物从大气中去除的过程。它是去除大气颗粒物和痕量气态污染物的有效方法。湿沉降可分雨除和冲刷两种机制。雨除是指一些颗粒物可作为形成云的凝结核，成为雨滴的中心，通过凝结过程和碰撞过程使其增大为雨滴，进一步长大而形成雨降落到地面，颗粒物也就随之从大气中被去除。雨除对半径小于 $1\mu m$

的颗粒物去除率较高外，对具有吸湿性和可溶性的颗粒物去除更明显。冲刷则是降雨时在云下面的颗粒物与降下来的雨滴发生惯性碰撞或扩散、吸附过程，从而使颗粒物去除。冲刷对半径为 $4\mu m$ 以上的颗粒物的去除效率较高。

一般通过湿沉降过程去除大气中颗粒物的量占总量的 80%～90%，而干沉降只占 10%～20%。但是，不论雨除或冲刷，对半径为 $2\mu m$ 左右的颗粒物都没有明显的去除作用。因而它们可随气流被输送到几百千米甚至上千千米以外的地方去，造成大范围的污染。

3. 大气颗粒物的化学组成

大气颗粒物的化学组成十分复杂，其中与人类活动密切相关的成分主要包括离子成分（以硫酸及硫酸盐颗粒物和硝酸及硝酸盐颗粒物为代表）、痕量元素成分（包括重金属和稀有金属等）和有机成分。按照组成，可以将大气颗粒物划分为两大类：一般将只含有无机组分的颗粒物称作无机颗粒物，而将含有有机组分的颗粒物称作有机颗粒物。有机颗粒物可以是由有机物质凝聚而形成的颗粒物，也可以是由有机物质吸附在其他颗粒物上所形成的颗粒物。

（1）大气中的无机颗粒物

无机颗粒物的成分由颗粒物形成过程决定。天然来源的无机颗粒物（如扬尘）的成分主要是该地区的土壤粒子。火山爆发所喷出的火山灰，除主要由硅和氧组成的岩石粉末外，还含有一些如锌、锑、硒、锰和铁等金属元素的化合物。海盐溅沫所释放出来的颗粒物，其成分主要有氯化钠粒子、硫酸盐粒子，还会含有一些镁化合物。

人为来源释放出的无机盐颗粒物，如火力发电厂由于煤及石油燃烧而排放出来的颗粒物，其成分除大量的烟尘外，还含有铍、镍、钒等元素的化合物。市政焚烧炉会排放出砷、铍、镉、铬、铜、铁、汞、镁、锰、镍、铅、锑、钛、钒和锌等元素的化合物。汽车尾气中则含有大量的铅。

一般来讲，粗粒子主要是土壤及污染源排放出来的尘粒，大多是一次颗粒物。这种粗粒子主要是由硅、铁、铝、钠、钙、镁、钛等30余种元素组成，细粒子主要是硫酸盐、硝酸盐、铵盐、痕量元素和炭黑等。

Ⅰ 硫酸及硫酸盐颗粒物

由于燃煤、冶炼厂及柴油机车所排放的废气中常含有大量的硫，其中约有5%的硫可能转变成 H_2SO_4，造成气溶胶粒子中含有硫酸。硫酸盐颗粒物对光的吸收和散射能降低大气能见度。近些年，与硫酸及硫酸盐气溶胶相关的研究越来越受到人们重视。硫酸及硫酸盐颗粒物的来源主要有：① SO_2 在大气条件下发生氧化；②在高温条件下元素硫可以转化形成 SO_3，再与水蒸气结合形成 H_2SO_4 蒸气，随废气排除后，冷凝形成 H_2SO_4 气溶胶粒子；③化工厂中浓 H_2SO_4 的蒸发与冷凝，化工厂中 H_2SO_4 蒸发后，以硫酸液滴的形式飘浮在大气中，其质量分数相当于98.3%的浓 H_2SO_4，浓 H_2SO_4 与水反应后激烈放热，妨碍了浓 H_2SO_4 对水的进一步吸收。因此，大气中的硫酸烟雾一旦形成，常常来不及被稀释就被送到下风区很远的地方。如果在长距离传输过程中，硫酸烟雾不能被大气中的碱性物质（如 NH_3 等）充分中和的话，就会危害到很远的地区。如遇到降水，便会形成酸性降水。大陆

性大气颗粒物中 SO_4^{2-} 的质量分数平均为 15% ~ 25%，而海洋性气溶胶粒子中 SO_4^{2-} 的质量分数可高达 30% ~ 60%。硫酸盐颗粒物的粒径较小（ D_p =0.005 ~ 2μm ），可在大气中飘浮，对太阳光能产生散射和吸收作用，使大气能见度降低，这是大气污染的重要标志之一。

Ⅱ硝酸及硝酸盐颗粒物

由于 HNO_3 比 H_2SO4 更容易挥发，所以在通常情况下，如果相对湿度不太大时，HNO_3 都是以气态形式存在于大气中。HNO_3 可发生下面的反应形成硝酸及其盐的颗粒物：

$$NH_3 + HNO_3 \rightarrow NH_4NO_3(s) \tag{4-5}$$

当 NH_3 和 HNO_3 的含量较低或温度较高时，会使 NN_4NO_3 变得不稳定，而且当 H_2SO_4 含量较高时，也会发生下面的反应：

$$H_2SO_4(1) + NH_4NO_3(s) \rightarrow NH_4HSO_4(s) + HNO_3(g) \tag{4-6}$$

Ⅲ大气中的有机颗粒物

有机颗粒物是指大气中的有机物质凝聚而形成的颗粒物，或有机物质吸附在其他颗粒物上而形成的颗粒物。大气颗粒污染物主要是这些有毒或有害的有机颗粒物。

有机颗粒物种类繁多，结构也极其复杂。已检测到的主要有烷烃、烯烃、芳烃和多环芳烃等各种烃类。另外还有少量的亚硝胺、氮杂环类、环酮、酮类、酚类和有机酸等。这些有机颗粒物主要是由矿物燃料燃烧、废弃物焚化等各类高温燃烧过程所形成的。在各类燃烧过程中已鉴定出来的化合物有 300 多种。按类别分为多环芳香族化合物，芳香族化合物，含氮、氧、硫、磷类化合物，羟基化合物，脂肪族化合物，羰基化合物和卤化物等。

有机颗粒物多数由气态一次污染物通过凝聚过程转化而来。转化速率比 SO_2 转化为硫酸盐颗粒物要小。一次污染物转化为二次污染物时，通常都含有 -COOH、-CHO、-CH$_2$ONO、-C（O）SO$_2$、-C（O）OSO$_2$ 等基团，这是转化反应过程中有 HO·、HO$_2$· 和 CH3O· 自由基参与的结果。

4. 大气颗粒中的 PM2.5

PM2.5 是人类活动所释放污染物的主要载体，携带有大量的重金属和有机污染物。空气污染对健康影响的焦点是可吸入颗粒物，PM2.5 在呼吸过程中能深入肺泡并长期存留在人体中。被吸入人体后，约有 5% 的 PM2.5 吸附在肺泡壁上，并能渗透到肺部组织的深处引起气管炎、肺炎、哮喘、肺气肿和肺癌，导致心肺功能减退甚至衰竭，对人类健康有着重要的影响。同时，由于颗粒物与气态污染物的联合作用，还会使空气污染的危害进一步加剧，使得呼吸道疾病患者增多，心肺病死亡人数剧增。此外，大气颗粒物污染不但对人体健康造成了严重影响，同时 PM2.5 对大气能见度的影响也很大，大气颗粒物的增加会造成大气能见度大幅度降低。

第三节　大气污染物的迁移与转化

一、大气污染物的迁移

污染物从污染源排放到大气中，只是一系列复杂过程的开始，污染物在大气中的迁移是这些复杂过程的重要方面。污染物在大气中的迁移是指由污染源排放出来的污染物由于空气运动使其传输和分散的过程，迁移过程可使污染物浓度降低。

大气污染物在迁移、扩散过程中对生态环境产生影响和危害。因此，大气污染物的迁移、扩散规律为人们所关注。

（一）影响大气污染的气象因子

大气污染物的行为都是发生在千变万化的大气中，大气的性状在很大程度上影响污染物的时空分布，世界上一些著名大气污染事件都是在特定气象条件下发生的。实践证明，风向、风速、大气的稳定度、降水情况和雾天，是影响大气污染的重要气象因素。

1. 风和大气湍流的影响

污染物在大气中的扩散取决于三个因素：风可使污染物向下风向扩散，湍流可使污染物向各方向扩散，浓度梯度可使污染物发生质量扩散，其中风和湍流起主导作用。湍流是由于空气层相互之间在流动时发生摩擦或空气流过粗糙不平的地面时产生的不规则流动，具极强的扩散能力，它比分子扩散快 105 ~ 106 倍，风速越大，湍流越强，污染物的扩散速度就越快。

根据湍流形成的原因可将湍流划分为两种：一种是动力湍流，起因于有规律水平运动的气流遇到起伏不平的地形扰动所产生，主要取决于风速梯度和地面粗糙度等；另一种是热力湍流，起因于地表面温度与地表面附近的温度不均一，近地面空气受热膨胀而上升，上面的冷空气随之下降，从而形成垂直运动。有时以动力湍流为主，有时动力湍流与热力湍流共存，且主次难分，都是使大气中污染物迁移的主要原因。

2. 大气温度层结和稳定度

（1）大气温度层结

由于地球旋转作用以及距地面不同高度的各层次大气对太阳辐射吸收程度上的差异，使得描述大气状态的温度、密度等气象要素在垂直方向上呈不均匀的分布。人们通常把大气的温度和密度在垂直方向上的分布，称为大气温度层结。气温随高度的变化用气温垂直递减率（γ）来表示，$\gamma = \mathrm{d}T/\mathrm{d}Z$，单位为℃/100 m。气温垂直递减率$\gamma$和另一个在空气污染气象学中经常用到的概念——干绝热垂直递减率（γ_d）是不同的。γ_d表示干空气在绝热升降过程中每变化单位高度时于空气自身温度的变化，表示干空气的热力学性质，是一个气象常数，$\gamma_d = 0.98$℃/100 m。而γ是实际环境气温随高度的分布，因时因地而异。

大气中的温度层结有四种类型：①气温随高度增加而递减，即$\gamma > 0$，称为正常分布层结或递减层结；②气温垂直递减率等于或近似等于干绝热垂直递减率，即称为中性层结；③气温不随高度变化，即$\gamma = 0$，称为等温层结；④气温随高度增加而增加，即$\gamma < 0$，称为逆温层结。

2. 大气稳定度

污染物在大气中的扩散与大气稳定度有密切关系，大气稳定度是指在垂直方向上大气稳定的程度。假如一空气块由于某种原因受到外力的作用，产生上升或下降运动后，可能发生三种情况：①当外力去除后，气块就减速并有返回原来高度的趋势，这种大气是稳定的；②当外力去除后，气块加速上升或下降，这种大气是不稳定的；③当外力去除后，气块静止或做等速运动，这种大气是中性的。

当大气处于不稳定状态时，对排放到大气中的污染物扩散作用强烈。反之，当大气处于稳定状态时，扩散作用微弱。大气静力稳定度可根据气温垂直递减率（γ）和干绝热垂直递减率（γ_d）来判断：①当$\gamma > \gamma_d$时，大气处于不稳定状态；②当$\gamma < \gamma_d$时，大气处于中性平衡状态；③当$\gamma = \gamma_d$时，大气处于稳定平衡状态。

逆温时$\gamma < 0$，因此，$\gamma < \gamma_d$，这种大气处于非常稳定状态，是一种最不利于污染物扩散的温度层结，在大气污染问题研究中特别引人注目，对流层逆温按其形成原因可分为以下几类：

（1）辐射逆温

经常发生在晴朗无风或小风的夜晚，由于强烈的有效辐射，使地面和近地层大气强烈冷却降温，上层降温较慢而形成上暖下冷的逆温现象，辐射逆温全年都可出现，但冬、秋季更易产生，且强度大、高度高。

（2）平流逆温

主要发生在冬季中纬度沿海地区，由于海陆之间存在温差，海上暖空气平流到陆地上空时形成。

（3）下沉逆温

由于空气下沉压缩引起的增温作用，使下沉运动终止的高度上出现逆温，一般多发生在高压区。

此外，还有峰面逆温、湍流逆温等。

3. 降水的影响

各种形式的降水，特别是降雨，能有效地吸收、淋洗空气中的各种污染物。所以大雨之后，空气格外新鲜，就是这个道理。

4. 雾的影响

雾像一顶盖子，会使空气污染状况加剧。

（二）影响大气污染的地理因素

地形地势对大气污染物的扩散和浓度分布也有重要影响。地形地势千差万别，但对大气污染物扩散的影响其本质上都是通过改变局部地区（流场和温度层结等）气象条件来实现的。

这里主要讨论三种典型地形地势条件对大气污染的影响。

1. 山区地形

山区地形复杂，局地环流多样，最常见的局地环流是山谷风，它是由于山坡和谷底受热不均匀引起的。晴朗的白天，阳光使山坡首先受热，受热的山坡把热量传给其上的空气，一部分空气比同高度谷底上空的空气暖，相对密度小，于是就上升，谷底较冷的空气进行补充，形成从山谷指向山坡的风，称之为"谷风"。夜间，情况正好相反，山坡冷却较快，其上方空气相应冷却得比同一高度谷底上空的空气快，较冷空气沿山坡流向谷底，形成"山风"。

山谷风对污染物输送有明显的影响。吹山风时排放的污染物向外流出，若不久转为谷风，被污染的空气又被带回谷内。特别是山谷风交替时，风向不稳，时进时出，反复循环，使空气中污染物浓度不断增加，造成山谷中污染加重。

山区辐射逆温因地形作用而增强。夜间冷空气沿坡下滑，在谷底聚积，逆温发展的速度比平原快，逆温层更厚，强度更大。并且因地形阻挡，河谷和凹地的风速很小，更有利于逆温的形成。因此山区全年逆温天数多，逆温层较厚，逆温强度大，持续时间也较长。

2. 海陆界面

海陆风发生在海陆交界地带，是以 24 h 为周期的一种大气局部环流。海陆风由于陆地和海洋的热力性质的差异而引起。在白天，由于太阳辐射，陆地升温比海洋快，在海陆大气之间产生了温度差、气压差，使低空大气由海洋流向陆地，形成"海风"，高空大气从陆地流向海洋，形成"反海风"，它们同陆地上的上升气流和海洋上的下降气流一起形成了海陆风局部环流。在夜晚，由于有效辐射发生了变化，陆地比海洋降温快，在海陆之间产生了与白天相反的温度差、气压差，使低空大气从陆地流向海洋，形成"陆风"，高空大气从海洋流向陆地，形成"反陆风"，它们同陆地上的下降气流和海洋上的上升气流，一起形成了海陆风局部环流。

在湖泊、江河的水陆交界地带也会产生水陆风局地环流，称为"水陆风"。但水陆风的活动范围和强度比海陆风要小。

海陆风对空气污染的影响有如下几种作用：一种是循环作用，如果污染源处在局地环流之中，污染物就可能循环积累达到较高的浓度，直接排入上层反向气流的污染物，有一部分也会随环流重新带回地面，提高了下层上风向的浓度；另一种是往返作用，在海陆风转换期间，原来随陆风输向海洋的污染物又会被发展起来的海风带回陆地。

海风发展侵入陆地，下层海风的温度低，陆地上层气流的温度高，在冷暖空气的交界面上，形成一层倾斜的逆温顶盖，阻碍了烟气向上扩散，造成封闭型和漫烟型污染。

3. 城市

城市建筑密集，高度参差不齐，因此城市下垫面有较大的粗糙度，对风向、风速影响很大，一般说城市风速小于郊区，但由于有较大的粗糙度，城市上空的动力湍流明显大于郊区。

"热岛效应"是城市气象的一个显著特点。由于城市生产、生活过程中燃料燃烧释放出大量热，城市地表和道路易吸收太阳辐射使大气增温，而城市蒸发、蒸腾作用比郊外少，因此相应的潜热损耗小，加之城市污染大气的温室作用使得城市气温一般比郊外高。夜间，城市热岛效应使近地层辐射逆温减弱或消失而呈中性，甚至不稳定状态；白天则使温度垂直梯度加大，处于更加不稳定状态，这样使污染物易于扩散。

另一方面，城市和周围乡村的水平温差，导致热量环流产生。在这种环流作用下，城市本身排放的烟尘等污染物聚积在城市上空，形成烟幕，导致市区大气污染加剧。

二、大气污染物的转化

污染物的迁移过程只是使污染物在大气中的空间分布发生了变化，而它们的化学组分不变。污染物的转化是污染物在大气中经过化学反应，如光解、氧化还原、酸碱中和以及聚合等反应，转化成为无毒化合物，从而去除了污染；或者转化成为毒性更大的二次污染物，加重了污染。

（一）光化学反应

1. 自由基

又称游离基，是指由于共价键均裂而产生的带有未成对电子的原子或原子团。大气中常见的自由基有 $HO\cdot$、$HO_2\cdot$、$RO\cdot$、RO_2、$RC(O)O_2\cdot$ 等，都非常活泼，它们的存在时间很短，一般只有几分之一秒。

产生自由基的方法有很多，包括热裂解法、光解法、氧化还原法、电解法和诱导分解法等。在大气化学中，有机化合物的光解是产生自由基的最重要的方法。许多物质在波长适当的紫外线或可见光照射下，都可以发生键的均裂，生成自由基。例如：

$$NO_2 \rightarrow NO\cdot + O \tag{4-7}$$

$$HNO_2 \rightarrow NO\cdot + HO\cdot \tag{4-8}$$

2. 光化学反应过程

光化学是研究在紫外至近红外光（波长为 100 ~ 1000 nm）的作用下物质发生化学反应的科学。所谓光化学反应是指由一个原子、分子、自由基或离子吸收的一个光子所引发的化学反应。一般光化学反应过程可分为两种，即：初级过程和次级过程。

光化学反应的初级过程是指分子吸收光量子，形成激发态分子，然后，激发态分子进一步发生的各种反应过程。在光化学反应过程中，物质吸收光不一定都能引发光化学反应。不同的反应物对光的利用效率也不同。初级过程的基本步骤为：

$$A + h\nu \rightarrow A^* \tag{4-9}$$

式中，A^* 为物种 A 的激发态；$h\nu$ 为光量子，h 为普朗克常量，ν 为电子频率。

随后，激发态 A^* 可能发生以下几种反应：

$$A^* \rightarrow A + h\nu \tag{4-10}$$

$$A^* + M \rightarrow A + M \tag{4-11}$$

$$A^* \rightarrow B_1 + B_2 + K \tag{4-12}$$

$$A^* + C \rightarrow D_1 + D_2 + K \tag{4-13}$$

式（4-10）为辐射跃迁，即激发态物种通过辐射荧光或磷光而失活；式（4-11）为无辐射跃迁，即碰撞失活过程，激发态物种通过与其他分子 M 碰撞，将能量传递给 M，本身又回到基态。以上两种过程均为光物理过程。式（4-12））为光解，即激发态物种解离成为两个或两个以上的新物种；式（4-13）为 A^* 与其他分子反应可产生新物种。这两种过程均为光化学过程。

光化学反应的次级过程是指由初级反应所形成的产物进一步发生的反应过程。如大气中氯化氢的光化学反应过程，如下：

$$HCl + h\nu \rightarrow H\cdot + Cl\cdot \quad（4-14）$$

$$H\cdot + HCl \rightarrow H_2 + Cl\cdot \quad（4-15）$$

$$Cl\cdot + Cl\cdot \overset{M}{\rightarrow} Cl_2 \quad（4-16）$$

式（1-14）为初级过程；式（4-15）为初级过程产生的 H· 与 HCl 反应；式（4-16）为初级过程所产生的 Cl· 之间的反应，该反应必须有其他物种（如 O_2 或 N_2 等）存在时才能发生，式中用 M 表示。式（4-15）和式（4-16）均为次级过程，这些过程大都是热反应。

（1）大气中 HO·· 和 HO2· 自由基的含量和来源

用数学模式模拟 HO· 的光化学过程可以计算出大气中 HO· 的含量随纬度和高度的分布，其全球平均值为 7×10^5 个 $/cm^3$（为 $10^5 \sim 10^6$ 个 $/cm^3$）。如图4-1，由图中可见 HO· 最高含量出现在热带，因为那里温度高，太阳辐射强。在两个半球之间 HO· 分布不对称。

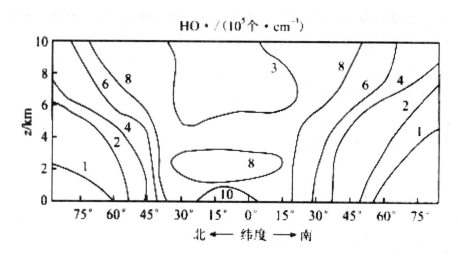

图4-1 HO· 在对流层中随高度和纬度的分布

3. 大气中的自由基

由自然界排放进入大气的大多数微量气体都呈还原态，如硫化氢（H_2S）、氨气（NH_3）、甲烷（CH_4）等。但是通过干沉降或湿沉降由大气回到地表的硫酸（H_2SO_4）、硝酸（HNO_3）、硫酸盐（SO_4^{2-}）、硝酸盐（NO_3^-）、二氧化碳（CO_2）等物质却都是高氧化态的。由于分子氧中的 O-O 键相对较强（502 kj/mol），使得氧气在常温常压下并不能与大多数还原性气体反应，也就是说，这些还原性气体并不是被空气中的氧气所氧化的。在20世纪初，人们曾经认为上述还原性气体是被臭氧（O_3）和过氧化氢（H_2O_2）所氧化，但现在人们已经认识到起氧化作用的主要是大气中存在的具有高度活性的自由基。

自由基在洁净大气中的体积分数很低，仅为 10×10^{-12} 左右。由于自由基在其最外层的电子层中带有一个未成对电子，因此，它们有强烈的趋势要获得一个电子形成电子对。获得电子的能力越强，其氧化性也就越强。因此，自由基一般都属于强氧化剂。由于自由基非常活跃，所以寿命通常很短。大气中存在的重要自由基包括 $HO \cdot$、$HO_2 \cdot$、$R \cdot$（烷基）、$RO \cdot$（烷氧基）和 $RO_2 \cdot$（过氧烷基），其中以自由基 $HO \cdot$ 和 $HO_2 \cdot$ 最为重要，特别是 $HO \cdot$ 几乎可以与大气中各种微量气体发生反应，控制了这些气体的氧化和去除过程。光化学反应是大气中各种自由基的重要来源。

（1）大气中 $HO \cdot$ 和 $HO_2 \cdot$ 自由基的含量和来源

用数学模式模拟 $HO \cdot$ 的光化学过程可以计算出大气中 $HO \cdot$ 的含量随纬度和高度的分布，其全球平均值为 7×10^5 个 $/cm^3$（为 $10^5 \sim 10^6$ 个 $/cm^3$）。由图中可见 $HO \cdot$ 最高含量出现在热带，因为那里温度高，太阳辐射强。在两个半球之间 $HO \cdot$ 分布不对称。

自由基的光化学生成率白天高于夜间，峰值出现在阳光最强的时间，夏季高于冬季。

对于清洁大气，O_3 的光解是大气中 $HO \cdot$ 的重要来源：

$$O_3 + h\nu \rightarrow O \cdot + O_2 \tag{4-10}$$

$$O \cdot + H_2O \rightarrow 2HO \tag{4-11}$$

对于污染大气，如有 HNO_2 和 H_2O_2 存在，光解也可以产生 $HO \cdot$：

$$HNO_2 + h\nu \rightarrow HO \cdot + NO \tag{4-12}$$

$$H_2O_2 + h\nu \rightarrow 2HO \tag{4-13}$$

其中，HNO_2 的光解是大气中 $HO \cdot$ 的重要来源。

大气中 $HO_2 \cdot$ 主要来源于醛的光解，尤其是甲醛的光解：

$$HCHO + h\nu \rightarrow H \cdot + HCO \cdot \tag{4-14}$$

$$H \cdot + O_2 + M \rightarrow HO_2 \cdot + M \tag{4-15}$$

$$HCO \cdot + O_2 \rightarrow HO_2 \cdot + CO \tag{4-16}$$

任何光解过程只要有 $H \cdot$ 或 $HCO \cdot$ 自由基生成，它们都可与空气中的 O_2 结合而生成 $HO_2 \cdot$。其他醛类也有类似反应，但它们在大气中的含量远比甲醛低，因而不如甲醛重要。

另外，亚硝酸酯和 H_2O_2 的光解也可导致生成 $HO_2 \cdot$：

$$CH_3ONO + h\nu \rightarrow CH_3O \cdot + NO \tag{4-17}$$

$$CH_3O \cdot + O_2 \rightarrow HO_2 \cdot + H_2CO \tag{4-18}$$

$$H_2O_2 + h\nu \rightarrow 2HO \tag{4-19}$$

$$HO \cdot + H_2O_2 \rightarrow HO_2 \cdot + H_2O \tag{4-20}$$

如体系中有 CO 存在，则有：

$$HO\cdot + CO \rightarrow CO_2 + H \quad (4-21)$$

$$H\cdot + O_2 \rightarrow HO_2\cdot \quad (4-22)$$

（2）大气中 $R\cdot$、$RO\cdot$ 和 $RO_2\cdot$ 等自由基的来源

大气中含量最多的烷基是甲基，主要来源是乙醛和丙酮的光解：

$$CH_3CHO + h\nu \rightarrow CH_3\cdot + HCO \quad (4-23)$$

$$CH_3COCH_3 + h\nu \rightarrow CH_3\cdot + CH_3CO \quad (4-24)$$

这两个反应除生成 $CH_3\cdot$ 外，还生成两个羰基自由基 $HCO\cdot$ 和 $CH_3CO\cdot$。

$O\cdot$ 和 $HO\cdot$ 与烃类发生 $H\cdot$ 摘除反应时也可生成烷基自由基：

$$RH + O\cdot \rightarrow R\cdot + HO \quad (4-25)$$

$$RH + HO\cdot \rightarrow R\cdot + H_2O \quad (4-26)$$

大气中甲氧基主要来源于甲基亚硝酸酯和甲基硝酸酯的光解：

$$CH_3ONO + h\nu \rightarrow CH_3O\cdot + NO \quad (4-27)$$

$$CH_3ONO_2 + h\nu \rightarrow CH_3O\cdot + NO_2 \quad (4-28)$$

大气中的过氧烷基都是由烷基与空气中的 O_2 结合而形成的，即：

$$R + O_2 \rightarrow RO_2\cdot \quad (4-29)$$

（二）氮氧化物转化与光化学烟雾

氮氧化物是大气中主要的气态污染物之一，它们溶于水后可生成亚硝酸和硝酸。当氮氧化物与其他污染物共存时，在阳光照射下可发生光化学烟雾。

1.NOₓ 和空气混合体系中的光化学反应

NO_x 在大气光化学过程中起着很重要的作用。NO_2 经光解产生活泼的氧原子，氧原子与空气中的 O_2 结合生成 O_3。O_3 又可把 NO 氧化成 NO_2，因而 NO、NO_2 与 O_3 之间存在着的化学循环是大气光化学过程的基础。

当阳光照射到含有 NO 和 NO_2 的空气时，便有如下基本反应发生：

$$NO_2 + h\nu \rightarrow NO + O \quad (4-30)$$

$$O\cdot + O_2 + M \rightarrow O_3 + M \quad (4-31)$$

$$O_3 + NO \rightarrow NO_2 + O_2 \quad (4-32)$$

在大气中无其他反应干预下，O_3 的摩尔浓度取决于 $c[NO_2]/c[NO]$。

2.NO₂ 的转化

NO_2 能与大气中的一系列自由基，如 $HO\cdot$、$O\cdot$、$HO_2\cdot$、$RO_2\cdot$ 和 $RO\cdot$ 等反应，也能

与 O3、NO3 反应，其中与 HO•、NO3 和 O3 的反应比较重要。

NO_2 与 HO•反应可生成 HNO_3，即：

$$NO_2 + HO \cdot \rightarrow HONO_2 \qquad （4-33）$$

此反应为大气中气态 HNO_3 的主要来源，同时也对酸雨和酸雾的形成起着重要作用。白天大气中 HO•浓度较夜间高，因而这一反应在白天会有效地进行。所产生的 HNO_3 与 HNO_2 不同，在大气中光解得很慢，沉降是它在大气中的主要去除过程。

NO_2 也可与 O_3 反应，即：

$$NO_2 + O_3 \rightarrow NO_3 + O_2 \qquad （4-34）$$

此反应在对流层中很重要，尤其是在 NO_2 和 O_3 浓度都较高时，这是大气中 NO_3 的主要来源。NO_3 可与 NO_2 进一步反应：

$$NO_2 + NO_3 \stackrel{M}{\rightleftharpoons} N_2O_5 \qquad （4-35）$$

这是一个可逆反应，生成的 N_2O_5 又可分解为 NO_2 和 NO_3。当夜间 HO•和 NO 浓度不高，而 O_3 有一定浓度时，NO_2 会被 O_3 氧化成 N_2O_5。

3. 光化学烟雾

由汽车、工厂等污染源排入大气的碳氢化合物（HC）和氮氧化物（NOx）等一次污染物，在阳光的作用下发生化学反应，生成臭氧（O_3）、醛、酮、酸、过氧乙酰硝酸酯（PAN）等二次污染物。参与光化学反应过程的一次污染物和二次污染物的混合物所形成的烟雾污染现象称作光化学烟雾。

1943 年，在美国洛杉矶首次出现了这种污染现象，因此，光化学烟雾也称为洛杉矶型烟雾。它的特征是烟雾呈蓝色，具有强氧化性，使人发生眼睛红肿、哮喘、喉头发炎等病状，并使植物叶子变白、枯萎，橡胶制品开裂等，对动植物有严重的刺激作用，使大气能见度降低。其刺激物浓度的高峰期为中午和午后，污染区域往往在污染源的下风向几十到几百千米处。光化学烟雾的形成条件是大气中有氮氧化物和碳氢化合物的存在，大气温度较低，而且有强烈的阳光照射。这样在大气中就会发生一系列复杂的反应，生成一些二次污染物，如 O_3、醛、PAN 和 H_2O_2 等。

继洛杉矶出现光化学烟雾污染之后，这种污染现象在世界各地不断出现，如日本的东京、大阪，英国的伦敦以及澳大利亚、德国等大城市。从 20 世纪 50 年代至今，学者对光化学烟雾进行研究，在发生源、反应机制及模型，对生态系统的损害、监测和控制等方面都取得了许多成果。

（三）硫氧化物转化与硫酸型烟雾

1. 二氧化硫的气相氧化

首先是大气中的 SO_2 氧化成 SO_3，随后 SO_3 被水吸收生成硫酸（H_2SO_4），从而形成酸雨或硫酸烟雾。硫酸与大气中 NH_4^+ 等结合生成硫酸盐气溶胶。

在低层大气中 SO_2 的主要光化学反应过程是形成激发态的 SO_2 分子，而不是直接解离，这是 SO_2 的直接光氧化。SO_2 吸收来自太阳的紫外光后进行两种电子的允许跃迁，产生强弱吸收带，但不发生光解，反应如下：

$$SO_2 + h\nu(290 \sim 340nm) \Leftrightarrow {}^1SO_2 （单重态）\qquad (4\text{-}36)$$

$$SO_2 + h\nu(340 \sim 400nm) \Leftrightarrow {}^3SO_2 （三重态）\qquad (4\text{-}37)$$

能量较高的单重态分子可以按以下过程跃迁到三重态或基态：

$$ {}^1SO_2 + M \rightarrow {}^3SO_2 + M \qquad (4\text{-}38)$$

$$ {}^1SO_2 + M \rightarrow SO_2 + M \qquad (4\text{-}39)$$

在环境大气条件下，激发态的 SO_2 主要以三重态的形式存在。单重态不稳定，很快按上述方式转变为三重态。

大气中 SO_2 直接氧化成 SO_3 的机制为：

$$SO_2 + O_2 \rightarrow SO_4 \rightarrow SO_3 + O \qquad (4\text{-}40)$$

或

$$SO_4 + SO_2 \rightarrow 2SO_3 \qquad (4\text{-}41)$$

2. SO_2 被自由基氧化

在污染大气中，由于各类有机污染物的光解及化学反应可生成各种自由基，如 $HO\cdot$、$HO_2\cdot$、$RO\cdot$、$RO_2\cdot$ 和 $RC（O）O_2\cdot$ 等。这些自由基主要来源于大气中一次污染物 NO_x 的光解，以及光解产物与活性碳氢化合物相互作用的过程；也来自光化学反应产物的光解过程，如醛、亚硝酸和过氧化氢的光解。这些自由基大多数都有较强的氧化作用。在这样光化学反应十分活跃的大气中，SO_2 很容易被这些自由基氧化。

SO_2 与 $HO\cdot$ 的反应。两者的氧化反应是大气中 SO_2 转化的重要反应，首先 $HO\cdot$ 与 SO_2 结合形成一个活性自由基：

$$HO\cdot + SO_2 \xrightarrow{\ M\ } HOSO_2 \qquad (4\text{-}42)$$

此自由基进一步与空气中的 O_2 作用：

$$HOSO_2\cdot + O_2 \xrightarrow{\ M\ } HO_2\cdot + SO_3 \qquad (4\text{-}43)$$

$$SO_3 + H_2O \rightarrow H_2SO_4 \qquad (4\text{-}44)$$

反应过程中生成的 $HO_2\cdot$ 又发生如下反应：

$$HO_2\cdot + NO \rightarrow HO\cdot + NO_2 \qquad (4\text{-}45)$$

使得 HO· 再生，于是上述氧化过程循环进行。这个循环过程的速率决定 SO_2 与 HO· 的反应。

SO_2 与其他自由基的反应。在大气中 SO_2 氧化的另一个重要反应是 SO_2 与二元活性自由基的反应。由于二元活性自由基的结构中含有两个活性中心，如 $CH_3CHOO·$，易与大气中的物种反应。例如：

$$CH_3CHOO· + SO_2 \rightarrow CH_3CHO + SO_3 \tag{4-46}$$

另外，$HO_2·$、$CH_3O_2·$ 以及 $CH_3(O)O_2·$ 易与 SO_2 反应，将其氧化成 SO_3，即：

$$HO_2· + SO_2 \rightarrow HO· + SO_3 \tag{4-47}$$

$$CH_3O_2· + SO_2 \rightarrow CH_3O· + SO_3 \tag{4-48}$$

$$CH_3C(O)O_2· + SO_2 \rightarrow CH_3C(O)O· + SO_3 \tag{4-49}$$

3. 硫酸烟雾型污染

硫酸烟雾也称为伦敦型烟雾，最早发生在英国伦敦。主要是由于燃煤排放的 SO_2、颗粒物以及由 SO_2 氧化所形成的硫酸盐颗粒物所造成的大气污染现象。这种污染多发生在冬季气温较低、湿度较高和日光较弱的气象条件下。如 1952 年 12 月在伦敦发生的一次硫酸烟雾型污染事件，当时伦敦上空受冷高压控制，高空中的云阻挡了来自太阳的光，地面温度迅速降低，相对湿度高达 80%，于是就形成了雾。由于地面温度低，上空又形成了逆温层。大量家庭的烟囱和工厂排放的烟雾积聚在低层大气中，难以扩散，这样在低层大气中就形成了很浓的黄色烟雾。

在硫酸烟雾形成过程中，SO_2 转变为 SO_3 的氧化反应主要靠雾滴中锰、铁及氨的催化作用而加速完成。当然 SO_2 的氧化速率还会受到其他污染物、温度以及光强等的影响。

硫酸烟雾型污染物从化学成分上看是属于还原性混合物，故称此烟雾为还原烟雾。而光化学烟雾是高浓度氧化剂的混合物，因而也称为氧化烟雾。这两种烟雾在许多方面具有相反的化学行为。它们发生污染的根源各有不同，硫酸烟雾主要由燃煤引起，光化学烟雾主要由汽车尾气引起。

（四）氟氯烃及臭氧层空洞

1. 臭氧层的产生和消耗

臭氧层中有三种氧的同素异形体参与循环，分别为氧原子（O·）、氧气分子（O_2）和臭氧（O_3）。氧气分子在吸收波长小于 240 nm 的紫外线后，被光解成两个氧原子，每个氧原子会和氧气分子重新组合成臭氧分子。臭氧分子会吸收波长为 200～310 nm 的紫外线，又会分解为一个氧气分子和一个氧原子，最终氧原子和臭氧分子结合形成两个氧气分子，即：

$$O_2 + h\nu(\lambda < 243\text{nm}) \rightarrow O· + O \tag{4-50}$$

$$O \cdot + O_2 + M \rightarrow O_3 + M \tag{4-51}$$

$$O_3 + h\nu \rightarrow O_2 + O \tag{4-52}$$

$$O \cdot + O_3 \rightarrow 2O_2 \tag{4-53}$$

臭氧层存在于对流层之上的平流层中，主要分布在距地面 10 ~ 50 km 范围内，浓度峰值在 20 ~ 25 km 之间。平流层中臭氧的总量取决于上述光化学过程。

臭氧也会被一些游离基催化形成氧气而消失，主要的游离基有氢氧基（OH·）、一氧化氮游离基（NO·）、氯游离基（Cl·）和溴游离基（Br·）。这些游离基有自然生成的，也有人为造成的，其中氢氧基和一氧化氮游离基主要是自然产生的，而氯离子和溴离子则是由于人类活动产生的，主要是一些人造物质（如氟氯烃）因为比较稳定，释放到大气中后，不会分解，而到平流层后在紫外线的作用下才会分解，成为游离状态。即：

$$CFCl_3 + h\nu \rightarrow CFCl_2 + Cl \tag{4-54}$$

式中，h 普朗克常量；ν 为电磁波的频率。

游离的氯原子和溴原子通过催化作用，会消耗臭氧。一个氯原子会和一个臭氧分子作用，夺去其一个氧原子，形成 ClO，使其还原为氧气分子，而 ClO 会进一步和另外一个臭氧分子作用，产生两个氧气分子并将 ClO 还原成氯原子，然后继续和臭氧作用，即：

$$Cl + O_3 \rightarrow ClO + O_2 \tag{4-55}$$

$$ClO + O_3 \rightarrow Cl + 2O_2 \tag{4-56}$$

这种催化作用导致臭氧的进一步消耗，直到氯原子重新回到对流层，形成其他化合物而被固定，例如形成氯化氢或氮氯化合物等，这一过程大约会持续两年。

溴原子对臭氧的消耗甚至比氯原子更严重，不过好在溴原子的量比较少。其他卤素原子，如氟和碘也有类似的效应，不过氟原子比较活跃，很快就能和水以及甲烷作用形成不易分解的氢氟酸，碘原子甚至在低层大气中就被有机分子俘获。因此，这两种元素对臭氧的消耗没有那么重要的作用。

臭氧层对地球上生命的出现、发展以及维持地球上的生态平衡起着重要的作用。由于臭氧层可以吸收波长为 280 ~ 315 nm 的紫外线，减少紫外线对地面的辐射，从而使地球上的生物不会受到紫外辐射的伤害。

2. 臭氧层空洞

臭氧层空洞是地球大气上空平流层（臭氧层）的臭氧从 1970 年开始，以每 10 年 4% 的速度递减的一种现象。在两极地区的部分季节，递减速度还超过此速率，而在春季时连对流层的臭氧也在减少，形成所谓的臭氧层空洞。

氯氟烃（CFC$_S$）又称氟氯烃，是一组由氯、氟及碳组成的卤代烷。因为低活跃性、不易燃烧及无毒，被广泛使用于日常生活中。氟利昂是二氯二氟甲烷的商标名称。20 世纪 20 年代发明的氟利昂（CFC），主要作为空调、冰箱的制冷剂、喷雾设施（香水、杀虫剂等）的分散剂以及精细电器设备的清洁剂，由于其无毒、稳定、没有腐蚀性，在 20 世纪 80 年代以前受到广泛应用。自然界不存在氟利昂，完全是人工合成的，并且在对流层的大气中相当稳定，但这些物质一旦进入平流层，在紫外线的作用下就会分解释放氯原子，成为分解臭氧的催化剂。氟利昂从地面释放后一般需要 15 年才能到达大气上层，经过近一个世纪才能完全被分解。在氟利昂分解的过程中，一个氟利昂分子可以消耗近十万个臭氧分子。

（五）温室气体及温室效应

太阳各种波长的辐射，一部分在到达地面之前被大气反射回外空间或者被大气吸收之后再辐射而返回外空间；一部分直接到达地面或者通过大气而散射到地面。到达地面的辐射有少量短波长的紫外光、大量的可见光和长波红外光。大量可见光可加热地面，加热后的地面会发射红外线而释放热量，但这些红外线受到温室气体的阻碍，难以穿透大气层，因此热量就保留在地面附近的大气中，从而造成温室效应。

温室气体（GHG）是指大气中促成温室效应的气体成分。自然温室气体包括水汽（H_2O），由水汽所产生的温室效应大约占整体温室效应的 60% ~ 70%；其次是二氧化碳（CO_2），大约占 26%；还有臭氧（O_3）、甲烷（CH_4）、氧化亚氮（又称笑气，N_2O），以及人造温室气体氯氟碳化物（CFCs）、全氟碳化物（PFCs）、氢氟碳化物（HFCs）、含氯氟烃（HCFCs）及六氟化硫（SF_6）等。由于水蒸气和臭氧的时空分布变化较大，因此在制订减量措施规划时，一般不将它们纳入。著名的《京都议定书》提出针对六种温室气体进行减量控制，分别是二氧化碳（CO_2）、甲烷（CH_4）、氧化亚氮（N_2O）、氢氟碳化物（HFCs）、全氟碳化物（PFCs）和六氟化硫（SF_6），其中又以后三种气体形成温室效应的能力最强。以对全球变暖的影响来说，由于 CO_2 含量最高，因而影响也最大。

温室气体的增加，加强了温室效应，是造成全球变暖的主要原因，这已成为世界各国的共识。目前研究表明，气温变暖在全球不同地域有显著的差异。例如，若全球平均气温升高 2℃，赤道地区最多上升 1.5℃，而高纬度和极地地区竟能上升 6℃以上。因此，高纬度和低纬度之间的温差将明显减小，使得因温差产生的大气环流运动状态发生变化。一般认为，由温室效应导致的气温变暖，在北半球影响更为严重。有人预测，按现在的发展趋势，35 年后北极平均温度可上升 2℃，而南极需 65 年才会产生这种结果。50 年后，欧亚和北美国家的平均温度要比现在升高 2℃，而南半球可能升高不到 1℃。

第四节 大气污染的危害、评价与防治

一、大气污染的危害

（一）大气污染与人类健康

人类生产活动造成对大气的污染，如化石燃料燃烧时向空气中排放二氧化碳、氢氧化物和烟尘等；工业生产过程中排放各种有害气体和固态物质；农田施肥时飞散农药。当这些污染物的浓度超过大气自净能力时，就会使大气质量恶化，对人、动物和社会财产产生明显的"损害效应"，在严重情况下，将危及人类的生命。大气污染物主要引起人体呼吸系统疾病，如鼻炎、咽炎、支气管炎、哮喘病、肺炎、肺气肿和肺癌等。

（二）酸雨对工农业生产的影响

酸雨为 pH < 5.6 的雨或雪，最早于 20 世纪 30 ~ 40 年代在瑞典和挪威出现，致使瑞典和挪威上千个湖泊酸化，渔业遭到破坏，并且损害了大片森林。

近几十年来，由于世界各国从燃烧化石燃料与工业废气中排放进入大气的二氧化硫和氮氧化物越来越多，酸雨已经成为一个世界性的环境污染问题，特别是西欧、北美等工业集中的地区，酸雨的危害更为突出。

我国酸雨也非常严重，62% 的城市大气二氧化硫日平均浓度超过国家三级标准，全国酸雨面积已占国土面积的 30%，华中地区酸雨频率高达 90% 以上，全国因酸雨和二氧化硫污染造成的损失每年达 1100 亿元。

从清洁的空气中降落的雨水中含有微量的弱酸（H_2CO_3），可以溶解地壳中的矿物质，为植物提供营养物质。但如雨水中的酸性过强，就会给环境和生态带来种种危害。

酸雨中含有多种无机酸和有机酸，绝大部分是硫酸和硝酸，多数情况下是以硫酸为主，硫酸和硝酸由人为排放的二氧化硫和氮氧化物转化而成。

随着酸雨在全世界的蔓延，酸雨对生态环境所造成的破坏也越来越明显。酸雨对生态环境的影响是多方面的，其危害主要表现在以下几方面。

1. 酸化天然水源

破坏水体的生态平衡。酸雨可使水体的 pH 降低。当 pH < 5.6 时，会严重地影响某些鱼类的繁殖能力和生长发育，并且也会影响一些浮游生物与底栖生物的生长，从而减少鱼类的食物来源。酸雨还可以使一些金属，特别是铝溶解进入水中毒害鱼类。因此，在许多酸化严重的水体中，鱼类已不复存在，水体已经成为真正的死水。

2. 酸化土壤

导致土壤贫瘠化。酸雨可以将钙、镁和钾等营养元素从土壤中淋洗出来，使其渗透到土壤深层，使土壤的营养状况降低，从而影响植物的生长，造成农作物减产。同时，酸雨也可以将一些有害金属从土壤中淋洗出来，使酸化土壤中生长出来的农作物中有害金属的含量增高。此外，酸雨对土壤微生物的氨化、硝化、固氮等作用都会产生不良影响，抑制由微生物参与的氮素的分解、同化和固定反应，使土壤的含氮量降低。

3. 影响植物的生长发育

酸雨可以直接影响植物的叶面，破坏叶面的蜡质保护层。当 pH < 3 时，植物叶面就会被腐蚀而产生斑点和坏死。酸雨还可以使植物中的阳离子从叶片中析出，破坏表层组织，使营养元素流失，影响植物的生长。此外，酸雨还能够降低叶片的光合作用，当 pH < 4 时，植物的光合作用受到抑制，从而影响植物的成熟，降低产量。

4. 腐蚀建筑材料，加速建筑材料的风化过程

无论是金属材料或天然材料均有可能在大气中暴露，长期受酸性雨水的侵蚀就会缩短建筑物的寿命。近年来一些古迹，特别是石刻、石雕或金属塑像等的破坏已超过以往任何时期。据报道，仅瑞典一年就因酸雨的腐蚀而损失数亿克朗；威尼斯的大理石石雕文物，崩坏的主要原因也是酸雨造成的；我国研究者曾经在北京、上海、南京、广州、贵阳和重庆六个城市进行金属挂片腐蚀试验，结果表明，在酸雨较严重的重庆，金属材料腐蚀速度最快，比南京快 1 ～ 3 倍，其中碳钢的腐蚀速度达到每年 150mg/dm^2·d，超过酸雨较严重的瑞典 4 倍多。

（三）大气污染与天气和气候

大气中烟尘微粒物质对太阳的辐射能具有吸收和反射能力，可以减弱太阳向对流层的地球表面的辐射能力，致使气温降低，影响局部或全球气候。尤其是在大工业城市中，在烟雾不消散的情况下，日光比正常情况减少 40%。

由工业、发电站、汽车、家庭小煤炉排放到大气中的微粒，很多具有水汽凝结核或冻结核的作用。这些微粒能吸附大气中的水汽使之凝成水滴或冰晶，从而改变该地区原来降水（雪）的情况。例如，已经发现在大工业城市不远的下风地区，降水量比四周其他地区要多，这就是所谓"拉波特效应"。如果微粒中夹带着酸性污染物，那么在下风地区就会受到酸雨的侵袭。

大气污染对全球气候的影响还表现在大气变暖。20 世纪 80 年代中期，一批英美科学家基于大量现代气象站的观测资料指出了全球变暖的趋势。全球平均近百年的增温率为 0.3℃/100 a 以上，近年来的全球变暖之快是异乎寻常的。

二、大气环境质量评价

大气环境质量评价工作开始较晚，在 20 世纪 60 年代，国外学者才提出用大气污染指数来评价环境质量。环境质量指数具有形式简洁、概念较为清晰、易于综合的特点，使其在环境质量评价中得到越来越广泛的应用，各种环境质量指数的数学模式应运而生。

（一）污染物标准指数（PSI）

PSI 考虑 CO、NO₂、SO₂、光化学氧化剂（主要指 O₃）和总悬浮颗粒物（TSP）五种参数，以及 SO₂ 和 TSP 的乘积。各污染物的分指数和质量浓度的关系采用分段线性函数。已知各种污染物的实测质量浓度后，可按分段线性函数关系，用内插法计算各分指数；也可根据表内数据绘制分段直线，由实测质量浓度在图上直接查得 PSI，然后选择各分指数中的最高值预报大气质量。PSI 将大气质量划分为五级：PSI 为 0 ~ 50 时为良好；为 51 ~ 100 时为中等；为 101 ~ 200 时为不健康；为 201 ~ 300 时为很不健康；为 301 ~ 500 时为危险。

（二）白勃考大气污染综合指数

美国学者白勃考提出大气污染综合指数，以颗粒物、氮氧化物、硫氧化物、一氧化碳和氧化剂五项污染物为参数，计算式如下：

$$PI = PM + SO_x + NO_x + CO + O_3 \tag{4-57}$$

式中，PI 为大气污染综合指数；PM 为颗粒物；SO_x 为硫氧化物；NO_x 为氮氧化物；CO 为一氧化碳；O_3 为氧化剂（臭氧）。

计算时须掌握大气污染中这五项污染物，以及碳氢化物的实测质量浓度数据。先按 1 mol 氮氧化合物与 1 mol 碳氢化合物在太阳辐射下合成光化学氧化剂的反应计算出产生的氧化剂数量，然后加在大气中原有氧化剂质量浓度内，剩余的氮氧化物假设 50% 为 NO_2。然后，将这五项污染物浓度，分别除以相应的大气质量指标（24 h 平均浓度标准），可得各污染物的污染分指数，其总和即为大气污染总和指数。

该指数既可用于评价大气质量长期变化，也可用于评价大气质量的逐日变化。

（三）橡树岭大气质量指数（ORAQI）

该指数由美国原子能委员会橡树岭国家实验室在 1971 年 9 月提出，包括五项污染物，即 CO、SO₂、NO₂、氧化剂和颗粒物质。设 c_i 代表任一项污染物实测 24 h 平均质量浓度，S_i 代表该污染物的相应标准，可按下式计算：

$$ORAQI = \left[5.7 \sum_{i=1}^{5} \left(\frac{c_i}{S_i} \right) \right]^{1.37} \tag{4-58}$$

这个指数的尺度是，当大气中各种污染物的质量浓度相当于未受污染的背景质量浓度时，等于 10，当污染物的质量浓度均达到相应标准质量浓度时，ORAQI 等于

100。根据 $ORAQI$ 可将大气质量分为 6 级：$ORAQI < 20$ 时，大气质量为最好；$ORAQI$ 为 $20 \sim 39$ 时，大气质量为好；$ORAQI$ 为 $40 \sim 59$ 时，大气质量为尚好；$ORAQI$ 为 $60 \sim 79$ 时，大气质量为差；$ORAQI$ 为 $80 \sim 99$ 时，大气质量为坏；$ORAQI$ 为 > 100 时，大气质量为危险。

$ORAQI$ 可用于大气质量长期变化和逐日变化的评价。

三、大气污染的控制与防治

大气污染对人类生活和工农业生产都有严重的危害，因此，对大气污染进行控制和有效防治是环境保护工作者的主要任务之一。

（一）大气污染的控制

对大气污染治理首先是要对污染物的排放进行控制，目前一般采用的方法有六种。

1. 进行合理的工业布局

工业布局是否合理与大气污染形成有很大的关系。在高能耗过分集中、污染物排放数量过大、污染物不易在空气中稀释扩散的地区，必然会引起空气污染。在工厂选址时，要综合考虑地理、气象条件，以及工厂的合理分散布设。此外，在城市的上风向、水源上游、城市居民区、风景游览区、文化和疗养区、自然保护区、文化古迹区等环境敏感地区，不应设置耗能大的工业企业。在山区建厂，应考虑由于山谷风的影响，易形成逆温层，不利于污染物扩散。有相互协作关系的工厂，应尽量设在一起，相互利用，以减少三废的排放。

2. 集中采暖供热，改善燃料结构

集中采暖供热比千家万户各自使用炉灶采暖的效率高，而且大大降低了大气污染物的排放。目前我国集中供热的方式主要有：热电联产、集中锅炉房供热和余热利用等。

此外，改变城市居民燃料结构也是城市大气污染防治的有效措施。用清洁的气体或液体燃料代替燃煤，可以使大气中的降尘、飘尘和二氧化硫等污染物的数量显著降低。开发研制无污染能源也是我们所面临的一项重要任务。太阳能、水能、地热能、潮汐能、生物质能等多为可再生资源，或利用过程中不会产生明显的环境问题，21 世纪的能源结构中，新能源将占据相当重要的地位。

3. 进行燃料预处理，改进燃烧技术

原煤中含有大量的煤矸石、灰分、硫铁矿等成分，如原煤不经过洗选、筛分、成型及添加脱硫剂等加工处理而直接燃烧，不仅热能利用率低，而且污染环境。对原煤进行洗选加工，可脱去煤中大量灰分和大部分无机硫，洗选后的精煤可大大提高经济效应和环境效应，节煤 25% 左右，可使一氧化碳排放量减少 70% ~ 80%，烟尘排放量减少 90%，二氧化硫排放量减少 40% ~ 50%。据统计，洗煤带来的直接和间接效益为洗煤成本的 3 ~ 4 倍。

解决污染问题的重要途径之一是减少燃烧时的污染物排放量。通过改善燃烧工艺，以使燃烧效率尽可能提高，污染物排放量尽可能减少。对于那些陈旧、热效率低的锅炉应及时淘汰。对于某些结构不合理的窑炉应进行结构改进，并采用先进燃烧技术。对旧有燃料加以改革，以使燃烧效率提高，燃烧中产生的污染物质减少或得以回收利用。

4. 用高烟囱和集合式烟囱排放

利用高架烟囱将烟排入大气，可以加强污染物在大气中的扩散能力，使污染源附近地面的污染物浓度降低。据计算，污染物的浓度与烟囱高度的平方成反比，因此，提高烟囱的高度是降低地面污染的一种有效措施。

集合式烟囱就是把几个排烟设备集中到一个烟囱，这种排烟方式可以大大提高排烟出口温度，排烟速度提高，冒出来的烟呈环状吹向上空，扩散效果好，可以使矮烟囱起到高烟囱的作用。

5. 机动车尾气排放治理

在大多数城市空气污染中，机动车尾气是一项重要的污染源。对北京而言，除春季受沙尘暴影响总悬浮颗粒浓度较高外，大部分的气候条件下，空气污染物中以氮氧化物为首要污染物。因此，北京市政府在治理空气污染时，首先要治理机动车尾气的排放。

机动车尾气排放的三种主要污染物是 CO、NOx、HC。在没有污染控制系统时，CO 和 NOx 主要来自汽车尾部排气管；HC 主要来自油箱和汽化器的挥发（占 20%）、曲柄箱的排气（20%）和尾气排气管（60%）。

改进汽车排污的措施主要有三方面。

（1）改进发动机

调节空气与燃料比，使燃料燃烧完全，减少 CO 和 HC 的排放；废气再循环，在曲柄箱安装通风系统，使排出的废气再返回引擎中燃烧利用；延迟点火，可减少 NOx 排放量；降低压缩比，也能减少 NOx 和 HC 的排放量。

（2）改进燃料

主要包括改进燃料性能和试制新型燃料。目前我国为了治理空气污染，已开始实行机动车使用无铅汽油。燃料中不加防爆剂四乙基铅，不但可避免铅的污染和催化转化器的失效，还可延长火花塞的寿命，并可降低消声器和尾气管的腐蚀。但使用无铅汽油将导致能耗大大提高。除改进燃料性能外，试制新型燃料也是一项有效的措施。目前采用的新型燃料有液化石油气、液化天然气、压缩天然气和甲醇，但这些燃料在储运、分配和供应上都存在一定的困难。

（3）尾气系统的改进

目前对汽车尾气排放不达标的车辆，多采用加装尾气净化器的措施。

6. 绿化造林、增加绿地

绿化造林、增加绿地不仅可以美化环境，调节空气温度、湿度及城市小气候，保持水土，防风防沙，而且在净化大气、减低噪声方面也有显著作用。

（二）大气污染物的治理

主要包括颗粒污染物的治理和气态污染物的治理两个部分。

1.颗粒污染物的治理

治理颗粒污染物分为两个步骤：一是改变燃料的构成，以减少污染物的生成；二是在烟尘颗粒物排放到大气之前，采用控制设备将尘除掉，以减少大气环境污染程度。

目前常用的除尘装置有四类。

（1）机械式除尘装置

也称干式机械除尘装置，是利用重力、惯性、离心力等方法将颗粒物从气流中分离出来，达到净化的目的。主要的类型有：重力沉降室、惯性除尘器和旋风除尘器。该类除尘装置对大粒径粉尘的去除有较高的效率，但对小粒径的粉尘捕集效率很低。

（2）湿式除尘器

利用水形成液网、液膜或液滴，使含尘气体与水密切接触，利用水滴与尘粒的惯性碰撞、扩散效应、黏附、扩散飘移与热飘移、凝聚等作用，从废气中捕集分离尘粒，并兼备吸收气态污染物的作用。这类设备包括：重力喷雾洗涤器、离心洗涤器、自激喷雾洗涤剂、板式洗涤器、填料洗涤器、文丘里洗涤器、机械诱导喷雾洗涤剂等七种类型。其中重力喷雾洗涤器、离心洗涤器和文丘里洗涤器应用最广。湿式除尘器主要用于直径为 $0.1 \sim 20\mu m$ 的液体或固态粒子的去除，同时也能脱除气态污染物。

（3）过滤式除尘器

又称空气过滤器，是利用多孔各类介质分离捕集气体中固态或液体粒子的净化装置。采用滤纸或玻璃纤维等填充层作为滤料的空气过滤器，主要用于通风及空气调节方面的气体净化；采用砂、砾、焦炭等颗粒物作为滤料的颗粒层除尘器，在高温烟气除尘方面应用最多，其特点是耐高温（可达 $400℃$）、耐腐蚀，滤材可以长期使用，除尘效率高，适用于冲天炉和一般工业炉窑；采用纤维织物作为滤料的袋式除尘器，主要用于汽车尾气的除尘，对于粒径为 $0.5\mu m$ 的尘粒捕集效率可高达 $98\% \sim 99\%$。

（4）电除尘装置

使浮游在气体中的粉尘颗粒荷电，在高压电场作用下做定向运动，使尘粒沉积在集尘板上，将尘粒从气体中分离出来的一种装置。几乎可以捕集一切细微粉尘及雾状液滴，其捕集粒径范围为 $0.01 \sim 100\mu m$，广泛应用于冶金、化工、水泥、建材、火力发电、纺织等工业部门。

2.气态污染物的治理

气态污染物的治理主要有七种方法。

（1）吸收法

该方法是利用气体混合物中不同组分在吸收剂中溶解度的不同，或者与吸收剂发生选择性化学反应，从而将有害组分从气流中分离出来的技术。SO_2、H_2S、HF、NOx 等一般都可以选择适宜的吸收剂和设备进行处理，并可回收有用产品。

（2）吸附法

气体混合物与适当的多孔性固态接触，利用固体表面存在的未平衡的分子引力或化学键力，把混合物中某一组分或某些组分吸留在固体表面上，这种分离气体混合物的过程称为气体吸附。该方法广泛应用于化工、冶金、石油、食品、轻工业及高纯气体制备等工业部门，在大气污染控制中，也可用于中低浓度废气净化。

（3）催化法

该方法是利用催化剂的催化作用，将废气中的气体有害物质转变为无害物质或转化为易于去除的物质的一种技术，目前该方法已成为一项重要的大气污染治理技术。

（4）燃烧法

一种通过热氧化作用将废气中的可燃有害成分转化为无害物质的方法。该方法还可以消烟、除臭。燃烧法已广泛应用于石油化工、有机化工、食品工业、涂料和油漆的生产、造纸、动物饲养场、城市废物的干燥和焚烧处理等主要含有机污染物的废气处理。

（5）冷凝法

利用物质在不同温度下具有不同饱和蒸汽压的性质，采用降低系统温度或提高系统压力，使处于蒸汽状态的污染物冷凝并从废气中分离出来的过程。该方法特别适用于处理污染物体积分数在 $10\,000 \times 10^{-6}$ 以上的有机废气。

（6）生物法

利用微生物的生命过程把废气中的气态污染物转化成少害或无害物质的方法。生物处理技术广泛应用于屠宰厂、肉类加工厂、金属铸造厂、固体废物堆肥化工厂的有机臭气处理。

（7）膜分离法

混合气体在压力梯度作用下，透过特定的薄膜时，不同气体具有不同的透过速度，从而使气体混合物中的不同组分达到分离的效果。该方法已用于石油化工、合成氨气中回收氢、天然气净化、空气中氧的富集及 CO_2 的去除与回收等。

第五章　环境中的光化学过程

地球能量主要来自太阳辐射，地球上所有的生命过程几乎都依赖太阳辐射能来维持。太阳光能使全球各圈层中的化学物质发生直接或间接的光化学反应。由阳光引发的光化学过程是环境中所发生的重要的化学过程之一。诚然，环境中发生的光合成也是环境中重要的光化学过程，但这属于另外一个重要领域。

在阳光的作用下，化合物在各环境圈层中进行着各种光化学反应。这些反应影响化合物的迁移、转化、归宿及效应，一般情况下对人类及生态系统没有不良的影响，但是当人类的各种活动所产生的化学物质大量进入环境后，则有可能对环境中本身发生的光化学过程产生干扰或破坏，从而对生态环境和人类造成严重影响和危害。

第一节　光化学基础

一、光化学概念及光化学定律

（一）光化学

光化学反应不同于热化学反应：①光化学反应的活化主要是通过分子吸收一定波长的光来实现的，而热化学反应的活化主要是分子从环境中吸收热能而实现的。光化学反应受温度的影响小，有些反应可在接近 0 k 时发生。②一般而言，光活化分子与热活化分子的电子分布及构型有很大不同，光激发态的分子实际上是基态分子的电子异构体。③被光激发的分子具有较高的能量，可以得到高内能的产物，如自由基、双自由基等。

（二）光的能量

一个光子的能量（E）可表示为

$$E = h\nu = \frac{hc}{\lambda} \tag{5-1}$$

式中：h 为 Planck 常数，6.626×10^{-34} J·s；ν 为光的频率，s^{-1}；c 为光速，2.9979×10^{8} m·s^{-1}；λ 为光的波长（在紫外光和可见光的范围内，波长通常用 nm 表示，1 nm=10^{-9} m）。

一摩尔光子通常定义为一个 einstein，波长为 λ 的光的 leinstein 的能量为

$$E = N_A h\nu = N_A hc / \lambda = 6.02 \times 10^{23} \, hc / \lambda \qquad （5-2）$$

式中：N_A 为 Avogadro 常数（6.02×10^{23}/mol）。

二、光对分子的作用

（一）分子的能量

物质由分子组成，分子的运动有平动、转动、振动和分子的电子运动，分子的每一种运动状态都具有一定的能量。如果不考虑它们之间的相互作用，作为一级近似，分子的能量（E）可表示为

$$E = E_平 + E_转 + E_振 + E_电 \qquad （5-3）$$

式中：$E_平$ 为分子的平动能（位移能）是温度的函数，分子平动时，不发生偶极变化；$E_转$ 为分子绕分子某一轴转动时所具有的能量；$E_振$ 为分子原子以较小的振幅在其平衡位置振动所具有的能量，可近似看作一谐振子；$E_电$ 是分子中电子运动所具有的能量。

由于分子平动时电偶极不发生变化，因而不吸收光，不产生吸收光谱。与分子吸收光谱有关的只有分子的转动能级、振动能级和电子能级。每个分子只能存在一定数目的转动、振动和电子能级。和原子一样，分子也有其特征能级。在同一电子能级内，分子因其振动能量不同而分为若干"支级"，当分子处于同一振动能级时还因其转动能量不同而分为若干"支级"。在分子的能级中，转动能级间的能量差最小，一般小于 0.05eV，振动能级间的能量差一般在 0.05 ~ 1.00eV 之间，电子能级间的能量差最大，一般在 1 ~ 20eV 之间。

紫外和可见光的能量大于 1eV，而红外光的能量小于或等于 1eV。因此，当红外光作用于分子时，只能引起分子转动能级与振动能级的改变，从而发生光的吸收，产生红外吸收光谱。当紫外与可见光作用于分子时，可使分子的电子能级（包括转动能级和振动能级）发生改变，产生可见紫外吸收光谱。

（二）分子对光的吸收

分子吸收光的本质是在光辐射作用下，物质分子的能态发生改变，即分子的转动、振动或电子能级发生变化，由低能态被激发至高能态，这种变化是量子化的。按照量子学说，能态之间的能量差必须等于光子的能量：

$$E_2 - E_1 = \Delta E = E = h\nu \qquad （5-4）$$

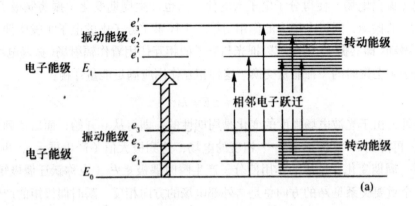

图 5-1 分子的能级图

式中：E_1 和 E_2 分别为分子的初能态和终能态。电子不能在任意两能级间跃迁，要产生跃迁，应遵循一定的规律（选律），即：在两个能级之间的跃迁，电偶极的改变必须不等于零方能发生。

下面简要讨论光能如何转化为电子激发能。

光是电磁波的一部分，它以不断作周期变化的电场和磁场在空间传播，它可以对带电的粒子（如电子、核）和磁场偶极子（如电子自旋、核自旋）施加电力和磁力（图 5-2）。作用在分子电子上的总作用力（F）可表示为：

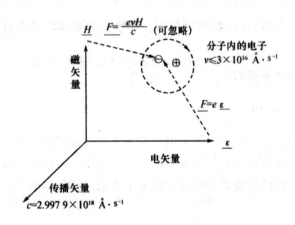

图 5-2 光对分子作用示意图

式中：e 为电子的电荷；v 为电子的速度，3×10^8 cm·s^{-1}；ε 为电场强度；H 为磁场强度；c 为光速，3.0×10^{10} cm·s^{-1}。

由于 $c > v$，所以 $e\varepsilon > evH$，施加在电子上的作用力近似为：$F = e\varepsilon$。即光波通过时，作用在电子上的力主要来源于光波的电场 ε。

现在考虑光通过分子时光波电场对分子（即对分子的电子）的作用力。由于电场的周期变化（振荡电场）使得分子电子云的任一点也产生周期变化（振荡偶极子），即一个体系（光）的振动，通过电场力的作用与第二个体系（分子中的电子）发生偶合，从而引起后者的振动（即共振）。因此可以把光与分子的相互作用看作辐射场（振荡电场）与电子（振荡偶极子）会聚时的一种能量交换。这种相互作用应满足能量守衡：

$$\Delta E = h\nu \tag{5-5}$$

另外，由于光波电场强度的变化是周期性的，即可从 0 开始，而后达到最大值（产生吸引），再降到 0，然后产生一个相反的电场，达到极大值（产生排斥），再降到 0，然后开始另一周期变化。这样的作用使分子产生瞬时偶极矩 μ_i（也称跃迁偶极矩），μ_i 和 ε 之间的一个重要关系是 μ_i 的方向总是与外部电场的方向相反。瞬时偶极矩的产生类似于带电极板使分子产生诱导偶极矩，如图 5-3 所示。

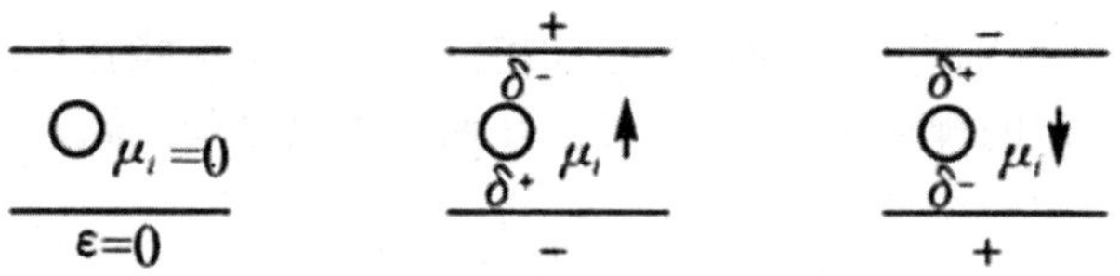

图 5-3 电场诱导产生的偶极矩

有机分子吸收紫外和可见光后，一个电子就从原来较低能量的轨道被激发到原来空着的反键轨道上，被吸收的光子能量用于增加一个电子的能量，通常称为电子跃迁。有机分子电子跃迁的方式有 $\pi \to \pi^*$、$n \to \pi^*$、$n \to \sigma^*$、$\sigma \to \sigma^*$。后两种跃迁需要的能量较高，一般需要波长小于 200 nm 的真空紫外光。有机化合物中能够吸收紫外或可见光的基团称为生色团。

（三）分子的电子组态

1. 分子基态的电子组态

分子的电子组态是指分子轨道中电子的分布及自旋状态。分子在基态时其轨道中电子的分布及自旋状态称为分子基态的电子组态。通常用分子最高占有分子轨道（HOMO）或者用两个最高能级的已填满电子的分子轨道来表示。例如甲醛、乙烯分子的基态电子组态可简化表示为

$$\Phi(H_2C = O) = K(\pi_{CO})^2 (n_O)^2 \tag{5-6}$$

$$\Phi(CH_2 = CH_2) = K(\pi_{CC})^2 \tag{5-7}$$

此处 K 表示分子的"核心"电子，H 它们受核的作用较强，在光物理和光化学过程中不受扰动。π_{CO} 指碳 – 氧键的 π 分子轨道，n_O 指氧原子上非键分子轨道，π_{CC} 指碳 – 碳键的 π 分子轨道。

2. 分子激发态的电子组态

分子激发态的电子组态通常用两个单电子占据的分子轨道来表示。当分子吸收紫外或红外光后，它的一个电子从基态跃迁到能量较高的空分子轨道。此时，它的两个电子分别占据原来的最高分子轨道（HOMO）和最低分子轨道（LOMO），分子电子激发态组态则由这两个分子轨道及轨道上电子的自旋状态来决定。

如果只笼统考虑分子轨道和轨道上电子的自旋，即不考虑分子轨道在空间的伸展方向，例如只考虑 π、π^*，而不考虑 π_x、π_y 和 π_x^*、π_y^*。那么，分子的电子激发态组态可分为单重态（singlet，S）和三重态（triplet，T）。

（1）单重态（S）

在能量低的和能量高的分子轨道上两个电子自旋配对(反平行)时的状态称为单重态。这种态总的自旋磁矩为零。

（2）三重态（T）

在能量低的和能量高的分子轨道上两个电子自旋不配对（自旋平行）时的状态称为三重态。这种态产生自旋磁矩。

单重态和三重态的名称来源于历史上的实验结果：当一束分子（或原子）射线通过强磁场时，处于某种电子组态的原子或分子，可以分裂为三个可分辨的状态(有三个能阶)，就称这样的原子或分子处于三重态。如果磁场不分裂射线束，则称这样的原子或分子处于单重态。

（四）氧分子的电子组态

环境中的光化学过程，氧分子是重要的参与者，这是由于它具有独特的分子结构。对氧分子的磁性研究表明，氧分子具有顺磁性，即在分子中存在未配对的电子（物质的磁性主要由物质的分子、原子或离子中电子的自旋磁矩产生的。如果分子存在未配对的电子，这些电子的自旋磁矩的取向将与外磁场方向一致，因而能被外磁场吸引，这就是顺磁性物质。如果物质分子内部的电子配对，两个电子产生的自旋磁矩因取向相反而抵消，这类物质在磁场中被排斥，称为抗磁性物质）。

由于 π_x^* 和 π_y^* 轨道是简并的（能量相同），又由于基态时有两个电子占有了这些轨道，因此根据 Hund 规则，能量相等的轨道，电子尽可能以相同自旋方向分占不同的分子轨道。那么，分子氧的基态是三重态。如果考虑两个电子在轨道的分布及它们相应的自旋状态，分子氧的电子组态就有一个最低能量三重态及三个单重态，可分别表示为：

$$T - \left(\pi_x^* \uparrow\right)\left(\pi_y^* \uparrow\right) \text{称为} ^3\Sigma$$

$$S - \left(\pi_x^* \uparrow\right)\left(\pi_y^* \downarrow\right) \text{称为} ^1\Sigma$$

$$S-\left(\pi_x^* \uparrow\downarrow\right) \text{称为} {}^1\Delta x$$

$$S-\left(\pi_y^* \uparrow\downarrow\right) \text{称为} {}^1\Delta y$$

这四个电子组态的光谱项符号分别为 ${}^3\Sigma$、${}^1\Sigma$、${}^1\Delta x$、${}^1\Delta y$，两个电子分占 π_x^* 和 π_y^* 轨道，用 Σ 表示；两个电子同在 π_x^* 或 π_y^* 轨道，用 Δx 或 Δy 表示；左上标表示电子组态的多重度。两个 Σ 态的电子分布是绕键轴形成圆柱状对称，Δ 态的电子分布是两个电子同在一个 π^* 轨道（π_x^* 或 π_y^*）上，${}^1\Delta x$ 和 ${}^1\Delta y$ 在零级近似中是简并的，其他的分子接近它们时就会引起这两个态的分裂。将 S_1 表示为 ${}^1\Delta$（不是 ${}^1\Delta x$ 就是 ${}^1\Delta y$），所以通常将具有 ${}^1\Delta$ 态的氧分子称为单重态氧，常以 ${}^1\Delta O_2$ 表示，为方便起见，可简化成 ${}^1O_2$。这样，分子氧的电子组态可以简化为三种，即 ${}^3\Sigma$、${}^1\Sigma$ 和 ${}^1\Delta$。

研究表明，分子氧的三种电子组态能量次序为

$$ {}^3\Sigma < {}^1\Delta\left(94140J\cdot mol^{-1}\right) < {}^1\Sigma\left(156900J\cdot mol^{-1}\right)$$

氧分子处于基态时，两个电子分占两个 π^* 轨道，并且自旋平行，电子组态为 ${}^3\Sigma$，当氧分子吸收一定能量时，两个不成对的电子在一般情况下变为共占一个 π^*（π_x^* 或 π_y^*）轨道，并且自旋相反，另一个 π^* 空着，此时电子组态为 ${}^1\Delta$。如果吸收的能量更大，在一个轨道上配对的两个电子就变为分占两个 π^* 轨道，并且自旋相反，电子组态为 ${}^1\Sigma$，此状态的能量比 ${}^1\Delta$ 高约 67%，因而不稳定，易向 ${}^1\Delta$ 转变，所以单重态氧分子常见的电子组态为 ${}^1\Delta$。由于单重态氧是分子氧的一种激发态，具有较高的活化能，并因 ${}^1\Delta \rightarrow {}^3\Sigma$ 的无辐射跃迁是禁阻的，因此其寿命是可观的。${}^1\Delta$ 的寿命为 $2.7\times10^3 s$，而 ${}^1\Sigma$ 的寿命为 7.1 s。

第二节 对流层中的光化学过程

在对流层中发生的光化学过程是环境中化学物质光化学过程中最重要的过程，它对化合物在大气中的转化有重大的影响。

一、对流层清洁大气中的光化学过程

对流层清洁大气是指远离人为污染地区的大气，其组成基本是或很接近天然大气的组成。这种大气中的组分虽然简单、浓度低，但在太阳光的作用下仍然会发生一系列的初级和次级光化学过程。对流层污染大气中化学物质组成更为复杂，有些污染物浓度也较清洁大气中的浓度高得多，这使得对流层污染大气中的光化学过程变得异常复杂。下面我们按化学物质分类来介绍主要化学物质在对流层大气中的主要化学过程。

（一）清洁大气中重要成分的光化学过程

到达对流层太阳辐射的波长大于 290 nm，对流层中重要的光吸收物质是 O_2、O_3、氮氧化物、SO_2、甲醛等，还有一些天然有机化合物。因此，对流层清洁大气中的基本光化学过程主要涉及这些物质在波长大于 290 nm 的太阳辐射作用下发生的光化学过程。在对流层中，这些物质在阳光的作用下通过初级光化学过程产生了各种自由基与活性物质。它们具有较高的能量，能与大气中各种天然化合物发生反应，从而构成了天然对流层大气化学。

1. O_2 的光化学过程

O_2 吸收光能后生成激发态的氧分子：$O_2\left(^3\Sigma\right) + h\nu \longrightarrow O_2\left(^1\Delta\right) + O_2\left(^1\Sigma\right)$。$O_2$ 的这两个激发态是最低激发态，其能量分别高于基态约 90.1 和 156.8 kJ。因为 $O_2\left(^1\Delta\right)$ 和 $O_2\left(^1\Sigma\right)$ 是单重态，而 O_2 的基态是三重态，所以它们返回基态的辐射跃迁是慢的，其天然寿命（即不存在碰撞失活）是相当长的，$O_2\left(^1\Delta\right)$ 的约为 $2.7 \times 10^3\text{s}$，$O_2\left(^1\Sigma\right)$ 的约为 7.1 s。$O_2\left(^1\Sigma\right)$ 的寿命相对短些，易与大气中的其他分子发生碰撞失活。因此，对流层中 $O_2\left(^1\Delta\right)$ 引发的化学反应才是重要的。单重态氧分子的次级反应主要为与烯烃反应：

$$O_2\left(^1\Delta\right) + 烯烃 \rightarrow 产物$$

应当指出，虽然还有其他一些反应可产生 $O_2\left(^1\Delta\right)$，但总的来说它在大气中的浓度低。研究结果表明，即使在污染条件下其浓度极值为 10^8 分子·cm^{-3}，·OH 与烯烃的反应速度

仍约为 $O_2\left({}^1\Delta\right)$ 与烯烃反应速度的 10^3 倍。因此，目前还不认为 $O_2\left({}^1\Delta\right)$ 有足够的量对对流层中烯烃总的气相氧化做出贡献。

2. O_3 的光化学过程

O_3 吸收光能后可以发生光解，生成不同电子组态的 O_2 和 O，这取决于光的能量：

$$O_3 + h\nu(\lambda \leqslant 320\text{nm}) \longrightarrow O_2\left({}^1\Delta\right) + O\left({}^1D\right) \tag{5-8}$$

$$O_3 + h\nu(\lambda \geqslant 320\text{nm}) \longrightarrow O_2\left({}^1\Delta \text{或}{}^1\Sigma\right) + O\left({}^3P\right)$$

$$O_3 + h\nu(\lambda 440 \sim 850\text{nm}) \longrightarrow O_2\left(\text{基态}\right) + O\left({}^3P\right)$$

O_3 的次级光化学过程主要有下面的几个反应：

$$O\left({}^1D\right) + H_2O \xrightarrow{a} 2OH \xrightarrow{b} O\left({}^3P\right) + H_2O \tag{5-9}$$

$$O\left({}^3P\right) + O_2 + M \longrightarrow O_3 \tag{5-10}$$

研究指出，$O\left({}^1D\right)$ 与水反应约 95% 是通过反应（5-9）的途径 a 完成的，通过途径 b 只有（6.9 ± 3.2）%，此途径实际为碰撞失活反应。一般可以表示为：

$$O\left({}^1D\right) + M \longrightarrow O\left({}^3P\right) + M \tag{5-11}$$

反应（5-10）称为三体碰撞反应，这是对流层 O_3 的来源之一。

3. 氮氧化物的光化学过程

在对流层中，NO_x 有 NO_2、NO_3、N_2O_3、N_2O_5、N_2O 等，它们在太阳光的作用下可发生多种光化学过程，本节仅讨论它们的初级光化学过程。

（1）NO 的光化学过程

NO 是重要的一次污染物，其主要化学过程讨论如下。

① NO 可以被 O_2 氧化。

$$2NO + O_2 \longrightarrow 2NO_2 \tag{5-12}$$

此反应的速率常数很小 $\left[k_1(298\text{K}) = 2.0 \times 10^{-38}\text{cm}^6 \cdot \text{molecule}^{-2} \cdot \text{s}^{-1} \right]$，在 NO 典型浓度的大气中，反应是很慢的。因此，NO 的浓度较高（烟羽中）时，才发生这一反应。

② NO 能够迅速地与 O_3 反应。

$$NO + O_3 \longrightarrow NO_2 + O_2 \qquad (5-13)$$

但是，在同一气团中，还未发现 NO 和 O_3 能够以显著的浓度同时存在。在光化学污染事件中，直到 NO 浓度降到最低值之前，O_3 不可能积累。因此，这一反应对于光化学氧化剂发展的控制策略有重要意义。

（3）NO 被自由基氧化。

大气中 NO 转化为 NO_2 还涉及 OH 自由基氧化有机物的链反应，例如：

$$C_2H_5CHO + HO_2 \quad NO \quad C_3H_7 + H_2O \quad (5-14)$$

生成的烷基过氧自由基发生以下两个途径：

$$RO_2 + NO \xrightarrow{a} RO + NO_2 \qquad (5-15)$$
$$\xrightarrow{b} RONO_2$$

通常，途径 a 是占优势的反应，但是，当 C≥4 时，途径 b 变为较重要的反应。

通过途径 a 生成的 RO 自由基与 O_2 提取氢的反应生成醛和 HO_2 自由基：

$$RCH_2O + O_2 \longrightarrow RCHO + HO_2 \qquad (5-16)$$

HO_2 能够氧化 NO 为 NO_2，而重新生成 OH 自由基：

$$HO_2 + NO \longrightarrow OH + NO_2 \qquad (5-17)$$

在此循环中，两分子的 NO 被氧化为 NO_2，并且 OH 自由基重新产生。此时丙烷已被氧化为丙醛，类似于上述循环，它可以进一步被 OH 自由基氧化。

NO 除了与上述物质发生反应外，还能够与 RO 和 NO_3 反应：

$$NO + RO \xrightarrow{a} RONO \qquad (5-18)$$
$$\xrightarrow{b} R_1R_2CO + HNO$$

$$NO + NO_3 \longrightarrow 2NO_2 \qquad (5-19)$$

综上所述，在大气中 NO 能够与 HO_2、RO_2 以及 O_3、OH、RO、NO_3 反应。其中，NO 与 HO_2、RO_2 自由基的反应处于大气有机物被氧化而 NO 转化为 NO_2 这些链反应的中心位置。在污染大气中，NO 与 O_3 的反应控制 O_3 浓度的峰值；NO 与 OH，部分与 RO 的反应起着 NO 夜间临时贮存体的作用。

（2）NO_2

在 $\lambda \leqslant 430nm$ 的太阳辐射作用下 NO_2 的光解是一重要的反应：

$$NO_2 + h\nu(\lambda \leqslant 430nm) \longrightarrow NO + O(^3P) \qquad （5-20）$$

反应（5-20）的重要性在于生成的 $O(^3P)$ 可与 O_2 和其他分子反应三体碰撞，生成 O_3，生成的 NO 参与各种反应。

NO_2 被光激发后，有一部分不发生光解，而发生碰撞失活，如果与 O_2 碰撞，则发生能量转移，使 O_2 转化为

$$NO_2^* + O_2 \longrightarrow NO_2 + O_2(^1\Delta) \qquad （5-21）$$

NO_2 可以与 OH、O_3、RO_2 反应：

$$NO_2 + OH \longrightarrow HNO_3 \qquad （5-22）$$

$$NO_2 + O_3 \longrightarrow NO_3 + O_2 \qquad （5-23）$$

$$NO_2 + RO_2 \leftrightharpoons RO_2NO_2 \qquad （5-24）$$

（3）NO_3

NO_3 的初级光化学过程是发生光解：

$$
\begin{aligned}
NO_3 + h\nu &\xrightarrow{\ a\ } NO + O_2 \\
&\xrightarrow{\ b\ } NO_2 + O(^3P)
\end{aligned}
\qquad （5-25）
$$

光解为一级反应，波长在 470 ~ 650 nm 范围时，反应的途径 a 的光解速率常数为 $0.022 \pm 0.007\ s^{-1}$，途径 b 的光解速率常数为 $0.18 \pm 0.006\ s^{-1}$。

（4）N_2O_5

在空气中的 N_2O_5 是由下面的平衡形成的：

$$NO_3 + NO_2 \rightleftharpoons N_2O_5 \qquad （5-26）$$

N_2O_5 的初级光化学过程有

$$N_2O_5 + h\nu(\lambda < 1270nm) \longrightarrow NO_3 + NO_2 \qquad （5-27）$$

$$N_2O_5 + h\nu(248 < \lambda < 291nm) \longrightarrow 2NO_2 + O(^3P) \quad （5-28）$$

$$N_2O_5 + h\nu(\lambda < 1070nm) \longrightarrow NO_2 + NO + O_2 \qquad （5-29）$$

$$N_2O_5 + h\nu(\lambda < 300nm) \longrightarrow NO + O + NO_3 \qquad （5-30）$$

4. 亚硝酸及有机亚硝酸酯的光化学过程

在 $\lambda \leqslant 420nm$ 的太阳辐射的作用下，HNO_2 的光解是氢氧自由基的一个重要来源：

$$HONO + h\nu(\lambda < 420nm) \longrightarrow OH + NO \qquad （5-31）$$

是 OH 自由基引发重要的次级光化学过程。

有机亚硝酸酯发生类似的光解：

$$RONO + h\nu(\lambda \leqslant 440nm) \longrightarrow RO + NO \qquad （5-32）$$

是烷氧自由基引发重要的次级光化学过程。

（二）大气中金属元素及其化合物的光化学过程

在对流层中，存在各种金属元素及其化合物，它们能够参与次级光化学过程。在此，主要讨论汞及其化合物的光化学过程。

据报道，2019 年全球年度排放到大气的汞及其化合物为 106 kg/a，它们在大气中的寿命为 90 d 至 2 a，这取决于它们存在的形态及气象条件。汞元素主要以五种形态存在于大气中，即 Hg^0、$HgCl_2$、$Hg(OH)_2$、CH_3Hg^+ 和 $(CH_3)_2Hg$。

汞及其化合物在气相中占主导地位的化学转化是元素形态汞被氧化为 Hg^{2+}，氧化剂有 O_2、O_3、NO_2、H_2O_2 以及 NO_3、HO_2、OH、RO_2 等自由基。其中与 O_3 的反应被认为是最重要的氧化途径。汞一旦被氧化为 Hg^{2+}，就能够与大气中的阴离子络合，生成 HgX_2 类型的化合物。汞元素还能够直接与 Cl_2 反应生成 $HgCl_2$。Hg^0 能够与 H_2O_2 反应生成 $Hg(OH)_2$。有机汞可以发生光解和与 OH 自由基的反应，例如：

$$(CH_3)_2Hg \xrightarrow{h\nu} Hg^0 + 2CH_3 \qquad （5-33）$$

$$CH_3HgCH_3 + OH \longrightarrow CH_3HgOH + CH_3 \qquad （5-34）$$

汞在大气水相中（云、雾、雨、雪或气溶胶）被氧化的速率一般比在气相中的快几个数量级。汞元素在水相中的主要反应是与臭氧的反应，其次是与 H_2O_2 的反应：

$$O_3 + H_2O + Hg^0 \longrightarrow O_2 + 2OH^- + Hg^{2+} \tag{5-35}$$

$$H_2O_2 + 2H^+ + Hg^0 \longrightarrow 2H_2O + Hg^{2+} \tag{5-36}$$

（三）对流层大气中的自由基

OH 自由基的主要来源是 O_3 光解生成 $O(^1D)$，随后 $O(^1D)$ 与 H_2O 反应生成 OH 自由基：

$$O_3 + h\nu(\lambda \leqslant 320nm) \longrightarrow O_2(^1\Delta) + O(^1D) \tag{5-37}$$

$$O(^1D) + H_2O \longrightarrow 2OH \tag{5-38}$$

OH 自由基的其他的来源是亚硝酸和过氧化氢的直接光解：

$$HONO + h\nu(\lambda < 400nm) \longrightarrow OH + NO \tag{5-39}$$

$$H_2O_2 + h\nu(\lambda \leqslant 360nm) \longrightarrow 2OH \tag{5-40}$$

OH 自由基在对流层中的浓度很低，通常在 $10^5 \sim 10^6$ 个 $/cm^6$ 之间。其浓度的分布随纬度而变化，最高浓度出现在热带。OH 在南北半球的分布是不对称的，理论计算表明，南半球比北半球约多 20%。OH 的浓度随时间变化，白天高于晚上，峰值出现在阳光最强的时间，夏季高于冬季。在计算工作中需要应用 OH 自由基浓度的数据时，清洁大气中 OH 自由基的浓度值一般采用约 1×10^6 个 $/m^3$。

2.HO_2 自由基

HO_2 自由基主要的来源是甲醛直接光解生成的 H 和 HCO 与大气中的氧反应：

$$HCHO + h\nu(\lambda < 370nm) \longrightarrow H + HCO \tag{5-41}$$

$$H + O_2 \xrightarrow{M} HO_2 \tag{5-42}$$

$$HCO + O_2 \longrightarrow HO_2 + CO \tag{5-43}$$

在对流层中任何产生 H 和 HCO 的过程也是 HO_2 自由基的来源。

高级醛的初级光化学过程也产生 HCO 自由基，因此这一过程是 HO_2 自由基的来源之一。但由于在对流层中其浓度大大低于甲醛的浓度，使其作为 HO_2 自由基来源的重要性比甲醛要少：

$$RCHO + h\nu(\lambda < 370nm) \longrightarrow R + HCO \qquad （5-44）$$

$$HCO + O_2 \longrightarrow HO_2 + CO \qquad （5-45）$$

烷氧自由基与 O_2 的反应是 HO_2 自由基的另外一种来源，此外还来自 OH 自由基与烃的反应（在后面讨论）：

$$RCH_2ONO_2 + h\nu \longrightarrow RCH_2O + NO_2 \qquad （5-46）$$

$$RCH_2O + O_2 \longrightarrow RCHO + HO_2 \qquad （5-47）$$

二、光化学烟雾

（一）光化学烟雾的特征

在美国的洛杉矶首次观察到植物受到空气污染伤害的现象，California 大学的 Middleton 等人认为不同于二氧化硫、氟等化合物对植物的伤害，但对这种伤害产生的机制不甚了解，只是指出这种现象仅在空气污染严重并出现雾状颗粒物时发生，烟雾中含有还未了解其性质的污染物。

1951 年，Haggen Smit 等人初次提出了有关烟雾形成的理论，确定了空气中的刺激性气体为臭氧。认为洛杉矶烟雾是由阳光引发了大气中存在的碳氢化合物和氮氧化物（ NOx ）之间的化学反应造成的，并认为城市大气中，碳氢化合物和NOx的主要来源是汽车尾气。

含有氮氧化物和烃类的大气，在阳光中紫外线照射下发生反应，产生出一些氧化性很强的产物如 O_3、醛类、PAN、HNO_3 等，所产生的产物及反应物的混合物被称为光化学烟雾。

（二）光化学烟雾形成的机制

采用烟雾箱实验研究光化学烟雾产生的机理，即在一大容器内通入含非甲烷烃和氮氧化物的反应气体，在人工光源照射下，模拟大气光化学反应。

图 5-4 说明碳氢化合物和氮氧化合物共存时，在紫外射线的作用下会出现：①NO 转化为 NO_2；②碳氢化合物氧化消耗；③臭氧及其他氧化剂如 PAN、HCHO、HNO_3 等二次污染物的生成。其中关键性的反应类别是：①NO_2 的光解导致了 O_3 的生成；②碳氢化合物的氧化生成了活性自由基，尤其是 HO_2、RO_2 等；③HO_2、RO_2 引起了 NO 向 NO_2 转化，进一步提供了生成 O_3 的 NO_2 源，同时形成了含 N 的二次污染物如 PAN、HNO_3。

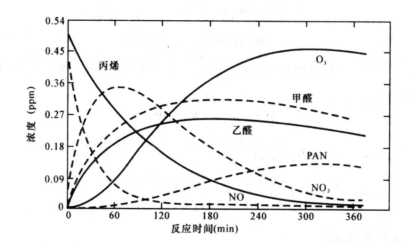

图 5-4 典型烟雾箱实验中丙烯 -NOx 反应物和产物的浓度变化

这三个关键反应类别涉及的反应很多，这里仅归纳提出其中最关键的反应。

（1）O_3 的生成反应

$$NO_2 + h\nu \xrightarrow{\ 1\ } NO + O \tag{5-48}$$

$$O + O_2 \xrightarrow[M]{\ 2\ } O_3 \tag{5-49}$$

在大气中，除了反应 2 外，O_3 没有其他显著的来源，反应 1 和 2 可生成少量的 O_3，它一旦生成，就与 NO（原来存在或由反应 1 生成）迅速反应：

$$O_3 + NO \xrightarrow{\ 3\ } NO_2 + O_2 \tag{5-50}$$

如果无其他物质，三者之间就会达成稳态，其稳态关系式为

$$[O_3] = \frac{k_1[NO_2]}{k_2[NO]} \tag{5-51}$$

（2）OH 自由基引发的反应

在光化学烟雾中，关键的反应是 OH 自由基与许多有机物的反应：

与烷烃的反应：$RH + OH \longrightarrow R + H_2O \tag{5-52}$

$$R + O_2 \longrightarrow RO_2 \tag{5-53}$$

与醛的反应：$RCHO + OH \longrightarrow RCO + H_2O \tag{5-54}$

$$RCO + O_2 \longrightarrow RC(O)O_2 \tag{5-55}$$

（3）NO 向 NO$_2$ 的转化

生成的过氧自由基与 NO 迅速反应生成 NO$_2$ 和其他的自由基：

$$RO_2 + NO \longrightarrow NO_2 + RO$$
$$\longrightarrow RONO_2 \tag{5-56}$$

$$RC(O)O_2 + NO \longrightarrow NO_2 + RC(O)O \tag{5-57}$$

一般而言，烷氧自由基与 O$_2$ 反应生成 HO$_2$ 和羰基化合物，RC（O）O 发生分解：

$$RO + O_2 \longrightarrow R'CHO + HO_2 \tag{5-58}$$

$$RC(O)O \longrightarrow R + CO_2 \tag{5-59}$$

生成的自由基进一步反应：

$$HO_2 + NO \longrightarrow NO_2 + OH \tag{5-60}$$

$$R + O_2 \longrightarrow RO_2 \tag{5-61}$$

这些典型的烷基和酰基自由基的链反应可以归纳如下：

$$
\begin{array}{c}
RCHO \xrightarrow{h\nu} RCO \xrightarrow{O_2} RC(O)O_2 \overset{NO\quad NO_2}{\longrightarrow} RC(O)O \\
\\
RH \longrightarrow R \xrightarrow{O_2} RO_2 \overset{NO\ \ NO_2}{\longrightarrow} RO \xrightarrow{O_2} HO_2 \overset{NO\ \ NO_2}{\longrightarrow} OH
\end{array} \tag{5-62}
$$

上述反应生成的自由基再与 NO$_2$ 反应生成二次污染物如 PAN、HNO$_3$ 等。

从上述讨论可知，一个自由基自形成之后直到它猝灭以前可以参加许多个自由基传递反应。这种自由基传递反应提供了 NO 向 NO$_2$ 的转化。而 NO$_2$ 既起链引发作用，又起链终止使用，最后生成 O$_3$、HNO$_3$、PAN 等稳定化合物。

第三节　平流层的光化学过程

臭氧（O_3）是平流层大气的关键组分，它集中在离地面 10 ~ 50 km 的范围内，浓度峰值在 20 ~ 25 km 高度处。平流层中臭氧的存在对于地球生命物质至关重要，这是因为，首先它能够吸收波长低于 290 nm 的紫外光，阻挡了高能量的太阳辐射到达地面，而保护了地球生命系统。另外臭氧吸收了 200 ~ 300 nm 的阳光紫外辐射而使平流层得以加热，臭氧是其主要的热源，因此，臭氧在平流层的垂直分布对平流层的温度结构和大气运动起决定性的作用。

平流层臭氧损耗的理论涉及大气运动和太阳辐射的季节变化等大气物理因素，涉及火山爆发等自然现象，也涉及多种化学物质的多个化学、光化学反应，许多问题至今仍有争议。本节仅介绍与环境化学有关的问题，通过十多年来的研究，人们认识到平流层大气中的一些微量成分，如含氯、含氢自由基与氮氧化物等对平流层臭氧的分解具有催化作用，而人类的某些活动能直接或间接地向平流层提供这些物质，致使平流层臭氧浓度的稳定性受到威胁。

一、平流层化学

（一）发展概况

平流层中发生的化学过程实际上都与光化学有关。平流层化学与对流层化学不同之处在于两者发生的条件显著不同：在平流层，有波长低于 290 nm 直到 180 nm 的太阳辐射射入，并被 O_2 和 O_3 分子吸收，因此，平流层温度随高度而上升，其温度的范围在 210 ~ 275 k 之间。平流层的气压很低，为 133 ~ 1 332 Pa。

1930 年，Chapman 提出了平流层臭氧生成的光化学模型，它在三十多年的时间里起了重要作用。20 世纪 60 年代由于超音速飞机的出现，平流层大气直接受到飞机排放的水蒸气、氮氧化物等物质的污染，Hampscm 等人提出了含氢自由基与臭氧反应的机理以及水蒸气损耗平流层臭氧的可能性，对 Chapman 机理进行了修正。之后 Crutzen 提出了氮氧化物分解臭氧的催化机理，开创了氮氧化物污染臭氧层的研究。1974 年 Molina 和 Rowland 提出，被广泛用作制冷剂和喷雾剂的氟利昂（如 $CFCl_3$、CF_2Cl_2 等卤代烃），在高平流层中被光解产生氯自由基而导致臭氧的损耗。1977 年以后一些关键性的自由基，如 OH、HO_2、NO、NO_2、Cl 和 ClO 都先后在平流层被观测到，大大推动了平流层光化学反应机理的研究。

（二）主要成分的基本光化学过程

1. O_x 的基本光化学过程

在平流层中氧类（$O_x = O_2$，O，O_3）物质在太阳辐射的作用下，进行着各种光化学反应。1930 年，Chapman 对它们之间的相互转化做了定量处理，提出了下列反应：

$$O_2 + h\nu (\lambda \leqslant 220\text{nm}) \longrightarrow 2O \tag{5-63}$$

$$O + O_2 \xrightarrow{\text{M}} O_3 \tag{5-64}$$

$$O + O_3 \longrightarrow 2O_2 \tag{5-65}$$

$$O_3 + h\nu \longrightarrow O + O_2 \tag{5-66}$$

2. 卤代烃

平流层中的卤代烃主要有 CH_3Cl 和氟利昂。CH_3Cl 是海洋生物产生的，在对流层中大部分被 OH 自由基分解，生成可溶性氯化物后又被降水清除，小部分 CH_3Cl 则进入平流层。CH_3Cl 能吸收紫外线，放出 Cl：

$$CH_3Cl + h\nu \longrightarrow Cl + CH_3 \tag{5-67}$$

人类活动产生的氟利昂，由于化学性质稳定，在对流层难以光解，因此可以进入平流层而发生与上式相同的光解：

$$CF_2Cl_2 + h\nu \longrightarrow CF_2Cl + Cl \tag{5-68}$$

$$CFCl_3 + h\nu \longrightarrow CFCl_2 + Cl \tag{5-69}$$

上述反应产生的原子氯量很少，但生成的 Cl 可进行下列催化反应：

$$Cl + O_3 \longrightarrow ClO + O_2$$
$$\underline{ClO + O \longrightarrow Cl + O_2}$$
$$\text{净反应 } O + O_3 \longrightarrow O_2 + O_2 \tag{5-70}$$

从上述反应可知，平流层中存在着一些微量成分，能使 O 与 O_3 转换成 O_2，使臭氧破坏，而本身只起催化剂的作用。已知的物种有 NO_x（NO、NO_2）、HO_x（H、OH 和 HO_2）、ClO_x（Cl、ClO）。这些直接参加破坏臭氧的催化循环的物种被称为活性物种或催化性物种。NO_x、HO_x 和 ClO_x 有时也被称为奇氮、奇氢和奇氯。这些活性物种在平流层的浓度虽然仅为 ppb 量级，但是由于它们以循环方式进行反应，往往一个活性分子将导致上百、上千、乃至上万个 O_3 的破坏，因此影响很大。

活性物种 NO_x、HO_x、ClO_x，如果直接产生在对流层地表，它们能通过与其他物种间的相互作用而转化为稳定的（或化学惰性的）分子（如气态硝酸 HNO_3、气态氯化氢 HCl 等），并能很快被降水清除，因此，近地面释放出来的 HO_x、NO_x、ClO_x 不会危及平流层。但是，如果这些催化性物种是由各种不溶于水且寿命长的分子〔如 CH_3Cl、N_2O、$CFCl_3$（CFC–11）、CF_2Cl_2（CFC–12）和甲烷 CH_4 等〕输送进入平流层后再释放出来，NO_x、HO_x、ClO_x 就会起催化清除 O_3 的作用。

3. NO_x

平流层中对臭氧有影响的 NO_x 主要是 NO 和 NO_2。

NO 的主要天然源是 N_2O 的氧化：

$$N_2O + O(^1D) \longrightarrow 2NO \tag{5-71}$$

N_2O 则由地表产生，大气中不存在主要的 N_2O 的化学或光化学来源，由于 N_2O 不溶于水，故在对流层中基本上是惰性的，可以扩散进入对流层。另外还可发生下面的反应：

$$N_2O + O(^1D) \longrightarrow N_2 + O_2 \tag{5-72}$$

此外，超音速和亚音速飞机排放的 NO_x 也是平流层 NO、NO_2 的一个来源。

平流层中 NO_2 易发生光解：

$$NO_2 + h\nu \longrightarrow NO + O \tag{5-73}$$

（三）臭氧损耗

近年来已得到不少数据，表明大气正在发生全球尺度的变化，大气中 N_2O、CO、CH_4、CO_2、$CCl4$、$CH3CCl3$ 和 CFCs（CFC-11、CFC-12、CFC-113）的浓度都在增加，这些现象部分地反映了生物圈新陈代谢的变化，更主要的是由于人类活动的影响。上述气体的变化直接或间接地影响到对流层和平流层的化学及全球气候。

从上述的讨论可知 CFCs、N_2O 和 CH_4 的变化会直接影响平流层 O_3，因为它们在平流层中是奇氯、奇氮和奇氢活性物种的主要来源，而活性物种又控制了平流层 O_3 的分布。

前面的讨论指出，由 $CH3Cl$ 产生的 Cl 原子的量极微，因而对 O_3 的破坏是很小的。但上述人造化合物（氯氟烃）在平流层中的光化学反应可使 Cl 浓度大大增加，从而加快了臭氧的破坏反应。在平流层催化反应中 1 个氯原子可以和 10 五个 O_3 分子发生链反应，因此，即使排入大气进入平流层的 CFCs 量极微，也能导致臭氧层的破坏。

CH_4 能通过将原子氯转化成非活性形式 HCl 而降低 Cl 的催化效率。CO_2 能改变平流层的温度结构，从而影响 O_3 生成和消耗的反应速度。CO 和 CH_4 在控制对流层 O_3 和 OH 浓度上起主要作用；而 OH 则控制含氢气体（如 CH_4、$CH3Cl$、$CH3CCl3$）在对流层的光化学寿命，从而控制了它们进入平流层的通量。

$N2O$ 是平流层臭氧损耗的重要氮氧化物，但目前对 $N2O$ 源与汇的认识尚不充分，因此其造成的影响难以做出定量估计。关于超音速飞机排放的 NOx 对 O_3 浓度的影响目前仍有争议。

二、南极"臭氧洞"形成的化学机制

自从英国南极考察站的科学家 Farmen 等人于 1985 年报道南极每年早春期间总臭氧减弱大于 30% 以来，多来的研究已经证明，南极春季（9、10 月份）期间，一个"臭氧洞"（0-zone hole）正覆盖着南极大陆的大部分地区。1986 年、1987 年在南极地区的观测说明了"臭氧洞"依然存在，且总臭氧仍在继续减少。

由于目前尚缺乏在南极地区存在的各种微量组分的数据，要想彻底地解释南极出现臭氧空洞的现象还不可能。现在归纳起来，对南极臭氧空洞的成因，至少有四种推测：人为影响——人类活动产生的氯化物进入了大气层，与太阳活动周期有关的自然现象，当地天气动力学过程以及火山活动等。

第四节　水生系统中的光化学过程

地表水占据了地球表面约 70% 的面积，水中含有各种天然和人工化合物，波长大于 290 nm 的太阳辐射可到达地球表面。当地表水暴露于太阳辐射时，在其透光层中，阳光可引发各种光化学反应，这对水中各种天然和人工化合物的迁移转化以及对水生生物都会产生影响。长时间以来，这一领域的研究实际上没有受到重视，通过多年的努力，人们对天然水的光化学反应有了较多的了解，但是，相对于大气光化学还是少得多，许多问题还有待研究。

环境水生系统光化学或天然水光化学，主要研究淡水（湖泊、河流）和海洋（海湾、海、洋）中阳光引发的光化学反应及其对化合物在天然水中的迁移、转化、归宿以及对水生生物和水生生态系统的影响。

一、水生系统中活性物质生成的光化学过程

淡水系统和海水系统的化学组成和物理性质等对在其中发生的光化学过程有很大影响，这两个系统既有显著的相似性，也存在重要的差别。

两个系统都含有大量具生色团而且是未鉴定的有机物，这些有机物都与初级光化学过程和能量的转化有关；在这两个系统中，氧和水合电子是普遍存在的，并参与了次级光化学反应；在这两个系统中都存在有机和无机自由基参与的各种反应；污染物的直接光解比低分子量、已知结构的天然物的直接光解易发生。

（一）活性物质生成的光化学过程

天然地表水中，存在着许多天然的化合物和人工合成的化学品，太阳光可使这些化合物发生初级光化学过程，生成各种活性物质，从而引发各种光化学次级过程。

1. 水合电子（e_{aq}^-）生成的光化学过程

20世纪60年代，许多学者研究发现含有可溶性有机化合物的水溶液，在光的作用下可生成水合电子。1963年，Grossweiner等人和Swenson等人在同一期Science杂志发表了他们研究水溶液中水合电子光化学生成的结果。同年，Jortner等人研究了含酚水溶液的光化学行为，他们用一些特殊的清除剂获得了瞬间溶剂化电子生成的化学证据。1965年，Dobson等人用闪光光解技术研究了酚和甲酚水溶液的光化学现象，得到了这些水溶液的闪光光谱，他们认为在400 nm附近的一系列吸收带是酚氧自由基的吸收产生的，而可见区的宽吸收带则是水合电子产生的，这一结果进一步证实了水合电子的存在。1977年，Zafiriou等人指出，海水中溶解的无机及有机化合物在太阳光的作用下能生成水合电子：

$$Fe^{2+} + h\nu \longrightarrow Fe^{3+} + e_{aq}^- \qquad (5\text{--}74)$$

$$I^- + h\nu \longrightarrow I + e_{aq}^- \qquad (5\text{--}75)$$

$$有机色素 + h\nu \longrightarrow （色素）^* + e_{aq}^- \qquad (5\text{--}76)$$

$$酚类物质 + h\nu \longrightarrow 酚类自由基 + e_{aq}^- \qquad (5\text{--}77)$$

水中溶解有机质在阳光的作用下生成水合电子（e_{aq}^-）有两个过程：

（1）单光子过程

$$DOM + h\nu \longrightarrow DOM^* \qquad (5\text{--}78)$$

$$DOM^* \longrightarrow \overline{DOM^{\cdot+} + e^-} \qquad (5\text{--}79)$$

$$\overline{DOM^{\cdot+} + e^-} \longrightarrow DOM' \qquad (5\text{--}80)$$

$$\overline{DOM^{\cdot+} + e^-} \rightarrow DOM^{\cdot+} + e_{aq}^- \qquad (5\text{--}81)$$

（2）双光子过程

$$DOM^* + h\nu \longrightarrow DOM^{\cdot+} + e_{aq}^- \qquad (5\text{--}82)$$

式中：DOM为溶解有机质；DOM^*为溶解有机质激发态；DOM'为复合产物。天然水中发生的许多反应都涉及水合电子：

$$e^- + H_3O_{aq}^+ \longrightarrow H^+ + H_2O \qquad (5\text{--}82)$$

$$e_{aq}^- + H_2O \longrightarrow H^+ + HO_{aq}^- \qquad (5\text{--}83)$$

$$e_{aq}^- + H\cdot \xrightarrow{H_2O} H_2 + HO_{aq}^- \qquad (5\text{--}84)$$

$$e_{aq}^- + O_2 \longrightarrow O_2^- \xrightarrow{H^+} HO_2 \qquad (5\text{--}85)$$

$$e_{aq}^- + ClCH_2CH_2OH \longrightarrow Cl^- + CH_2CH_2OH \qquad (5\text{--}86)$$

$$e^- + N_2O \longrightarrow N_2 + O^- \qquad (5\text{--}87)$$

$$2e^- + 2O_2 \longrightarrow 2O_2^- \xrightarrow{\ 2H^+\ } H_2O_2 + O_2 \qquad (5\text{-}88)$$

2. $^1O_2$ 生成的光化学过程

溶解氧在天然水中是普遍存在的。1977 年，Zepp 等人研究发现，天然水在阳光的照射下有单线态氧生成。这是因为水中一些物质（用 S 表示）吸光后变为激发态单线态，然后与水中氧作用生成单线态氧，其生成可以用下列反应表示：

$$S + h\nu \longrightarrow {}^1S \qquad (5\text{-}89)$$
$$^1S \longrightarrow S + h\nu' \qquad (5\text{-}90)$$
$$^1S \longrightarrow S \qquad (5\text{-}91)$$
$$^1S \longrightarrow {}^3S \qquad (5\text{-}92)$$
$$^1S \longrightarrow {}^3S \qquad (5\text{-}93)$$
$$^3S \longrightarrow S + h\nu'' \qquad (5\text{-}94)$$
$$^3S \longrightarrow S \qquad (5\text{-}95)$$
$$^3S + O_2 \longrightarrow S + {}^1O_2 \qquad (5\text{-}96)$$

二、天然水中化合物的直接光解

天然水中的化合物（天然或人工）的直接光解是其转化的一个重要途径。

1. 水体对光的衰减

当阳光射到水体表面，一部分以入射角（z）相等的角度反射回大气，从而减少光在水体中的可利用性，进入水体的光穿射到较深的时候，光被吸收并且被颗粒物、可溶性物质和水本身散射，因而进入水体后折射而改变方向。

光程 L 是光在水体内所走的距离，直射光程 L_d 等于 $D\sec\theta$，D 为水体深度，θ 为折射角。入射角 z（又称天顶角）与 θ 的关系为 $n = \sin z / \sin\theta$，n 为折射率。对于大气与水，$n = 1.34$。天顶角增加，折射角也增加。来自接近于水平（例如 $z > 85°$）的光束将会强烈地弯曲。天空散射光程 L_s 等于 $2Dn\left(n - \sqrt{n^2 - 1}\right)$。令 $n = 1.34$，计算出 L_s 为 $1.20D$，考虑到反射，光程为 $1.19D$。以上讨论的是外来光强的情况，下面将讨论水体对光的吸收作用。

2. 水体对光的吸收率

任何一个天然水体，都不是纯水，含有各种无机物质和有机物质，特别是淡水变化更大，但是对每一个具体水体其吸收率是基本不变的。在一完全混匀的水体，某一波长 λ

的平均光解速率 $\left(-\dfrac{\mathrm{d}[P]}{\mathrm{d}t}\right)_\lambda$ 正比于单位体积内污染物的吸光速率。单位时间内被吸收的光

量 I_λ 由 Beer–Lambert 定律决定，因此对于水体的光吸收可表示为

$$I_\lambda = I_{0\lambda}\left(1-10_{\lambda l}^{-a}\right) \tag{5-97}$$

式中：α_λ 为水体十进制吸收系数；$I_{0\lambda}$ 为入射光源；l 为光程。

对于水体的吸收，必须考虑太阳的直接辐射和天空辐射。那么，在水深 D 处的平均

吸收 $I_{\alpha\lambda}$ 变为

$$I_{\alpha\lambda} = \frac{I_{\mathrm{d}\lambda}\left(1-10^{-\alpha\lambda_{\mathrm{d}}}\right)+I_{\mathrm{s}\lambda}\left(1-10^{-\alpha\lambda_{\mathrm{s}}}\right)}{D} \tag{5-98}$$

式中：l_{d} 为直接辐射光程；l_{s} 为天空辐射光程。

当污染物进入水体后，吸收系数由 α_λ 变为 $\left(\alpha_\lambda+\varepsilon_\lambda[P]\right)$。式中 ε_λ 为摩尔吸收系数，$[P]$ 为污染物浓度。光被污染物吸收的部分则为 $\varepsilon_\lambda[P]/\left(\alpha_\lambda+\varepsilon_\lambda[P]\right)$。由于污染物在水中浓度很低，因此 $c\left(\alpha_\lambda+\varepsilon_\lambda[P]\right)\cong\alpha_\lambda$，那么，污染物的平均吸收 $I'_{\alpha\lambda}$ 与体系的吸收 $I_{\alpha\lambda}$ 有如下关系：

$$I'_{\alpha\lambda} = I_{\alpha\lambda}\cdot\frac{\varepsilon_\lambda[P]}{j\cdot\alpha\lambda} \tag{5-99}$$

$$I'_{\alpha\lambda} = K_{\alpha\lambda}\cdot[P] \tag{5-100}$$

式中：$K_{\alpha\lambda}=\left(I\alpha_\lambda\cdot\varepsilon_\lambda\right)/j\alpha_\lambda$；$j$ 为光强单位转化为与 $[P]$ 单位相适应的常数。例如 $[P]$ 以 $\mathrm{mol\cdot L^{-1}}$ 和光强以光子·厘米$^{-2}$·秒$^{-1}$ 表示时，j 等于 6.02×10^{-20}。

第六章　环境介质中的化学平衡

第一节　环境介质中的酸碱平衡

天然水中的酸碱平衡对天然水的 pH 值、其他化学过程都有较大的影响。本节主要讨论碳酸盐、SO_2、HNO_3、NH_3 等物质的酸碱平衡。

一、天然水中的碳酸盐平衡及 pH 值的影响

1. 碳酸盐平衡

碳酸盐平衡是天然水中主要的酸碱平衡之一，这是因为大气中含有 CO_2，在几乎所有的天然水中都存在一定浓度的 CO_2（液）、H_2CO_3、HCO_3^-、HCO_3^{2-}；在水和生物之间的生物化学交换中，CO_2 占有独特的地位；溶解的不同形态的碳酸盐与岩石圈和大气圈进行多相的酸碱反应。因此，这一平衡对于天然水化学有重要的影响。

当 CO_2 溶解于水时，实际上包含两步：

$$CO_2（气）\rightleftharpoons CO_2（液） \tag{6-1}$$

$$CO_2（液）+ H_2O \rightleftharpoons H_2CO_3 \tag{6-2}$$

组分 CO_2（液）与 H_2CO_3 通常是无区别的，所以有

$$CO_2（气）+ H_2O \rightleftharpoons H_2CO_3^* \tag{6-3}$$

$$\left[H_2CO_3^*\right] = \left[CO_2（液）\right] + \left[H_2CO_3\right]$$

另外，我们还知道有下列平衡：

$$H_2CO_3^* \rightleftharpoons H^+ + HCO_3^- \tag{6-4}$$

$$HCO_3^- \rightleftharpoons H^+ + CO_3^{2-} \tag{6-5}$$

式（6-3）、式（6-4）、式（6-5）的平衡常数可表示为：

$$K_H = \frac{\left[H_2CO_3^*\right]}{P_{CO_2}} \tag{6-6}$$

$$K_1 = \frac{\left[H^+\right]\left[HCO_3^-\right]}{\left[H_2CO_3^*\right]} \tag{6-7}$$

$$K_2 = \frac{\left[H^+\right]\left[CO_3^{2-}\right]}{\left[HCO_3^-\right]} \tag{6-8}$$

式中：K_H，K_1，K_2 为平衡常数；P_{CO_2} 为 CO_2 的分压。

由式（6-7）和（6-8）可知，$\left[HCO_3^-\right]$、$\left[CO_3^{2-}\right]$ 与 $\left[H^+\right]$ 成反比。计算表明，当 pH < 4 时，水中的 HCO_3^- 的含量就非常少了，在一般的河水与湖泊水中，HCO_3^- 的含量不超过 250 mg·L^{-1}。地下水的含量略高，一般为 50 ~ 400 mg·L^{-1}，少数的可高达 800 mg·L^{-1}。当 pH < 8.3 时，CO_3^{2-} 的含量可以忽略不计。

如果水中的总碳酸盐量以 c_T 表示，则

$$c_T = \left[H_2CO_3^*\right] + \left[HCO_3^-\right] + \left[CO_3^{2-}\right]$$

若 c_T 一定，在体系达到平衡时，三种碳酸盐有固定的比例，这种比例通常用 α_x 表示：

$$\alpha_0 = \frac{\left[H_2CO_3^*\right]}{\left[H_2CO_3^*\right] + \left[HCO_3^-\right] + \left[CO_3^{2-}\right]} \tag{6-9}$$

$$\alpha_1 = \frac{\left[HCO_3^-\right]}{\left[H_2CO_3^*\right] + \left[HCO_3^-\right] + \left[CO_3^{2-}\right]} \tag{6-10}$$

$$\alpha_2 = \frac{\left[CO_3^{2-}\right]}{\left[H_2CO_3^*\right] + \left[HCO_3^-\right] + \left[CO_3^{2-}\right]} \tag{6-11}$$

式中：a_0，a_1，a_2 分别代表 H_2CO_3、HCO_3^-、CO_3^{2-} 的分布系数（或摩尔分数）。把式（6-7）和式（6-8），代入上述各式则有

$$\alpha_0 = \frac{\left[H^+\right]^2}{\left[H^+\right]^2 + K_1\left[H^+\right] + K_1K_2} \tag{6-12}$$

$$\alpha_1 = \frac{K_1\left[H^+\right]}{\left[H^+\right]^2 + K_1\left[H^+\right] + K_1 K_2} \tag{6-13}$$

$$\alpha_2 = \frac{K_1 K_2}{\left[H^+\right]^2 + K_1\left[H^+\right] + K_1 K_2} \tag{6-14}$$

那么，各组分的浓度可表示为

$$\left[H_2 CO_3^*\right] = \frac{\left[H^+\right]^2}{\left[H^+\right]^2 + K_1\left[H^+\right] + K_1 K_2} c_T \tag{6-15}$$

$$\left[HCO_3^-\right] = \frac{K_1\left[H^+\right]}{\left[H^+\right]^2 + K_1\left[H^+\right] + K_1 K_2} c_T \tag{6-16}$$

$$\left[CO_3^{2-}\right] = \frac{K_1 K_2}{\left[H^+\right]^2 + K_1\left[H^+\right] + K_1 K_2} c_T \tag{6-17}$$

应注意，上面所讨论的是假定体系与大气没有 CO_2 交换，即为封闭体系。在实际情况中，天然水中的碳酸盐体系是一开放体系，它与大气中分压恒定的 CO_2 有交换。如果 P_{CO_2}（气）为常数，则在气体-溶液交换速率所允许的时间比例内，可认为 $\left[H_2 CO_3^*\right]$ 也是常数。在此体系内，各组分的浓度可表示为

$$\left[H_2 CO_3^*\right] = p_{CO_2} K_H \tag{6-18}$$

$$\left[HCO_3^-\right] = p_{CO_2} K_H \frac{K_1}{\left[H^+\right]} \tag{6-19}$$

$$\left[CO_3^{2-}\right] = p_{CO_2} K_H \frac{K_1 K_2}{\left[H^+\right]^2} \tag{6-20}$$

从上述各式可知，在开放系统中，各组分的浓度与 CO_2 的分压、溶液的 pH 值有关。当 CO_2 溶于天然水时，还可使难溶的碳酸盐溶解：

$$CaCO_3（固）+ CO_2（液）+ H_2O \rightleftharpoons Ca^{2+} + 2HCO_3^-$$

$$CaMg(CO_3)_2（固）+ 2CO_2（液）+ 2H_2O \rightleftharpoons Ca^{2+} + Mg^{2+} + 4HCO_3^-$$

由上式可知，与 HCO_3^- 处于平衡时的 CO_2（液）称为平衡 CO_2，如果水中的 CO_2 含量

大于平衡 CO_2 的含量，平衡右移，即多余的 CO_2 将陆续溶解碳酸盐。反之，平衡左移，碳酸盐析出，平衡反应说明水中碳酸盐的溶解度随水中 CO_2 的含量而变化。

（二）雨水的 pH 值

在雨水中，如果只考虑 CO_2 的溶解，其氢离子浓度决定于 CO_2、HCO_3^-、CO_3^{2-} 之间的比例，即碳酸盐平衡。此时，碳酸以三种化学形态存在：游离碳酸，包括溶解的 CO_2 和未离解的 H_2CO_3，常来以 $H_2CO_3^*$ 表示，$[H_2CO_3^*]=[CO_2（液）]+[H_2CO_3]$；重碳酸根（$HCO_3^-$）；碳酸根（$CO_3^{2-}$）前面已讨论，$CO_2$ 溶于水的过程可以写成：

$$CO_2（气）+H_2O \rightleftharpoons H_2CO_3^*$$

平衡时，CO_2 形态占最重要的地位，H_2CO_3 形态只占游离碳酸的 1% 以下。例如，在 25℃ 以下，$[H_2CO_3]/[CO_2]=0.0037$，因此用水中溶解性气体 CO_2 的含量来代表 $H_2CO_3^*$ 的含量不至于引起很大的误差。由式（6-7）知：

$$K_1=\frac{[H^+][HCO_3^{-1}]}{[H_2CO_3^*]}$$

根据一元弱酸 $[H^+]$ 浓度计算的近似公式：

$$[H^+]=\sqrt{c \cdot K_1}=\sqrt{[H_2CO_3^*] \cdot K_1}$$

又因为：

$$K_H=\frac{[H_2CO_3^*]}{P_{CO_2}}$$

所以可得

$$[H^+]=\sqrt{K_1 \cdot K_H \cdot p_{CO_2}}$$

二、大气液相中 SO_2 的平衡

大气中 SO_2 的浓度处于 0.2 ~ 200 ppb 范围。SO_2 是影响降水酸度的主要酸性气体之一，它在气相和液相中的化学转化是使降水 PH 值降低的重要过程。SO_2 在液相中的平衡是其在液相中氧化的基础，本节将讨论 SO_2 在大气液相中的酸碱平衡。

（一）气、液吸收平衡

SO₂ 和 NO₂ 等气体由气态转入水相主要是通过气体在溶液中的吸收（溶解）平衡。吸收平衡是指液体吸收气体至饱和，吸收平衡遵从亨利定律。

（二）SO₂ 的溶解平衡

大气中 SO_2 气体浓度范围为 $0.2 \sim 200\ ppb$，设 SO_2 气体与液相达到平衡，则

$$SO_2(g) + H_2O \rightleftharpoons SO_2 \cdot H_2O \quad K_H = \frac{[SO_2 \cdot H_2O]}{p_{SO_2}} \tag{6-21}$$

$$SO_2 \cdot H_2O \rightleftharpoons H^+ + HSO_3^- \quad K_{a1} = \frac{[H^+][HSO_3^-]}{[SO_2 \cdot H_2O]} \tag{6-22}$$

$$HSO_3^- \rightleftharpoons H^+ + SO_3^{2-} \quad K_{a2} = \frac{[H^+][SO_3^{2-}]}{[HSO_3^-]} \tag{6-23}$$

根据上述各化学平衡可得 $[SO_2 \cdot H_2O]$、$\left[HSO_3^-\right]$、$\left[SO_3^{2-}\right]$，代入下面溶解的总硫 $[S(IV)]$ 的表达式：$[S(IV)] = [SO_2 \cdot H_2O] + \left[HSO_3^-\right] + \left[SO_3^{2-}\right]$ 得

$$[S(IV)] = [SO_2 \cdot H_2O]\left(1 + \frac{K_{a1}}{[H^+]} + \frac{K_{a1}K_{a2}}{[H^+]^2}\right) \tag{6-24}$$

亨利定律只适用于气液同形态分子，上式可变为

$$[S(IV)] = K_H\left(1 + \frac{K_{a1}}{[H^+]} + \frac{K_{a1}K_{a2}}{[H^+]^2}\right)p_{SO_2}$$

根据式（6-21）~ 式（6-24），可以得出 $SO_2 \cdot H_2O$、HSO_3^- 和 SO_3^{2-} 三种形态的分布系数

$$\alpha_0\left(SO_2 \cdot H_2O\right) = \frac{[SO_2 \cdot H_2O]}{[S(IV)]} = \frac{\left[H^+\right]^2}{\left[H^+\right]^2 + K_{a1}\left[H^+\right] + K_{a1}K_{a2}}$$

$$\alpha_1\left(HSO_3^-\right) = \frac{\left[HSO_3^-\right]}{[S(IV)]} = \frac{K_{a1}\left(H^+\right)}{\left[H^+\right]^2 + K_{a1}\left(H^+\right) + K_{a1}K_{a2}}$$

$$\alpha_2\left(SO_3^{2-}\right) = \frac{\left[SO_3^{2-}\right]}{[S(IV)]} = \frac{K_{a1}K_{a2}}{\left[H^+\right]^2 + K_{a1}\left(H^+\right) + K_{a1}K_{a2}}$$

（三）含醛和 $Fe3^+$ 水溶液中 S（IV）的平衡

前面所讨论的 S（IV）的平衡可用于纯水和早期用于大气水滴 S（IV）浓度的计算，但是在 20 世纪 80 年代中后期的研究发现，在城市地区大气雾和云水滴中 S（IV）的浓度远远超过用上述平衡计算的浓度。这是因为，大气中水滴的水不是纯水，通常含有甲醛和 Fe^{3+}，这些物质也与 HSO_3^- 和 SO_3^{2-} 建立了平衡。例如：

$$\begin{array}{c} H \\ \diagdown \\ C=O \\ \diagup \\ H \end{array} + HSO_3^- \rightleftharpoons \begin{array}{c} OH \\ | \\ H-C-SO_3^- \\ | \\ H \end{array}$$

$$\begin{array}{c} H \\ \diagdown \\ C=O \\ \diagup \\ H \end{array} + SO_3^{2-} \rightleftharpoons \begin{array}{c} O^- \\ | \\ H-C-SO_3^- \\ | \\ H \end{array}$$

这表明这些物质参与了酸碱平衡，使液相中 S（IV）增高。

三、含氮无机物的酸碱平衡

（一）NH_3/水平衡

NH_3 被水吸收后会产生如下平衡：

$$NH_3(g) + H_2O \rightleftharpoons NH_3 \cdot H_2O \quad K_H = \frac{[NH_3 \cdot H_2O]}{P_{NH_3}}$$

$$NH_3 \cdot H_2O \rightleftharpoons OH^- + NH_4^+ \quad K_b = \frac{\left[NH_4^+\right]\left[OH^-\right]}{[NH_3 \cdot H_2O]}$$

根据上述的平衡可得到铵离子浓度的表达式：

$$\left[NH_4^+\right] = \frac{K_b[NH_3 \cdot H_2O]}{\left[OH^-\right]} = \frac{K_H K_b p_{NH_3}\left[H^+\right]}{K_w}$$

如果 NH_3 比与 CO_2 都存在，根据电中性原则有：

$$\left[H^+\right]+\left[NH_4^+\right]=\left[OH^-\right]+\left[HCO_3^-\right]+2\left[CO_3^{2-}\right]$$

在给定条件下，可计算出大气水滴的 pH 值。如大气气相 CO_2、NH_3 的浓度分别为 330 ppm 和 0.004 ppm，在 283 K 时，$K_{H(NH_3)}=1.24\times10^{-3}\,mol\cdot L^{-1}\cdot Pa^{-1}$，$K_{al}=1.6\times10^{-5}$，溶液的 pH 值为 7.0。

（二）氮氧化物在水中的平衡

氮氧化物在大气水相中的平衡较复杂，首先是吸收平衡，其浓度由亨利定律常数控制：

$$NO(g)\rightleftharpoons NO（液）$$

$$NO_2(g)\rightleftharpoons NO_2（液）$$

溶解的 NO、NO_2 相互结合产生新的平衡：

$$2NO_2(液)\rightleftharpoons N_2O_4（液）$$

$$NO(液)+NO_2（液）\rightleftharpoons N_2O_3（液）$$

然后通过下面的平衡生成亚硝酸根和硝酸根离子：

$$N_2O_4(液)+H_2O\rightleftharpoons 2H^++NO_2^-+NO_3^-$$

$$N_2O_3(液)+H_2O\rightleftharpoons 2H^++2NO_2^-$$

对于 NO–NO_2 体系，上面 6 个平衡可以简化为下面两个平衡：

$$2NO_2(g)+H_2O\rightleftharpoons 2H^++NO_2^-+NO_3^-$$

$$NO(g)+NO_2(g)+H_2O\rightleftharpoons 2H^++2NO_2^-$$

HNO_3 和 HNO_2 在水中发生离解平衡。在体系中硝酸根离子与亚硝酸根离子的比值由下式给出：

$$\frac{\left[NO_3^-\right]}{\left[NO_2^-\right]}=\frac{P_{NO_2}K_1}{p_{NO}K_2}$$

在 298 K 时，$K_1/K_2=0.74\times10^7$。如果 P_{NO_2}/p_{NO} 大于 10^{-5}，$\left[NO_3^-\right]\gg\left[NO_2^-\right]$，硝酸根离子应是溶解的氮氧化物在平衡时的优势形态，进而可根据电中性原理：

$$\left[H^+\right]=\left[OH^-\right]+\left[NO_2^-\right]+\left[NO_3^-\right]$$

$$\left[H^+ \right] = \left[OH^- \right] + \left[NO_2^- \right] + \left[NO_3^- \right]$$

可认为 $\left[H^+ \right] \approx \left[NO_3^- \right]$。

硝酸和亚硝酸的浓度与 NO 和 NO_2 的分压有关，并从 K_{n3} 和 K_{n4} 可以看出，对于大气水滴的大部分条件，HNO_3 是完全离解的，溶解的硝酸浓度应等于 $\left[NO_3^- \right]$，因 $\left[H^+ \right] \approx \left[NO_3^- \right]$，所以硝酸根离子的浓度由下式给出

$$\left[NO_3^- \right] = \left[\frac{K_1^2 p_{NO_2}^3}{K_2 p_{NO}} \right]^{1/4}$$

HNO_2 的酸性比 HNO_3 的弱，但 $pH \approx 6$ 时，它也完全离解。如果 $pH < 4.5$ 时，必须计及 HNO_2 的离解平衡，溶解的亚硝酸的浓度应等于 $\left[NO_2 \right]$ 和 $\left[HNO_2（液）\right]$ 之和。

第二节　环境介质中的氧化还原平衡

氧化与还原反应是自然环境中普遍存在的现象，是大气圈、水圈、岩石圈和生物圈中发生的诸多化学过程之一，它对化学物质在环境中迁移、转化、归宿及其存在形态都有重要的影响。

一、氧化还原平衡

自然环境中大部分的无机物质如风化壳、土壤和沉积物中的矿物质主要为氧化态。就是说它们之中元素的存在形式大都为氧化态。当然，地表的无机物质中也有某些元素以还原态存在，但总的来说，处于还原态的种类是不多的。

自然界的有机物质（动、植物残体及其分解产物）为还原态。自然环境中的有机物质主要来自绿色植物，其生成借助于光合作用。光合作用释放出氧，加入了氢，所以为一还原过程，它决定了有机物质以还原态存在。

（一）氧化剂与还原剂及其在环境中的作用

在自然环境中，最重要的氧化剂是在三个无机圈中的游离氧。其次是 Fe（Ⅲ）、Mn（Ⅳ）、S（Ⅵ）、Cr（Ⅵ）、Mo（Ⅵ）和 N（Ⅴ）、V（Ⅴ）、As（Ⅴ）。

自然环境中最主要的还原剂是 Fe（Ⅱ）、S（Ⅱ）、有机化合物、Mn（Ⅱ）、Cr（Ⅲ）、V（Ⅲ）。

氧是组成地壳的最主要成分，占地壳总重量的 47%。它以化合态存在于岩石圈的氧

化物、含氧酸盐和水中，以游离态存在于大气圈和地表水中。氧参与了地表绝大部分物质的氧化还原反应。在环境化学中，通常根据是否存在游离氧，把环境分为氧化环境与还原环境。

氧化环境：大气圈、土壤和水体中含游离氧的部分。

还原环境：不含游离氧或含氧极少部分称为还原环境（如富含有机质的沼泽水、地下水、海洋深处）。

有机质是主要的还原剂之一，而其分解过程是一个氧化过程。在氧化环境下（好氧环境），有机质的最终分解产物是 CO_2、H_2O 等氧化态产物。在还原环境下（如厌氧环境），有机质的最终产物为 H_2、H_2S、CH_4 等还原态产物。

铁和锰是环境中最重要的氧化剂和还原剂，它们除自身积极参与各种氧化还原反应外，对其他物质的氧化还原作用的进行还起较大的作用。如在土壤中的有机质，只有大气中的氧能扩散到这些物质中，同时存在 Fe、Mn，才能被微生物很快氧化为最终产物。另外，Fe 与 Mn 在植物中的比例对维持其氧化还原平衡有很大的影响，比例不当，对植物的生长不利。研究结果表明，Fe 与 Mn 的比例应保持在 1.5 ~ 2.5 之间，Mn 的含量不足，则亚铁部分过高；而 Mn 含量过多，则 Fe 就会永远处于氧化状态，破坏了植物正常生长所需的氧化还原平衡。

（二）氧化还原电位

元素的氧化还原能力通常以氧化还原电位表示。在一个氧化还原反应中，常用氧化还原电位来表示氧化剂的氧化能力，此数值越大，氧化剂的强度也越大。氧化还原电位可由 Nemst 公式计算：

$$氧化态 + ne \rightleftharpoons 还原态$$

$$E_h = E_0 + \frac{RT}{nF}\ln\frac{[氧化态]}{[还原态]}$$

式中：E_h 为某一体系的氧化还原电位；[氧化态] 为物质氧化态的浓度；[还原态] 为物质还原态的浓度；为气体常数（8.313 J/mol·K）；T 为温度（K）；F 为法拉第常数 96 500 库仑；n 为得或失电子数；E_0 为标准电位。

如果温度为 25℃时，并换为常用对数，则有

$$E_h = E_0 + \frac{0.059}{n}\lg\frac{[氧化态]}{[还原态]} \tag{6-25}$$

（三）决定电位体系

以上所述的是指一个体系而言，如果溶液中不止存在一个氧化还原反应，则混合体系的氧化还原电位在各个体系电位的数值之间，而且接近电位高体系的氧化还原电位。在混合体系中，电位较高的体系称为"决定电位"体系。

自然环境是一个由许多无机和有机的单一系统组成的复杂的氧化还原系统。在一般环境中，系统的氧化还原电位决定于天然水、土壤和底泥中游离氧含量，因此氧系统是决定电位系统。在有机质积累的缺氧环境中，有机质系统是决定电位系统的主要因素。

（四）pε

氧化还原作用，可用体系的氧化还原电位来表示，在环境化学中还常用pε(pE)来表征。氧化还原平衡可表示为

$$氧化态 + ne^- \rightleftharpoons 还原态$$

自由电子存在的时间极短，在μs以下。从理论上讲，可将反应平衡常数的表达式写成：

$$K = \frac{[还原态]}{[氧化态]\left[e^-\right]^n}$$

$$\lg K = \lg \frac{[还原态]}{[氧化态]} + \lg \frac{1}{\left[e^-\right]^n}$$

$$-\lg\left[e^-\right] = \frac{1}{n}\lg K - \frac{1}{n}\lg \frac{[还原态]}{[氧化态]}$$

$$p\varepsilon = -\lg\left[e^-\right], \quad p\varepsilon^0 = \frac{1}{n}\lg K$$

$$p\varepsilon = p\varepsilon^0 + \frac{1}{n}\lg \frac{[还原态]}{[氧化态]} \tag{6-26}$$

由此可知，pε是氧化还原平衡体系电子浓度的负对数，当［氧化］=［还原］，$p\varepsilon^0 = p\varepsilon$。当然，用电子活度代替电子浓度更准确。pε比较直观地反映出体系的氧化还原能力。体系的pε高，$\left[e^-\right]$低，处于氧化态；体系的pε低，$\left[e^-\right]$高，处于还原态。pε增大时，体系氧化态浓度相对升高；pε减少时，体系还原态浓度相对升高。

pε与E_h的换算：

$$E_h^0 = 2.303 \frac{RT}{F} p\varepsilon^0 \quad E_h = 2.303 \frac{RT}{F} p\varepsilon$$

当 $T = 298$ K 时，　$p\varepsilon^0 = 16.92 E_h^0$　$p\varepsilon = 16.92 E_h$

二、天然水 $p\varepsilon$

在天然水体中，表层水富氧，底部水处于还原状态，那么 $p\varepsilon$ 的极限值是多少，这可以从水的氧化与还原反应来考虑。水能被氧化，如下式：

$$2H_2O \rightleftharpoons O_2 + 4H^+ + 4e^- \tag{6-27}$$

在一定条件下水也可被还原：

$$2H_2O + 2e^- \rightleftharpoons H_2 + 2OH^- \tag{6-28}$$

这两个反应决定了水中的 $p\varepsilon$ 值，反应（6-27）决定水氧化态的 $p\varepsilon$ 上限，水的还原反应〔式（6-28）〕，即 H_2 的释放反应，限制了还原态时 $p\varepsilon$ 值的下限。因为这些反应有 H^+、OH^- 参与，因而 $p\varepsilon$ 与 pH 值有关。

式（6-27），可以写成：$\frac{1}{4}O_2 + H^+ + e^- \rightleftharpoons \frac{1}{2}H_2O$

水的氧化极限边界条件可选择氧的分压为 101 325 Pa，所以

$$p\varepsilon = p\varepsilon^0 + \lg\left(p_0^{1/4}\left[H^+\right]\right) \tag{6-29}$$

$$p\varepsilon = 20.75 - pH$$

对于式（6-28），水的还原反应可写成：$H^+ + e^- \rightleftharpoons \frac{1}{2}H_2$

水的还原反应极限情况可选择氢的分压为 101 325 Pa，所以

$$p\varepsilon = p\varepsilon^0 + \lg\left[H^+\right] \tag{6-30}$$

$$p\varepsilon = -pH$$

当天然水的 pH=7.00 时，代入式（6-29）和式（6-30）则得到中性水的 $p\varepsilon$ 上限为 13.75，下限为 7.00。相对应的 E_h 为 +0.81（V）和 −0.41（V），这是中性纯水存在的两种

极端边界条件，实际水的$p\varepsilon$（或E_h）介于两者之间。

三、水中氧化反应对化合物存在形态的影响

天然水体中有不同的氧化还原区域，有些区域氧化作用起主导作用，如天然水的表层水；有些区域还原作用占主导地位，如底部富集有机质的水。处于水体不同氧化还原区域的物质将以不同的形态存在。为了研究在不同的区域物质存在的形态，在环境化学中常用$p\varepsilon-pH$图和$\lg c-p\varepsilon$图来表示。

（一）体系的$p\varepsilon-pH$图

1. 简单体系的$p\varepsilon-pH$图

$p\varepsilon-pH$图是指定体系中，体系的$p\varepsilon$随pH值变化的情况，它可表明在水中物质各种形态的稳定区域和边界条件。在大多数天然水中都含有碳酸根、SO_4^{2-}、S^{2-}，各种金属元素的上述盐类在水体中的不同区域都占优势，为说明$p\varepsilon-pH$作图的基本原理和$p\varepsilon-pH$图的应用，我们以一个简化的例子加以说明。

水溶液中$Fe（Ⅲ）/Fe（Ⅱ）$体系的$p\varepsilon-pH$图。

假定体系中溶解态的铁最大浓度$T_{Fe}=1.0\times10^{-5}mol/L$，在溶液中可考虑下列平衡：

$$Fe^{3+}+e^-\rightleftharpoons Fe^{2+}\quad p\varepsilon^0=13.2 \tag{6-31}$$

$$Fe(OH)_2(s)+2H^+\rightleftharpoons Fe^{2+}+2H_2O \tag{6-32}$$

$$K_1=\frac{\left[Fe^{2+}\right]}{\left[H^+\right]^2}=8.0\times10^{12} \tag{6-33}$$

$$Fe(OH)_3(s)+3H^+\rightleftharpoons Fe^{3+}+3H_2O \tag{6-34}$$

$$K_2=\frac{\left[Fe^{3+}\right]}{\left[H^+\right]^3}=9.1\times10^3 \tag{6-35}$$

$$Fe(OH)_3(s)+3H^++e^-\rightleftharpoons Fe^{2+}+3H_2O \tag{6-36}$$

注意，在天然水中 $Fe(OH)^{2+}$、$Fe(OH)_2^+$、$FeCO_3$，这些形态都存在，为简化，在此不作考虑。在作体系的 $p\varepsilon - pH$ 图时，通常都是考虑一些形态之间的边界条件。

（1）水的氧化和还原极限

对于氧化（高 $p\varepsilon$），水稳定态极限由式（6-29）决定，低 $p\varepsilon$ 极限由式（6-30）决定。由这两式可求得水的稳定区。

（2）Fe^{3+}/Fe^{2+} 的边界线（平衡线）

在高 $p\varepsilon$、低 pH 值的范围，Fe^{3+} 与 Fe^{2+} 达到平衡，$p\varepsilon$ 由式（6-31）决定，则有：

$$p\varepsilon = 13.2 + \lg \left[\frac{Fe^{3+}}{Fe^{2+}} \right] \tag{6-37}$$

当 $\left[Fe^{3+} \right] = \left[Fe^{2+} \right]$ 时（由边界条件决定），所以

$$p\varepsilon = 13.2 \tag{6-38}$$

式（6-38）决定了在高 $p\varepsilon$ 与低 pH 区 Fe^{3+}/Fe^{2+} 的边界线，它与 pH 值无关，是一条过 13.2 与 pH 轴平行的直线。

（3）$Fe^{3+} / Fe(OH)_3$ 的边界线

边界平衡由式（6-34）决定：

$$Fe(OH)_3(s) + 3H^+ \rightleftharpoons Fe^{3+} + 3H_2O$$

$$K_2 = \frac{\left[Fe^{3+} \right]}{\left[H^+ \right]^3} = 9.1 \times 10^3$$

由此可知，当 $p\varepsilon$ 大于 13.2 时，$Fe(OH)_3$ 的析出与 $\left[Fe^{3+} \right]$ 和 pH 值有关。还未沉淀时 $\left[Fe^{3+} \right] = T_{Fe} = 1.00 \times 10^{-5} mol/L$，沉淀析出的边界条件由式（6-35）决定，计算得 pH=2.99。此边界说明，$\left[Fe^{3+} \right]$ 只与 pH 值有关，应是一条过 pH=2.99 垂直于 pH 轴的直线，与 $p\varepsilon = 13.2$ 的直线相交。

（4）$Fe^{2+} / Fe(OH)_2$ 的边界线

用类似的方法可以确定此平衡的边界线，平衡边界条件由式（6-32）决定，此时，$\left[Fe^{2+} \right] = T_{Fe} = 1.00 \times 10^{-5} mol/L$，代入式（6-33）计算得 pH=8.95。此边界线应为过 pH=8.95

的直线。

（5）$Fe^{2+}/Fe(OH)_3(s)$ 的边界线

对于所考虑的第（4）平衡

$$Fe(OH)_3(s)+3H^++e^- \rightleftharpoons Fe^{2+}+3H_2O$$

表明 Fe^{2+} 与 $Fe(OH)_3(s)$ 之间的平衡与 $p\varepsilon$ 和 pH 值有关，此平衡可看作式（6-31）和式（6-34）两平衡之和，可以分别用此两平衡来决定这个平衡的边界线。

由式（6-35）可得

$$\left[Fe^{3+}\right]=K_2\left[H^+\right]^3$$

代入式（6-37）得

$$p\varepsilon=13.2+lg\frac{\left[Fe^{3+}\right]}{\left[Fe^{2+}\right]}=13.2+lg\frac{K_2\left[H^+\right]^3}{\left[Fe^{2+}\right]}$$

当 $\left[Fe^{2+}\right]=1.00\times10^{-5}mol/L$（边界条件）时：

$$p\varepsilon=22.2-3pH \tag{6-39}$$

式（6-39）决定了 $Fe^{2+}/Fe(OH)_3$ 的边界线。

（6）$Fe(OH)_3(s)/Fe(OH)_2(s)$ 的边界线

其边界线同时取决于 $p\varepsilon$ 与 pH 值，其平衡方程式可看作式（6-31）与式（6-34）加和与式（6-32）之差，即式（6-36）与式（6-32）之差。所以边界线也可由几个分平衡来计算：

$$\left[Fe^{2+}\right]=K_1\left[H^+\right]^2$$

$$\left[Fe^{3+}\right]=K_2\left[H^+\right]^3$$

代入式（6-37），计算可得：

$$p\varepsilon=4.3-pH \tag{6-40}$$

2. 复杂体系的 $p\varepsilon - pH$ 图

对于水溶液中复杂体系的 $p\varepsilon - pH$ 作图，所要考虑的平衡要多得多，例如 $Fe - CO_2 - H_2O$ 体系，这在天然水体中是一种常见体系，须考虑的平衡有 1 三个，边界线等式有 1 三个。

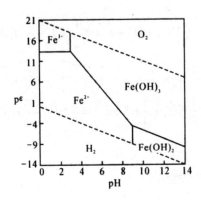

图 6-1　水中不同形态铁的 $p\varepsilon - pH$ 简图

（二）体系的 $\lg c - p\varepsilon$ 图

在环境化学中，还常用水中物质各种形态浓度对数对 $p\varepsilon$ 作图，称为 $\lg c - p\varepsilon$ 图，一般情况下，pH 值是指定的。因此，$\lg c - p\varepsilon$ 图可以表征水中形态浓度随体系 $p\varepsilon$ 值变化的情况。

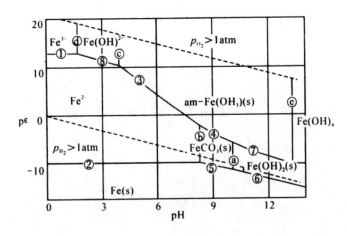

图 6-2　$Fe - CO_2 - H_2O$ 体系的 $\lg c - p\varepsilon$ 图（25℃）

$\lg c - p\varepsilon$ 图可用天然水中 $p\varepsilon$ 对各种形态无机氮的浓度影响来说明。在天然水中无机氮有 NH_4^+、NO_2^-、NO_3^- 三种主要形态，它们有以下的氧化还原平衡：

$$\frac{1}{6}NO_2^- + \frac{4}{3}H^+ + e^- \rightleftharpoons \frac{1}{6}NH_4^+ + \frac{1}{3}H_2O \quad p\varepsilon_1^0 = 15.14 \quad （6-41）$$

$$\frac{1}{2}NO_3^- + H^+ + e^- \rightleftharpoons \frac{1}{2}NO_2^- + \frac{1}{2}H_2O \quad p\varepsilon_2^0 = 14.15 \quad （6-42）$$

$$\frac{1}{8}NO_3^- + \frac{5}{4}H^+ + e^- \rightleftharpoons \frac{1}{8}NH_4^+ + \frac{3}{8}H_2O \quad p\varepsilon_3^0 = 14.15 \quad （6-43）$$

对于式（6-41），$p\varepsilon$ 由下式决定：

$$p\varepsilon = p\varepsilon_1^0 + \lg \frac{\left[NO_2^-\right]^{1/6}}{\left[NH_4^+\right]^{1/6}} - \frac{4}{3}pH$$

根据此式可得

$$\frac{\left[NO_2^-\right]}{\left[NH_4^+\right]} = 10^{6(p\varepsilon - p\varepsilon_1^0 + 4/3pH)} \quad （6-44）$$

同理对于式（6-42）可得

$$\frac{\left[NO_3^-\right]}{\left[NH_2^-\right]} = 10^{2\left(p\varepsilon - p\varepsilon_2^0 + pH\right)} \quad （6-45）$$

令

$$A = p\varepsilon_1^0 - \frac{4}{3}pH \quad B = p\varepsilon_2^0 - pH$$

则有

$$\frac{\left[NO_3^-\right]}{\left[NO_2^-\right]} = 10^{2(p\varepsilon - B)}$$

$$\frac{\left[NO_2^-\right]}{\left[NH_4^+\right]}=10^{6(p\varepsilon-A)} \tag{6-46}$$

设体系的总氮浓度为 T_N，$T_N=\left[NO_3^-\right]+\left[NO_2^-\right]+\left[NH_4^+\right]$

由式（6-44）、式（6-45）、式（6-46）解联立方程可得

$$\left[NH_4^+\right]=\frac{T_N}{1+10^{6(p\varepsilon-A)}+10^{(8p\varepsilon-6A-2B)}}$$

$$\left[NO_2^-\right]=\frac{T_N\cdot10^{6(p\varepsilon-A)}}{1+10^{6(p\varepsilon-A)}+10^{(8p\varepsilon-6A-2B)}}$$

$$\left[NO_3^-\right]=\frac{T_N\cdot10^{(8p\varepsilon-6A-2B)}}{1+10^{6(p\varepsilon-A)}+10^{(8p\varepsilon-6A-2B)}}$$

根据上述三式可求出在一定 pH 值、$p\varepsilon$ 变化时，氮的各种形态的浓度，再以 $\lg c - p\varepsilon$ 作图，则可得当 $\lg c - p\varepsilon$ 图。当 $\left[H^+\right]=10^{-7}\,mol/L$，$T_N=10^{-4}\,mol/L$（接近于受氮污染的水）。图 4.7 为各种形态氮的 $\lg c - p\varepsilon$ 图。

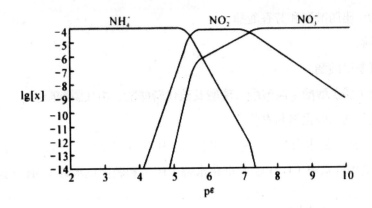

图 6-3 水中 NH_4^+、NO_3^-、NO_2^- 系统浓度对数 $-p\varepsilon$ 曲线 $pH=7.00$，总氮浓度 $=1.00\times10^{-4}$ mol/L

第三节　环境介质中的水解平衡

许多化学物质能发生水解，如金属元素的离子和某些有机化合物。金属元素离子的水解过程可以金属离子与氢氧根离子的配位反应来讨论，将在第四节讨论。本节主要讨论有机化合物的水解平衡。

一、有机化合物的水解平衡及其动力学原理

许多有机物在水中能发生水解，其水解平衡为

$$RX + H_2O \rightleftharpoons ROH + HX$$

式中：RX 代表有机化合物，X 为有机化合物中的基团。

与环境保护有密切关系的能水解的有机化合物有以下几类：

（1）有机卤化物：烷基卤、烯丙基卤、苄基卤和多卤甲烷。

（2）环氧化物。

（3）酯：脂肪酸酯和芳香酸酯。

（4）酰胺。

（5）氨基甲酸酯。

（6）磷（膦）酸酯：膦酸酯、磷酸及硫代磷酸酯、卤代膦酸酯。

（7）酰化剂、烷化剂和农药。

在任一 pH 值的水溶液中，总有水分子、H^+ 和 OH^- 离子，所以有机化合物（RX）的水解速率是其中性水解（H_2O）、酸催化水解（H^+）和碱催化水解（OH^-）速率之和：

$$-\frac{d(RX)}{dt} = R_h = K_B\left[OH^-\right][RX] + K_A\left[H^+\right][RX] + K_N[H_2O][RX]$$

式中：K_B、K_A、K_N 分别为碱性、酸性、中性催化水解二级速率常数。

在恒定的 pH 值条件下，观察到化合物的水解反应为假一级反应，K_h 为假一级速率常数，K_h 可写成：

$$K_h = K_B\left[OH^-\right] + K_A\left[H^+\right] + K_N \tag{6-47}$$

$$K_h = \frac{K_B K_W}{[H^+]} + K_A [H^+] + K_N$$

所以化合物的水解半衰期 $t_{1/2}$ 可表示为 $t_{1/2} = \dfrac{0.693}{K_h}$。

一般有机化合物水解过程可以表示如下：

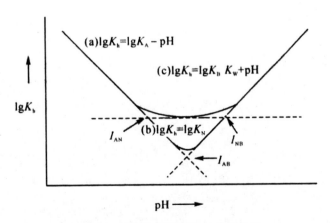

其中 Z 表示 C、P 或者 S 等中心原子；X 表示 O、S 或 NR（杂原子）；L 表示 RO、R1R2N、RS、Cl 基团或者原子，这些基团或原子在水解反应最后会从中心原子上脱去，因此被称为离去基团。水分子的 OH^- 进攻有机物分子，引起中心原子 Z 与杂原子 X 之间的电荷偏移，OH^- 结合上中心原子 Z 后，偏移的电荷从杂原子向离去基团 L 偏移，使得 L 以负离子形式从中心原子 Z 上脱去，OH– 成为中心原子上连接的 OH 基团，这个 OH 基团可能发生电离，变成负离子形式，同时可能形成离去基团结合质子的产物 HL。

二、影响水解速率的因素

1.pH 值对水解速率的影响

由式（6-47）可知，水溶液的 pH 值对总反应速率是有影响的。在高 pH 值下，第一项占优势；在低 pH 值下，第二项占优势；在中性条件（PH=7）下，第三项占优势。如果其他条件不变，由溶液 pH 值变化引起化合物水解速率的变化可由 $\lg K_h - pH$ 图表示（图 6-3）。

图 6-3 水解速率常数与 pH 值的关系

由图 6-3 可知，有机化合物水解速率常数的对数与 pH 值的关系由三条曲线构成，相应曲线的切线方程为

$$\lg K_h = \lg(K_B K_W) + pH$$

$$\lg K_h = \lg K_A - pH$$

$$\lg K_h = \lg K_N$$

当有机化合物在水溶液中存在三种水解时，则为图 6-3 中的上部曲线，此时三条直线有两个交点 I_{AN} 和 I_{NB}。当 pH 值小于 I_{AB} 对应的 pH 值时，酸性水解为主；当 pH > I_{NB} 对应的 pH 值时，碱性水解为主；在 I_{AN} 与 I_{NB} 之间的 pH 值范围内，以中性水解为主。图中直线的交点 I 的相应 pH 值可由下式求出：

$$I_{AN} = -\lg\left(\frac{K_N}{K_A}\right)$$

$$I_{NB} = -\lg\left(\frac{K_B K_w}{K_N}\right)$$

$$I_{AB} = -\frac{\lg\left(\dfrac{K_B K_w}{K_A}\right)}{2}$$

2. 其他影响因素

其他影响因素有温度、离子强度和某些金属离子的催化作用等。

第七章　重要化学元素的生物地球化学循环

第一节　碳的生物地球化学循环

一、碳的地球化学特征

碳无疑是地球上最重要的元素，它是构成生命的重要元素，同时也是对全球变暖有主要贡献的元素，全球碳循环是重要的生物地球化学循环之一。碳位于元素周期表的第二周期第Ⅳ族，它与硅、锗、锡、铅共同组成第Ⅳ主族，也称碳族。碳在地壳中的丰度是 0.027%，位列第 15。从数量上看，它比氧、硅、铝等元素的丰度低得多，是比较次要的微量元素。然而碳是地球上存在形式最为复杂的元素，它是构成生命的最主要元素，已知的碳化合物有 100 多万种，因此，碳地球化学循环的研究具有极为重要的意义。

碳的电子构型为 $2s^2 2p^2$。碳原子 2 s 轨道上的一个电子可被激发到 2p 轨道上，形成四个等同的新轨道。因此，在碳的主要化合物中，一方面形成 $s^2 p^2$ 形式的共价键，产生三角形配位体，另一方面又可形成 $s^1 p^3$ 形式的杂化共价键，产生四面体的配位。碳的这种电子构型决定了自然界中碳元素可以含 +4，+2，0 和 –4 等多种化合价。

碳的单质有金刚石和石墨两种同质异形体。金刚石产于某些超基性岩中，是深层结晶作用的产物。特别是在来自地球深处的金伯利岩中常见金刚石产出，从而证实金刚石是在岩石圈深处的高压条件下形成的。石墨则主要见于伟晶岩和热液作用的产物中，有时沉积岩中的碳质物质经变质作用也能形成石墨变质岩。从数量上看，碳单质在碳的地球化学作用中所占的地位并不重要。

碳的 +4 价化合物主要有 CO_2 和碳酸盐。CO_2 是大气中的微量组分，平均体积分数约为 0.03%，然而它却是重要的温室气体，其含量的波动会直接引起全球气候的变化。CO_2 也是海水中最重要的溶解性气体，它在海水中的溶解度与温度成反比，与压力成正比。极地冷水比赤道暖水含有更多的 CO_2，处于较高压力下的大洋深水比大洋表层水含有较多的 CO_2。溶于海水的 CO_2 与水作用形成碳酸的同时，还可解离为 HCO_3^- 和 CO_3^{2-} 两种络阴离子，具体的化学过程为：

$$CO_2 + H_2O \rightleftharpoons H_2CO_3$$

$$H_2CO_3 \rightleftharpoons HCO_3^- + H^+$$

$$HCO_3^- \rightleftharpoons CO_3^{2-} + H^+$$

这三种形式的溶解碳构成特征的二氧化碳 – 碳酸根体系：$CO_2 - HCO_3^- - CO_3^{2-}$，该特征体系是造成海水缓冲条件的重要因素，从而使海洋环境保持在一定的 pH 值范围内，为海洋小生命的繁衍提供有利的生态条件。

碳酸盐主要形成于海洋中。海水中的溶解碳和钙离子被有孔虫、珊瑚和软体动物所吸收，构成它们的甲壳或骨骼，最后沉积在海底。这些碳酸盐沉积物经沉积成岩作用而成碳酸盐沉积岩。碳酸盐矿物也可以形成于岩浆作用中。碳酸岩就是一种富含碳酸盐的岩石，是由碳酸盐岩浆结晶生成的。这种侵入的碳酸岩与超基性 – 碱性岩共生，具有与大洋拉斑玄武岩相似的 Sr 同位素组成，显示出来源于地壳深处或地幔的特点。

碳可以和 O、H、N、S 等形成有机化合物，如石油、天然气、煤和油页岩。甲烷（CH_4）就是一种典型的天然有机化合物，目前大气中 CH_4 含量的急剧增加已对全球气候变化产生了重大影响。

碳有 7 种同位素（^{10}C，^{11}C，^{12}C，^{13}C，^{14}C，^{15}C，^{16}C），其余的均是放射性同位素。在放射性同位素中只有 ^{14}C 的半衰期（5726a）足够长，人们可以感觉到它的存在，其他同位素由于半衰期太短（如 ^{16}C 只有 0.74 s）而用处不大。对于碳循环而言，有意义的是稳定同位素 ^{12}C 和 ^{13}C 以及放射性同位素 ^{14}C。

二、碳的循环

（一）碳流动的主要过程

碳循环是一个以"二氧化碳 – 有机碳 – 碳酸盐"为核心的运动，碳循环的流动有三个主要过程：陆地范围的碳流动过程、海洋范围的碳流动过程和人类活动范围内碳的流动过程。

1. 陆地范围内的碳流动过程

陆地内碳的流动有以下主要途径：①光合成。②植物呼吸作用。③落叶和 litter fall and below-ground addition。④土壤的呼吸作用。⑤径流作用。

2. 海洋范围内的碳流动过程

海洋内的碳流动过程有以下主要途径：①海洋 – 大气交换。②海水的碳酸盐化学。③海洋 – 大气。④表层水平对流。⑤海洋生物区交换 – 生物泵。⑥下降流。⑦上升流。⑧沉积作用。⑨火山活动与岩石变质作用。

3. 人类活动范围内碳的流动过程

人类活动范围内碳的流动过程主要有以下途径：①化石燃料燃烧。②土地使用的改变。

（二）全球碳循环模型

碳循环是碳元素在地球各圈层的流动过程，是一个"二氧化碳－有机碳－碳酸盐"系统，它主要包括生物地球化学过程，是维系生命不可或缺者。生物体所含有的碳元素来自空气或水中的藻类和绿色植物通过光合作用将 C 固定，形成碳水化合物，除一部分用于新陈代谢，其余以脂肪和多糖的形式贮藏起来，供消费者利用，再转化为其他形态。呼吸作用则是生物将 CO_2 作为代谢产物排出体外。生物体及其残余物等物质最终会被分解，释放 CO_2 和 CH_4。但有一部分生物体在适当的外界条件下会形成化石燃料、石灰石和珊瑚礁等物质而将碳固定下来，使该部分碳暂时退出碳循环。严格地说，碳循环还包括甲烷等有机物。

对于碳循环的认识，目前还有许多不确定性，如主要贮库中的贮存量，不同的文献会给出一定误差的数据。再如，对全球碳汇及其机制现在仍有许多问题未认识。

第二节　氮的生物地球化学循环

一、氮的地球化学特征

氮是元素周期表中第二周期第 V 主族的元素，在地壳中氮的丰度是 $5 \times 10^{-14}\%$，位列第 31。它以双原子分子 N_2 存在于大气中，约占大气总体积的 78% 和质量的 75%。除了大气是氮的储库外，氮也以化合态形式存在于很多无机物（如硝酸盐）和有机物（如蛋白质和核酸，两者都是形成生命的重要物质）中。

自然界中，氮有两个稳定同位素，其中 ^{14}N 的含量为 99.63%，^{15}N 相对比较稀少。此外，还有一个放射性同位素 ^{13}N，它的半衰期为 10.1×10^6 a。在岩石中 ^{15}N 的含量有随着地质年龄的增长而增加的趋向，这可能是由于较同位素优先扩散的结果，氮的电子构型为 $2s^2p^3$，原子核外有五个价电子，这种电子构型决定了氮具有从 −3 价到 +5 价的各种氧化态，可以形成各种不同的化合物。其中有几种化合物如 N_2，N_2O，NH_3 和 HNO_3 在氮地球化学循环过程中有特别重要的意义。

氮是生命的基础物质——蛋白质和核酸的组成成分，又是氨基酸、酰胺、氮碱（如嘌呤、嘧啶）、酶蛋白、叶绿素、维生素（维生素 B_2、维生素 B_6 等）、生物碱（烟碱、茶碱、咖啡因等）、植物激素（生长素、细胞分裂素）等重要化合物的必要成分。因此，氮素是地球生命系统中最重要的元素之一。氮的自然循环一般不会导致环境问题，但人类活动对氮的生物地球化学循环干扰强烈：一方面为了满足生产生活需要，人们通过化学工业大大增加了对分子态氮的固定，通过氮肥的施用和化石燃料的燃烧，改变了自然环境的氮素平衡，加速了氮素循环速度和通量；另一方面，过量地使用氮素，导致其成为污染物质，影响大气环境、水环境质量和农产品安全品质。

二、氮的循环

（一）全球氮循环

氮是生命必需的元素，同时也是对全球变化影响较大的元素。氮循环是重要的生物地球化学循环，在循环过程中，涉及氮元素多种不同化学形态，如气体 N_2、N_2O、NO，NO_2 等，离子 NH_4^+、NO_2^-、NO_3^-，有机氮等。

（二）氮循环的主要化学过程

如上所述，氮在自然界中以多种形态存在，这些形态处于不断循环转化之中。大气中的 N_2 通过某些原核微生物的固氮作用合成为化合态氮；化合态氮可进一步被植物和微生物的同化作用转化为有机氮；有机氮经微生物的氨化作用释放出氨，氨在有氧条件经微生物的硝化作用氧化为硝酸，在厌氧条件下厌氧氧化为 N_2；硝酸和亚硝酸又可在无氧条件下经微生物的反硝化作用，最终变成 N_2 或 N_2O，返回至大气中，如此构成氮素生物地球化学循环，为由微生物推动的氮素循环。

1. 氨化作用

所谓氨化作用，是指含氮有机物经微生物分解产生氨的过程。这个过程又称为有机氮的矿化作用。来自动物、植物、微生物的蛋白质、氨基酸、尿素、几丁质以及核酸中的嘌呤和嘧啶等含氮有机物，均可通过氨化作用而释放氨，供植物和微生物利用。

2. 固氮作用

通过固氮微生物的固氮酶催化作用，把分子氮转化为氨，进而合成有机氮化合物的过程称为固氮。此时，氨不释放到环境中，而是继续在机体内进行转化，合成氨基酸，组成自身蛋白质等。固氮必须在固氮酶催化下进行，其总反应可表示为：

$$3CH_2O + 2N_2 + 3H_2O + 4H^+ \longrightarrow 3CO_2 + 4NH_4^+$$

豆科植物中的根瘤菌是最重要的固氮细菌，它们生存于豆科植物根部的根瘤中，根瘤与植物的维管束循环系统直接相连，当植物提供能量去破坏氮分子的强三键，根瘤菌就可以转变氮为能够吸收的还原形式。当豆科植物死亡和腐烂时，释放的 NH_3 由微生物转化为易被其他植物所吸收的硝酸盐，其中一部分 NH_4^+ 和 NO_3^- 离子可能被携带到天然水体中。除根瘤菌等这类共生固氮微生物外，还有一类自生固氮微生物。如厌氧的梭状芽孢杆菌属，是土壤某些厌氧区中主要的固氮者；光合型固氮微生物中的蓝细菌，在光照厌氧条件下能进行旺盛的固氮作用，是水稻土及水体中的重要固氮者。

厌氧固氮菌是通过发酵碳水化合物至丙酮酸，为丙酮酸磷酸解过程中合成 ATP 提供固氮所需。好氧固氮菌则是通过好氧呼吸由三羧酸循环产生 $FADH_2$、$NADH_2$ 等经电子传递链产生 ATP。

微生物的固氮作用为农业生产提供了丰富的氮素营养，在维持全球氮良性循环方面具有独特的生态学意义。但是合成无机氮肥的大量使用，在促进农业迅速发展的同时，由于施入土壤的氮肥约有 1/3 以上的氮素未被植物利用而进入生物圈，这就严重干扰了氮的自然循环，给环境带来不利影响。如过量的无机氮经地表或地下水进入水体，造成不少水体富营养化和硝酸盐污染；地表高水平硝酸盐经反硝化产生的过剩氧化二氮，使一些环境科学家担心其上升至平流层中的同温层，可能会引起大气臭氧层的耗损。

3. 硝化作用

硝化作用是氮通过微生物作用氧化成亚硝酸，再进一步氧化成硝酸的过程。这是水及土壤中很普遍也很重要的过程。硝化分两个阶段进行，即：

$$2NH_3 + 3O_2 \longrightarrow 2H^+ + 2NO_2^- + 2H_2O + 能量$$
$$2NO_2^- + O_2 \longrightarrow 2NO_3^- + 能量$$

上述第一个反应式主要由亚硝化单胞菌属、亚硝化球菌属等引起，第二个反应式主要由硝化杆菌属、硝化球菌属引起。这些细菌为分别从氧化氨至亚硝酸盐和氧化亚硝酸盐至硝酸盐过程中取得能量，均以二氧化碳为碳源进行生活的化能自养型细菌。它们对环境条件呈现高度敏感性：严格要求高水平的氧；最适宜温度为 30℃，低于 5℃ 或高于 40℃ 时便不能活动；需要中性至微碱性条件，当 pH 在 9.5 以上时，硝化细菌受到抑制，亚硝化菌却十分活跃，可造成亚硝酸盐积累；而当 pH 在 6.0 以下时，亚硝化细菌被抑制。参与硝化的微生物虽为自养型细菌，但在自然环境中必须在有机物质存在的条件下才能活动。硝化在自然界中很重要，因为植物摄取的氮主要是硝酸盐。当肥料以铵盐或氨形态施入土壤时，上述微生物将它们转变成一般植物可利用的硝态氮。

4. 氨的厌氧氧化

在氨厌氧氧化过程中，氨作为电子供体，而亚硝酸、硝酸盐则可作为电子受体，厌氧氨氧化菌首先将 NO_2^- 转化成 NH_2OH，再以 NH_2OH 为电子受体将 NH_4^+ 氧化成 N_2H_4，N_2H_4 进一步转化成 N_2，并为 NO_2^- 还原成 NH_2OH 提供电子，如图 7-1 所示。

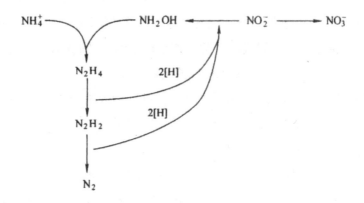

图 7-1 氨厌氧氧化代谢的可能途径

5. 反硝化作用

在厌氧条件下，通过微生物作用使硝酸盐化合物中的高价态氮还原为较低氧化态氮的过程称为反硝化。反硝化通常有三种情形：

①大多数细菌、放线菌及真菌利用硝酸盐为氮素营养，通过硝酸还原酶的作用将硝酸还原成氨，进而合成氨基酸、蛋白质和其他物质。

$$HNO_3 \xrightarrow[2H]{-H_2O} HNO_2 \xrightarrow[2H]{-H_2O} HNO \xrightarrow{H_2O} NH(OH)_2$$
$$\xrightarrow[2H]{-H_2O} NH_2OH \xrightarrow[2H]{-H_2O} NH_3$$

如：

$$2NO_3^- + 3CH_2O + 6H^+ \longrightarrow 2NH_3 + 3CO_2 + 3H_2O$$

②反硝化细菌（兼性厌氧菌）在厌氧条件下，将硝酸还原成氮气或氧化亚氮。

如：

$$4NO_3^- + 5CH_2O + 4H^+ \longrightarrow 2N_2 + 5CO_2 + 7H_2O$$

③硝酸盐还原成亚硝酸。

$$HNO_3 + 2H \longrightarrow HNO_2 + H_2O$$
$$2NO_3^- + CH_2O \longrightarrow 2NO_2^- + CO_2 + H_2O$$

反硝化过程中所形成的 N_2、N_2O 等气态无机氮的情况是造成土壤氮素损失、土肥力下降的重要原因之一。但在污水处理工程中却常增设反硝化装置使气态无机氮逸出，以防止出水硝酸盐含量高而在排入水体后引起水体富营养化。

微生物进行反硝化的重要条件是厌氧环境，环境氧分压越低，反硝化越强。其他条件：

需丰富的有机物作为碳源和能源；硝酸盐作为氮源；pH 一般是中性至微碱性；温度多为25℃左右。

在生物法处理废水时，往往因碳源不足达不到反硝化的效果。

第三节　磷的生物地球化学循环

一、磷的地球化学特征

磷（P）在地壳中的丰度为 0.09%，列第 11 位。磷由 H.Brand 发现于 1669 年。1771 年，KW Schelle 在燃烧过的骨灰中发现了磷的存在，从而首次确定了它在活体中的存在。磷在大多数有机体中的质量分数仅为 1% 左右，但它在细胞的能量储存、传输和利用等方面起着关键作用。另外，它还制约着生态系统尤其是水生生态系统的光合生产力。因此，磷循环是实现生物圈功能的重要基础。

磷位于元素周期表第三周期第 VA 族，与氮同属典型的非金属元素。由于磷易被氧化，自然界中并没有单质态的磷，主要以磷酸盐的形式存在。磷矿物主要有磷酸钙矿〔主要成分 $Ca_3(PO_4)_2$〕和磷灰石〔主要成分 $Ca_5F(PO_4)_3$〕等，其中磷灰石包含了地壳中 95% 的磷，这两种矿是制造磷肥和一切磷化合物的原料。

植物的光合作用和呼吸作用控制着磷对生物圈的输入和输出。陆地生态系统中，几乎所有的生物可利用态磷都是通过含磷矿物的风化产生的。促进风化的因子（如植物根系的活动、根瘤菌的作用）都可提高土壤中的有效磷含量。一般来说，矿物中的磷含量并不高，并且风化的量不足以提供足够多的植物可利用态磷，从而大多数土壤都多多少少地出现缺磷现象。因此，施用磷肥可显著提高作物的产量。

二、磷的循环

（一）全球磷循环

磷对生命体而言也是非常重要的，它在有机体内提供能量。在自然界中，磷有四种价态：-3，0，+3 和 +5。包括 PH_3（-3 价）、P_4（0 价，常以无定型形式存在）、亚磷酸盐及其他衍生物（H_3PO_3、$H_2PO_3^-$、HPO_3^{2-}，+3 价）、磷酸及其他衍生物（H_3PO_4、$H_2PO_4^-$、HPO_4^{2-}、PO_4^{3-}，+5 价）。

在这些含磷化合物中，只有 +5 价态的磷酸及其化合物在自然界中才是稳定的，因此，在讨论全球磷循环时，也主要以 +5 价态的磷为主，其地球化学过程表现为各种磷酸盐之间的相互转化，即磷的生物地球化学循环实质上是磷酸盐之间的循环。在环境中，磷酸盐的存在形式基本上可以分为三大类，即可溶性磷、颗粒磷和有机磷。

（二）磷循环的主要反应过程

1. 生物圈

生物圈中磷的输入与输出，主要受制于光合作用过程和呼吸作用过程。其中，光合作用是把无机磷转化为有机磷的过程，其一发生在海洋分室中：

$$106CO_2 + 64H_2O + 16NH_3 + H_3PO_4 + h_\nu \longrightarrow C_{106}H_{179}O_{68}N_{16}P + 106O_2$$

另一则发生在陆地系统：

$$830CO_2 + 600H_2O + 9NH_3 + H_3PO_4 + h_\nu \longrightarrow C_{830}H_{1230}O_{604}N_9P + 830O_2$$

相反，呼吸作用或腐解作用是指把有机磷重新转化为无机磷的过程。有关的反应式也可写成上述两方程的逆反应。

从上述第一个方程可以看出，磷在调控海洋初级生产力中起着关键的作用。在深海中，可溶性磷的总浓度大约为 2×10^{-6} mol/L，可溶性氮的浓度大约为 3.5×10^{-5} mol/L。因此，深海中 N：P 的比值约 17：1。由上述第一个方程可知海洋生物中的 N：P 比值为 16：1。可见，它们之间非常近似。这一相似性，并不是简单的巧合，而是说明：只要海洋中存在着有效态的磷，固氮作用就不会停止；相反，一旦光合作用耗竭了所有的磷，固氮作用就会中止。在这种意义上，限制海洋生产力的说法是成立的。

2. 岩石圈

当海洋底部形成含磷沉积物时，就意味着磷彻底退出了生物圈而进入了岩石系统。相反，当这些含磷沉积物被带到地表，并就地风化或被侵蚀，表明磷流出了岩石循环。这些可逆过程，可以用下述形成羟基磷灰石的方程式表示：

$$5Ca^{2+} + 3HPO_3^{2-} + 4HCO_3^- \rightleftharpoons Ca_5(PO_4)_3(OH) + 3H_2O + 4CO_2$$

反应从左到右，为沉积过程；从右至左，为风化和侵蚀过程。这一反应的一个重要特征，就是与碳循环相耦合：在形成 1 mol $Ca_5(PO_4)_3(OH)$ 的同时，游离出 4mol CO_2 进入大气分室；相反，在 1 mol $Ca_5(PO_4)_3(OH)$ 发生风化时，则需要消耗大气分室中 4mol CO_2。

3. 水圈

在沉积物 - 水系统或土壤 - 水系统中，磷最为活跃的作用，是通过沉淀、溶解反应，与水的循环过程。尤其是当外界环境条件发生改变时，如酸沉降，可以导致铁磷酸盐、钙磷酸盐、镁磷酸盐和锰磷酸盐等矿物的溶解。有关的反应可表示如下：

$$FePO_4 \cdot 2H_2O （红磷铁矿） + 2H^+ \rightleftharpoons H_{2PO_4^-} + Fe^{3+} + 2H_2O$$

$$CaHPO_4 \cdot 2H_2O（二水磷酸氢钙）+H^+ \rightleftharpoons H_2PO_4^- +Ca^{2+}+2H_2O$$

$$Ca_5\left(PO_4\right)_3 F（氟磷灰石）+6H^+ \rightleftharpoons 3H_2PO_4^- +5Ca^{2+}+F^-$$

$$MgNH_4PO_4 \cdot 6H_2O（鸟粪石）+2H^+ \rightleftharpoons H_2PO_4^- +Mg^{2+}+NH_4^+ +6H_2O$$

$$MnHPO_4(晶)+4H^+ \rightleftharpoons H_2PO_4^- +Mn^{2+}$$

其中，产生的磷酸根，易于在水体中发生迁移并被生物体吸收，参与水的生物地球化学循环。

4. 络合－聚合作用过程

在生物－非生物复合系统中，磷酸盐的络合作用可能是非常重要的过程之一。当环境介质（土壤、水和沉积物）的 pH 小于 4.0 时，生物－非生物复合系统中亚铁磷酸盐络合物迅速增加：

$$Fe^{2+}+H_2PO_4^- \rightleftharpoons FeH_2PO_4^+$$

当环境介质（土壤、水和沉积物）pH 大于 7.8 时，Ca、Mg 的络合物则显得相当重要，这是因为：

$$Ca^{2+}+H_2PO_4^- \rightleftharpoons CaH_2PO_4^+$$

$$Ca^{2+}+H_2PO_4^- \rightleftharpoons CaHPO_4 +H^+$$

$$Ca^{2+}+H_2PO_4^- \rightleftharpoons CaPO_4^- +2H^+$$

$$Mg^{2+}+H2PO_4^- \rightleftharpoons MgHPO_4^+ +H^+$$

当环境介质含有过多的磷酸盐，则发生以下聚合反应：

$$2H_3PO_4 \rightleftharpoons H_4P_2O_7 +H_2O$$

在 Ca^{2+} 存在下，可进一步形成络合物：

$$Ca^{2+}+P_2O_7^{4-} \rightleftharpoons Ca_2P_2O_7^{2-}$$

$$Ca^{2+}+H^+ +P_2O_7^{4-} \rightleftharpoons CaHP_2O_7^-$$

$$Ca^{2+}+H_2O+P_2O_7^{4-} \rightleftharpoons Ca(OH)P_2O_7^{3-} +H^+$$

由于这些过程中基本上涉及 Ca、Mg 这两个元素，因而在一定程度上反映了与 Ca 和 Mg 循环的耦合关系。

第四节　硫的生物地球化学循环

一、硫的地球化学特征

硫（S）是一种分布范围较广的元素，它在地壳中的丰度为 0.05%，并有四个稳定的同位素 $^{32}_{16}S$、$^{33}_{16}S$、$^{34}_{16}S$ 和 $^{36}_{16}S$。其中，相对丰度最大的是 $^{32}_{16}S$，占 95.0%；其次是 $^{34}_{16}S$，占 4.22%；再次是 $^{33}_{16}S$，占 0.76%；最小的是 $^{36}_{16}S$，仅占 0.02%。同 P 相似，S 在生物体中的含量低，仅为 0.25% 左右，但对大多数生物的生命过程至关重要。S 在很多自然水体中，存在大量的可溶态，因此，作为养分元素，它很少成为限制因子。从全球变化的角度，人们关心 S 循环是因为它是酸雨和大气气溶胶的主要成分。

在自然界中，硫能以单质硫和化合态硫两种形式存在。其价态从 –2 价到 +6 价，但在地球系统中，常常只发现六种氧化状态。

在这些氧化物中，含 S 最为丰富的是黄铁矿（FeS_2），它是地球上最大的 S 元素来源。

硫也是蛋白质和氨基酸的基本成分，是生物必需营养元素，同时又是化学污染元素（如大气环境中的 SO_2、H_2S、二甲基硫、甲基硫醇等）。生物及其群落的生存和演替与硫的生物地球化学循环密切相关。然而，工业革命以来，由于人类活动的强烈干预，使硫的自然循环受到严重破坏，导致 SO_2、H_2S、二甲基硫、甲基硫醇等有毒硫化物大量进入大气环境，造成酸雨、硫酸型烟雾等大气环境问题，对自然环境和人类及生物产生危害。

二、硫的循环

（一）全球硫循环

硫的生物地球化学循环是生物圈最复杂的循环之一，它包括了气体型循环和沉积型循环两个重要的生物地球化学过程。这是由硫的生物地球化学基本特征所决定的，也是其地球化学与生态化学过程（包括侵蚀、沉积、淋溶、降水和向上的提升作用）和生物学过程（包括合成、降解、吸收、代谢和排泄作用）相互作用的结果。

硫循环既属沉积型，也属气体型。与氮循环类似，硫循环中包括一个重要的大气组分如 SO_2，其在大气中含量很低，但是起着相当重要的作用；与磷一样，硫的主要储库是地壳中的岩石如石膏及黄铁矿等矿物。海水、沉积物、岩石是硫元素最大的储存库，大气中仅存在很少量的硫，在数个世纪以前，生物圈可利用态硫主要来源于沉积硫铁矿的风化。

一旦风化，硫通过水文运输在地球系统中运动或作为一种含硫气体和含硫颗粒释放到大气中。工业革命以前，大约每年有 100 Tg 的硫元素以溶解硫酸盐的形式迁移，通过河流运输到海岸或者开阔的海洋中。

（二）硫循环的重要反应

硫的生物地球化学循环是伴随着一系列不同形态硫化合物之间的转化而实现的。在生物和非生物作用下所发生的硫的各种氧化还原反应是硫循环的关键反应，通过 –2 价到 +6 价氧化态之间的相互转化，硫在各种关键的氧化还原反应中起着电子受体或电子供体的作用。

1. 硫的氧化反应

（1）大气中硫的氧化

大气中的硫化物主要包括 SO_x、硫化氢（H_2S）、甲硫醇（CH_3SH）、硫化羰（COS）、二甲硫（DMS）、二硫化碳（CS_2）等。对于还原性硫化物在大气中的转化过程的研究不像 SO_x 那样深入，一般认为 $\cdot OH$ 自由基在这些化合物的氧化中发挥关键作用：

$$H_2S + \cdot OH \longrightarrow HS \cdot + H_2O$$

$$HS \cdot + [O] \longrightarrow SO + H \cdot$$

$$SO + [O] \longrightarrow SO_2$$

上述反应中 $\cdot OH$ 从 H_2S 中取得一个氢原子是关键的反应，由此氧化反应决定的 H_2S 在大气对流层中的平均滞留期为 16 h。甲硫醇（CH_3SH）、硫化羰（COS）、二甲硫（DMS）、二硫化碳（CS_2）的平均滞留期分别为 0.2 d、60 d、3 d 和 40 d。

从生物圈释放进入大气的挥发性还原态硫化物，通过上述化学氧化过程，最终被氧化为 SO_x、硫酸根或甲基硫酸盐的形态，这些形态的含硫化合物可通过干沉降和湿沉降的方式进入地表。

（2）水体中硫化物的氧化

以 H_2S 为代表的还原性硫化物通常存在于厌氧环境，然而硫化物和氧在水溶液中可能同时存在相当长的时间。在 pH 等于 8 的氧饱和海水中的硫化物，其生存期为若干小时。对于硫化物在水中的自动氧化机理目前尚无统一的认识。

（3）岩石圈中硫的氧化

黄铁矿（FeS_2）的风化是岩石圈中最重要的硫氧化过程，反应可表示为：

$$4FeS_2 + 8H_2O + 15O_2 \longrightarrow 2Fe_2O_3 + 8SO_4^{2-} + 16H^+$$

或

$$4FeS_2 + 14H_2O + 15O_2 \longrightarrow Fe(OH)_3 + 8SO_4^{2-} + 16H^+$$

上述反应是一慢反应过程。在海洋沉积物中，黄铁矿的氧化需要上万年才能发生。但在缺氧或厌氧环境中，由于三价铁的存在，水分子中的氧可使 FeS_2 迅速氧化，反应步骤为：

$$FeS_2 + 6Fe^{3+} + 3H_2O \longrightarrow 7Fe^{2+} + S_2O_3^{2-} + 6H^+$$

$$S_2O_3^{2-} + 8Fe^{3+} + 5H_2O \longrightarrow 8Fe^{2+} + 2SO_4^{2-} + 10H^+$$

总反应方程为：

$$FeS_2 + 14Fe^{3+} + 8H_2O \longrightarrow 15Fe^{2+} + 2SO_4^{2-} + 16H^+$$

人类活动或者其他过程将黄铁矿从岩石或沉积圈转移至地表后，便可进行上述风化作用，其结果是使硫进入地表循环，同时风化过程产生质子，可使局部环境酸化。煤矿排水对环境的酸化就是由于其中的黄铁矿氧化的结果。

从全球范围来看，黄铁矿的风化在过去的数百万年中消耗掉大量的大气氧。然而，海洋中的部分硫酸盐被光合生物同化还原成有机物。在此还原过程中释放出的 CO_2 可以通过光合作用再次恢复大气中的氧含量。

（4）微生物对 H_2S 的氧化作用

微生物对 H_2S 的氧化作用可发生在水体、土壤或沉积物环境中，它们可使 H_2S 氧化成较高价的氧化态。例如，好氧的无色硫细菌利用 O_2 氧化 H_2S、硫代硫酸根离子：

$$2H_2S + O_2 \longrightarrow 2S + 2H_2O$$

$$2S + 2H_2O + 3O_2 \longrightarrow 4H^+ + 2SO_4^{2-}$$

$$S_2O_3^{2-} + H_2O + 2O_2 \longrightarrow 2H^+ + 2SO_4^{2-}$$

在自然界中，H_2S 的氧化作用意义重大。它不仅可以减缓 H_2S 对动植物的毒害作用，并且可以增加可给态硫的含量，有利于生物生长。当把微生物氧化 H_2S 为单质的硫加入相当碱的土壤时，由于微生物进一步氧化为硫酸，使土壤 pH 值下降，从而使土壤中一些不溶的无机盐类转变为能被植物利用的可溶性状态的盐类。单质 S 作为粒子能够沉积在紫色硫细菌和无色硫细菌的细胞内，还可沉积在绿色硫细菌的细胞外。这个过程是单质硫沉积的重要来源。实践中还有将氧化硫的细菌应用于冶金上，称为冶金细菌，但这类细菌也是造成矿山产生硫酸性硫矿水污染的重要原因，尤其是露天煤矿，甚至可使 pH 值降至 2 以下。

2. 硫的还原反应

在有氧环境中以六价态的硫最稳定，因此，SO_4^{2-} 是氧化性水体或土壤中最主要的形态。水圈或土壤圈的硫以可挥发态进入大气，首先需要通过还原作用将 SO_4^{2-} 还原成挥发性硫化物，在生物作用下的这种还原过程是硫进入大气的驱动力。其中，最重要的生物化学过程是硫酸盐的异化还原和同化还原作用。

（1）同化还原作用

硫酸盐的同化还原是硫参与生物体内循环，并在生物体内行使其重要生理功能的基本过程，也是无机硫转化为有机硫的基本途径。除动物不能直接利用硫酸盐外，细菌、藻类和高等植物均可利用硫酸盐作为生长所需的唯一的硫源。它们在细胞内将它还原为 H_2S，并以巯基取代丝氨酸或高丝氨酸中的羟基而从前者形成半胱氨酸。半胱氨酸作为生物体内硫代谢的初始化合物，可进一步通过一系列复杂的反应形成蛋氨酸及其他含硫化合物。某些微生物不能同化硫酸盐，但需要硫化物或硫的中间氧化态形式，例如硫代硫酸盐或亚硫酸盐。另外一些微生物甚至直接需要含硫的辅助因子或氨基酸。

细胞内还原的硫绝大部分被同化固定，只有很小部分以气态挥发性硫化物的形式散失。只有当生物死亡后，机体中的含硫化合物才在多种微生物的作用下降解。含硫有机物的降解产生的还原态的硫化物（主要为 H_2S，也包括其他有机硫化物），可散发进入大气；然而还原态硫化物在有氧环境中不稳定，可被重新氧化为硫酸盐。

（2）异化还原作用

硫酸盐的异化还原发生在严格的厌氧环境中。硫酸还原细菌利用 SO_4^{2-} 作为其呼吸作用的终端电子受体，在将有机物氧化降解为 CO_2，并获取化学能的同时，氧化态的 SO_4^{2-} 或其他硫氧化物被还原为 H_2S。

$$SO_4^{2-} + 2\ CH_2O + 2H^+ \longrightarrow H_2S + 2CO_2 + 2H_2O + 能量$$

厌氧微生物把硫酸根还原为硫化氢，以及硫化氢的氧化作用，构成了硫的一个极其封闭式的循环。它酷似光合作用与呼吸作用构成的循环。正是由于这个特点，加上在全球范围内只涉及光合作用所产生的一小部分碳，因而它的这一循环在全球水平上并不特别重要。但是，若含有赤铁矿的海洋沉积物中出现上述硫酸根的厌氧微生物还原，则意味着开始了具有全球意义的生物地球化学循环。在这些沉积物中，所谓的"无色细菌"在对有机化合物进行氧化的同时，能把赤铁矿中的 Fe 以及硫酸根中的 S 进行还原。

$$8SO_4^{2-} + 2Fe_2O_3 + 15\ CH_2O + 16H^+ \longrightarrow 4FeS_2(s) + 15CO_2 + 23H_2O$$

在这个过程中，产生的不溶性化合物在海洋沉积物中逐渐积累，形成具有经济意义的黄铁矿。当人类活动或者其他过程把黄铁矿提到地表并进行有关的风化作用，便完成了一个循环。

（3）石膏的形成反应

石膏（$CaSO_4 \cdot 2H_2O$）矿是硫的主要储存库之一，它可广泛用于建材、造纸、油漆、医药、土壤改良等。因此，其形成和开采利用对于硫的全球循环具有重要意义。石膏的形成是在氧化环境中，通过 Ca^{2+} 与 SO_4^{2-} 的均匀成核反应，或通过 SO_4^{2-} 取代方解石中的 CO_3^{2-} 的非均匀成核反应沉积而成。其反应为：

$$Ca^{2+} + SO_4^{2-} + 2H_2O \longrightarrow (CaSO_4 \cdot 2H_2O)(s)$$

$$CaCO_3(s) + H^+ + SO_4^{2-} + 2H_2O \longrightarrow (CaSO_4 \cdot 2H_2O)(s) + HCO_3^-$$

前一反应需要结晶核的形成，因而是一个相对缓慢的过程。后一反应可将海洋沉积物（方解石）中固定的 CO_3^{2-} 置换到海水中，可以为光合浮游生物利用，促进了大气氧气的产生。因此，该循环过程对大气圈中氧气的含量具有潜在的影响。

当石膏矿因地壳运动或人为开采利用被带到地球表面后则可进行风化作用，从而完成一个完整的循环。

$$(CaSO_4 \cdot 2H_2O)(s) \longrightarrow Ca^{2+} + SO_4^{2-} + 2H_2O$$

（4）硫的甲基化反应

硫的甲基化产生二甲基硫，它是硫生物地球化学循环中最重要的挥发性硫化物，它广泛分布于土壤、大气、海洋和淡水分室中，而尤以表面水体（如大陆架和海洋水体）中的含量最大。导致这一现象产生的原因，可能主要是因为红藻参与硫的甲基化反应：

$$(CH_3)_2SCH_2CH_2OO^- + H_2O \longrightarrow (CH_3)_2S + CH_3CH_2COO^- + OH^-$$

二甲基硫的氧化产物二甲基氧化硫 $[(CH_3)_2SO]$ 也是一个重要的硫化物，它也主要与表面水体中浮游植物的活动有关。目前，水分室（包括海洋表面水体、河流、湖泊等）中二甲基氧化硫的浓度已达到 19 ~ 109 nmol/L。

此外，硫还参与其他有毒元素的甲基化作用的过程。例如，硫离子参与三甲基铅进一步甲基化的催化功能，是通过形成中间产物 $[(CH_3)_3Pb]S$ 来实现的；硫促进甲基汞向二甲基汞转化以及促进三甲基锡转化；其他生物起源的有机硫化物（如蛋氨酸和辅酶 M）则作为甲基供体，参与砷和硒的甲基化作用。特别是，甲基碘也可作为甲基供体，使硫转化为二甲基硫。

总之，硫在甲基化过程中起着十分重要的调控作用，从而可能支配其他有毒元素（包括 Pb，Hg，Sn，As，Se 等）的生物地球化学循环。

第八章 地质环境与人类健康

人类是自然界长期演变、发展的产物，与大气圈、水圈以及岩石圈具有密切的关系。生物体（包括人）通过新陈代谢与外界环境不断进行物质交换和能量流动，使得机体的结构组分（如元素含量）与环境的物质成分（元素）不断保持着动态平衡，形成了人与环境之间相互依存、相互联系的复杂的统一整体。人类为了更好地生存和发展，必须尽快适应外界环境条件的变化，不断从环境中摄入某些元素以满足自身机体生命活动的需要。如果元素摄入不足和过量，都将会影响人类健康。

第一节 元素与人体健康

一、人体内的元素

人体所含元素差别极大，按其含量不同可以分为常量元素和微量元素两大类。根据化学元素的性质及其对人体的利弊作用，又通常将它们分为五类：①人体必需常量元素，这一类是被确认的维持机体正常生命活动不可缺少的必需常量元素；②人体必需微量元素，是维持机体正常生命活动不可缺少的必需微量元素；③人体可能必需微量元素，对这类微量元素在体内的形式尚缺乏研究，不能明确判断是否为人类必需微量元素；④有毒元素，是已证明对人体毒性很大的元素；⑤非必需元素，是人体不需要的元素。

常量元素也称宏量元素或组成元素，包括 C、H、O、N、S、P、Na、K、Ca、Mg、Cl 等 11 种。常量元素均为人体必需元素，它们占人体总重量的 99.95%，其中 O、C、H、N、S 占人体总重量的 94%。这些常量元素对有机体发挥着极其重要的生理功能，如形成骨骼等硬组织、维持神经及肌肉细胞膜的生物兴奋性、肌肉收缩的调节、酶的激活、体液的平衡和渗透压的维持等多种生理、生化过程都离不开常量矿物元素的参与及调节。人体在新陈代谢过程中要消耗一定的常量矿物元素，必须及时给予补充，尽管这些矿物元素广泛存在于食物中，一般不易造成缺乏，但在某些特定环境或针对某些特殊人群，额外补充相应的常量矿物元素具有重要的现实意义。

人体内的微量元素浓度较低，其标准量均不足人体总重量的万分之一，可以从食物、空气和水中获得，但主要来自食物和饮水经胃肠道的吸收。微量元素在人体内所起的生物学效应是一系列复杂的物理、化学和生物化学过程的结果，对人体健康也具有十分重要的作用。当微量元素低于或高于机体需要的浓度时，机体的正常功能就会受到影响，甚至出现微量元素的缺乏、中毒或引起机体死亡。目前已知多种疾病的发生、发展与微量元素有密切的关系，如，儿童的挑食、厌食、生长发育慢及智力低下，克山病，血管疾病，免疫功能缺陷，肝脏疾病，感觉器官疾病，泌尿生殖系统疾病，创伤愈合慢及肿瘤等。由于微量元素在人体代谢过程中既不能分解，也不能转化为其他元素，因此，通过检测人体各种元素的含量就可以在一定程度上了解人体的代谢规律，进而掌握人们的营养健康状况。

二、地质环境中元素含量与人体中元素的相关性

20 世纪 70 年代，英国地球化学家汉密尔顿对 220 名病人的化学元素含量和地壳中各相应元素的含量进行测定，并用其含量均值的对数绘制元素相关图，结论表明除了人体原生质中的主要成分碳、氢、氧和地壳中的主要成分硅以外，其他化学元素在人体血液中的含量和地壳中这些元素的含量分布规律具有惊人的相似性，由此可以说明人体化学组成与地壳演化具有亲缘关系。这一地壳丰度控制生命元素必需性的现象称之为"丰度效应"。

现代人体的化学成分是人类长期在自然环境中吸收交换元素并不断进化、遗传、变异的结果。人体中某种元素的含量与地壳元素标准丰度曲线发生偏离，就表明环境中该种元素对人体健康产生了不良影响。环境的任何异常变化，都会不同程度地影响到人体的正常生理功能。如人在某一地方长时间居住，就会发展自己体内的种种代谢或代偿功能，以便从环境中获取适量的微量元素，而一旦当他到新的地点生活，由周围环境通过饮食进入体内的微量元素含量会有变化，这时人就不得不重新调节自己体内的机能。而在这一改变过程中，有可能出现一系列不适的反应，而这一综合反应就是我们平时所说的"水土不服"。

虽然人类具有调节自己的生理功能来适应不断变化着的环境的能力，但如果环境的异常变化超出人类正常生理调节的限度，则可能引起人体某些功能和结构发生异常，甚至造成病理性的变化。这种能使人体发生病理变化的环境因素，称为环境致病因素。如某地提供给人类的微量元素过多或过少，超出人体机能调整的极限，将会导致疾病的出现，如在黑龙江、陕西等地由于硒缺乏所导致的克山病的发生，在新疆、内蒙古等地由于水源中砷过高所引发的砷中毒问题等。

三、地球表生环境中元素的迁移转化

在地表环境中，在特定的物理化学条件或人类地球化学活动的作用和影响下，地表环境中的元素随时空的变化而发生空间位置的迁移、存在形态的转化，并在一定环境下发生重新组合与再分布，形成元素的分散或聚集，由此而产生元素的"缺乏"或"过剩"。

（一）地表环境中元素的迁移类型

地表环境中元素的迁移包含元素空间位置的移动以及存在形态的转化两层意思：前者指元素从一地迁移到另一地，后者则指元素在空间迁移过程中从一种形态转化为另一种形态。在许多情况下这两者是同时发生的，尤其是存在形态的转化必然伴随着空间位置的

移动。

元素的迁移类型根据不同的划分形式可以分为不同的迁移类型。

1. 按介质类型划分

地表环境中的元素迁移需要借助某种介质完成。介质不同，其迁移类型亦不同。按介质类型的不同，可将元素迁移分为空气迁移、水迁移和生物迁移三种形式。

（1）空气迁移

元素以空气为介质，以气态分子、挥发性化合物和气溶胶等形式进行的迁移。属于空气迁移的化学元素有 O、H、N、C、I 等。以气溶胶形式迁移只是在近代工业发展以来，因工业废物的大量排放导致某些微量元素以颗粒物或附着在颗粒物表面进行的一种迁移。

（2）水迁移

元素以水体为介质，以简单的或复杂的离子、络离子、分子、胶体等状态进行的迁移。元素可以胶体溶液或真溶液的形态随地表水、地下水、土壤水、裂隙水和岩石孔隙水等水体运动而发生迁移。水迁移是地表环境中元素迁移的最主要类型，大多数元素都是通过这种形式进行迁移转化的。

（3）生物迁移

进入环境的元素通过生物体的吸收、代谢、生长以及死亡等一系列过程实现的元素迁移。这是一种非常复杂的元素迁移形式，与生物的种、属的生理、生化、遗传和变异作用有关。即使同一生物种在不同的生长期对元素的吸收、迁移也存在差异或不同。

2. 按物质运动的基本形态划分

按物质运动的基本形态还可将元素迁移划分为机械迁移、物理化学迁移与生物迁移三种类型。

（1）机械迁移

指元素及其化合物被外力机械地搬运而进行的迁移。如水流的机械迁移、气体的机械迁移和重力机械迁移等。

（2）物理化学迁移

指元素以简单的离子、络离子或可溶性分子的形式，在环境中通过一系列的物理、化学作用（如溶解、沉淀、氧化还原等作用）实现的迁移。

（3）生物迁移

通过生物体内的生物化学作用而发生的元素迁移。

通常，环境中元素的迁移方式并不是绝然分开的，有时同一种元素既可呈气态迁移，又可呈离子态随水迁移，也可通过生物体实现迁移，如组成原生质的 O、H、C、N 等元素，在某些情况下呈气态分子（O_2、CO_2、CH_4、NH_3）形式进行迁移，在另外情况下则呈离子态（如 SO_4^{2-}、CO_3^{2-}、NH_4^+、NO_3^+）随水进行迁移，也可以生物的重要组成部分实现迁移（生长、死亡）。

（二）地表环境中元素的迁移转化的影响因素

元素在自然环境中的迁移受到两方面因素的影响：一是内在因素，即元素的地球化学性质；二是外在因素，即区域地质地理条件所控制的环境的地球化学条件。

1. 影响表生环境中元素的迁移转化的内在因素

不同元素所形成的不同的化学键（离子键与共价键），以及同一元素的不同价态对迁移具有较大的影响。

不同键型的化合物，具有不同的迁移能力。一般来说，离子键型化合物由阴阳离子的静电吸力相连接，其熔点和沸点较高。这类物质难进行气迁移，但易溶于水而进行迁移，如 NaCl。共价键型化合物由较弱的分子间引力所连接，易转变为气态和液态，熔点和沸点较低，易于进行气迁移，如 CO_2、H_2S 等。

元素的化合价越高，形成的化合物就越难溶解，其迁移能力也就越弱。如氯化物（Cl^-）较硫酸盐（SO_4^{2-}）易溶解，硫酸盐较磷酸盐（PO_4^{3-}）易溶解。而同一元素其化合价不同，迁移能力也不同，低价元素的化合物其迁移能力大于高价元素的化合物。例如 Fe^{2+} 迁移能力大于 Fe^{3+}，Cr^{3+} 迁移能力大于 Cr^{6+} 等。

此外，原子半径和离子半径对元素的迁移转化也具有重要的影响作用，它影响胶体的吸附能力。胶体对同价阳离子的吸附能力随离子半径增大而增大。就化合物而言，相互化合的离子其半径差别愈小，溶解度也愈小，如 $BaSO_4$、$PbSO_4$ 的溶解度都较小，离子半径的差别愈大，则溶解度愈大，如 $MgSO_4$。

总之，自然界中元素的迁移强度有很大的差异。在相同条件下，不同元素的迁移千差万别；而在不同的迁移方式下，同一元素差异也较大。

2. 影响表生环境中元素的迁移转化的外在因素

同一种元素在不同区域地质地理条件中的迁移能力是极不相同的。影响元素迁移的最大外力是活的有机体和天然水。主要的外在因素有环境的 pH 值、氧化还原电位（Eh）、络合作用、腐殖质、胶体吸附、气候条件和地质地貌条件等。

（1）环境的 pH 值

表生环境中的 pH 值主要指土壤和天然水的 pH 值。

土壤酸度可分为活性酸度与潜性酸度两类。由土壤溶液中的氢离子形成的酸度，称为土壤的活性酸度，用 pH 值来表示；由吸附于土壤胶体上的氢离子所形成的酸度，称为土壤的潜性酸度。土壤的潜性酸度比活性酸度大千倍乃至万倍。当活性的氢离子减少时，潜性的氢离子就会进行补充，即活性酸度和潜性酸度处于动态平衡之中。土壤的活性酸度主要来源于土壤溶液中各种有机酸类（如草酸、丁酸、柠檬酸、乙酸等）和无机酸类（如碳酸、磷酸、硅酸等）。土壤的活性酸度即土壤溶液的 pH 值在较大的范围波动，可由 3.0 ~ 3.5 到 10 ~ 11 之间变换。

天然水的 pH 值主要受风化壳土壤酸碱度的影响。腐殖酸和植物根系分泌出的有机酸，是影响天然水 pH 值的另一个重要方面。天然水的 pH 值大致与土壤带的 pH 值相吻合。含酶或含碱的工业废水排入水体后，在局部地段对水的 pH 值影响也较大。

在地表环境中，pH 值可影响元素或化合物的溶解与沉淀，决定着元素迁移能力的大小。大多数元素在强酸性环境中形成易溶性化合物，有利于元素的迁移；在中性环境中，形成难溶性的化合物，不利于元素的迁移；在碱性环境下，某些元素的化合物也是易于溶解，利于迁移。

在酸性和弱酸性水中（pH < 6），有利于 Ca^{2+}、Sr^{2+}、Ba^{2+}、Ra^{2+}、Cu^{2+}、Zn^{2+}、Cd^{2+}、

Cr^{3+}、Fe^{2+}、Mn^{2+}、Ni^{2+} 的迁移；在碱性水中（PH > 7）上述元素很少迁移，而 Cr^{6+}、Se^{4+}、Mo^{2+}、V^{5+}、As^{5+} 等则易于迁移。在地下水的 pH 为 6～9 时，碱金属和碱土金属易于迁移，而在强碱性条件下，可能生成氢氧化物沉淀，不利于迁移。Hg、Cd、Pb、Zn 等金属具有很强的亲硫性和亲氧性，在低 PH 值条件下发生水解，形成金属的羟基络合物，能促进这些元素在环境中的迁移。

（2）氧化还原电位（Eh）

氧化还原作用是自然环境中存在的普遍现象，对元素在环境中的迁移转化具有重要的影响。

一些元素在氧化环境中可进行强烈迁移，而另一些元素在还原条件下的水溶液中则更容易迁移。如 S、Cr、V 等元素在氧化作用强烈的干旱草原和荒漠环境中形成易溶性的硫酸盐、铬酸盐和钒酸盐而富集于土壤和水中；在以还原作用占优势的腐殖酸环境中（如沼泽），上述元素便形成难溶的化合物而不能迁移。而 Fe、Mn 等在氧化环境下形成溶解度很小的高价化合物，难以迁移；而在还原环境下，则形成易溶的低价化合物，发生强烈迁移。

（3）络合作用

在地表环境中，重金属元素的简单化合物通常很难溶解，但当它们形成络离子以后，则易于溶解发生迁移。甚至有人认为，金属离子络合物是影响重金属迁移的最重要的因素。

近年来，人们特别重视羟基络合作用与氯离子络合作用对促进大量重金属在地表环境中的迁移的影响。羟基对重金属的络合作用实际上是重金属离子的水解反应，重金属离子能在低 pH 值下水解，从而提高重金属氢氧化物的溶解度。氯离子作用对重金属迁移的影响主要表现在两方面，一是显著提高难溶重金属化合物的溶解度；二是生成氯络重金属离子，减弱胶体对重金属的吸附作用。

形成的重金属络合物越稳定越有利于重金属迁移；反之，络合物易于分解或沉淀，不利于重金属迁移。

（4）腐殖质

腐殖质对元素的迁移主要表现为有机胶体对金属离子的表面吸附和离子交换吸附作用，以及腐殖酸对元素的螯合作用与络合作用。一般认为，当金属离子浓度高时，以交换吸附为主，在低浓度时以螯合作用为主。腐殖质螯合作用对重金属迁移的影响取决于所形成的螯合物是否易溶，易溶则促进重金属的迁移，难溶则阻碍重金属的迁移。

在腐殖质丰富的环境中，CU、Pb、Zn、Fe、Mn、Ti、Ni、CO、Mo、Cr、V、Se、Ca、Mg、Ba、Sr、Br、I、F 等元素可被有机胶体吸附，并随水大量迁移。腐殖质与 Fe、AI、Ti、U、V 等重金属形成络合物，较易溶于中性、弱酸性和弱碱性介质中，并以络合物形式迁移；在腐殖质缺乏时，它们便形成难溶物而沉淀。

（5）胶体吸附

胶体由于具有巨大的比表面、表面能并带电荷，能够强烈地吸附各种分子和离子。胶体使元素迁移的作用主要发生在气候湿润地区。由于天然水呈酸性，有机质丰富，利于胶体的形成，元素常以胶体状态发生迁移。在湿润地区，胶体最易吸附的元素有 Mn、As、Zr、Mo、Ti、V、Cr 和 Th 等，其次有 C_U、Pb、Zn、Ni、C_O、Sn 等。而在气候干旱地区，天然水呈碱性，有机质偏少，不利于胶体的形成，因而由胶体使元素迁移的可能性极小。

各种胶体对元素的吸附具有选择性。例如，褐铁矿胶体易吸附 V、P、As、U、In、Be、C_o、Ni 等元素；锰土胶体易吸附 Li、Cu、Ni、C_o、Zn、Ra、U、Ba、W、Ag、Au、T_i 等元素；腐殖质胶体易吸附 Ca、Mg、Al、Cu、Ni、C_o、Zn、Ag、Be 等元素；黏土矿物胶体则常吸附 Cu、Ni、CO、Ba、Zn、Pb、U、T_i 元素。

（6）气候条件

气候对环境中元素迁移的影响主要取决于两个最重要的条件：热量和水分，其对地表环境中元素迁移的影响主要表现在直接影响和间接影响两方面。

①直接影响

地表环境中化学元素的迁移形式以水介质中发生的物理化学迁移为主，而气候变化的主要因素是降水量和热量。降水量的多少和温度的高低对化学元素的迁移产生重大影响。在炎热的湿润地区，各种地球化学作用反应剧烈，原生矿物多高度分解，淋溶作用十分强烈，风化壳和土壤中的元素被淋失殆尽，结果使水土均呈酸性，元素较贫乏，腐殖质富集，为还原环境。在干旱草原、荒漠气候带，降水量少，阳光充足，蒸发作用十分强烈，水的淋溶作用微弱，各种地球化学作用的强度软弱，速度也十分缓慢，地表环境中富集大量氯化物、硫酸盐等盐类，许多微量元素也大量富集，尤以 Ba、Sr、M_o、Zn、AS、Se、B 等元素为最显著。

此外，温度变化可以影响元素进行的化学反应速度。温度每升高10℃，反应速度便增加 2 ~ 3 倍。因而，炎热地区环境的化学反应要比寒冷地区进行得迅速而彻底。

②间接影响

主要表现在生物迁移作用方面。气候愈温暖湿润，生物种类和数量愈多，生长速度也愈快，地表环境中的有机质或腐殖质愈多，生物吸收、代谢各种元素的过程愈强烈，地表环境中的许多元素可通过大量生物的吸收、代谢作用进行迁移。而在干旱气候条件下，生物种类和数量很少，地表有机质和腐殖质缺乏，元素的生物迁移微弱，地表环境中的元素多发生富集。

（7）地质与地貌

地质构造、岩性等地质条件均对元素的迁移产生影响。岩层褶皱剧烈、断裂构造发育、节理错综复杂的地区，侵蚀作用、地球化学作用和元素的迁移比较强烈，元素随水流或其他介质大量迁移。如坚硬的岩石难以被侵蚀风化，质地软弱的岩石则易于风化侵蚀，其中所含的元素随淋失作用、搬运作用而发生迁移。此外，与地质构造密切相关的火山作用造成地表环境某些元素富集，如 B、F、Se、S、As 和 Si 等；与岩浆活动有关的多金属矿床可使地表环境中富含 Hg、As、Cu、Pb、Zn、Cr、Ni、V、W、Mo 等元素，从而对元素的迁移、聚集产生一定的影响。

地形地貌条件对元素的迁移也具有十分明显的影响作用，一般山区为元素的淋失区，低平地区为元素的堆积富集区。对内陆河流而言，坡降较大的中上游为元素的淋失地段，坡降较平缓的下游则为元素的堆积地段。研究表明，因某些元素"缺乏"引起的地方病常常分布在元素淋失区，因某些元素"过剩"而引起的地方病常发生在元素堆积区。

四、地球化学环境地带性

地球上的气候、水文、生物、土壤等都与温度的变化密切相关。伴随地表热能的纬度分布规律，气候、水文、植物等都呈现明显的地带性分布规律，而元素的化学活动与这些因素也具有密切关系，因此，元素分布具有地球化学分带特征。

我国地球化学环境按地理纬度从北向南分为酸性、弱酸性还原的地球化学环境，中性氧化的地球化学环境，碱性、弱碱性氧化的地球化学环境，酸性氧化的水文地球化学环境。

（一）酸性、弱酸性还原的地球化学环境带

该环境中年降水量约为 600 ～ 1 000 mm，蒸发较弱，水分相对充裕。气候寒冷而湿润，植被茂盛，腐殖质大量堆积，沼泽发育，泥炭堆积，多属还原环境。以灰化土、棕色森林土、草甸沼泽土、泥炭沼泽土等为主。土壤的潜育层发育，植物残体被细菌分解，产生大量的腐殖酸，土壤呈酸性，pH 值为 3.5 ～ 4.5。酸性环境抑制好气性细菌的生长，故植物残体得不到彻底分解，长期处于半分解状态，多数元素被禁锢在植物残体中，导致环境中的矿质营养日趋贫乏。

富含腐殖质的酸性还原环境决定了该区地球化学作用的性质和强度较大。在酸性淋溶条件下，Ca、Mg、K、Na、Al、B、I、V、C_U、C_O、Ni、Zn、Cd 等元素易被淋溶迁移，尤其二价的 Fe 和 Mn 具有较高的迁移能力。风化壳处于富硅铝化过程，盐基十分缺乏，土壤的烧失量较高，植物灰分普遍较低。

由于水中含有大量的腐殖酸，导致 Ca、Mg、C_U、Pb、Zn、Mn、Fe、Al、I、P 等许多元素常被有机胶体所吸附，或形成金属有机络合物，其中以二价铁最典型。滞水地段，具有铁锈色的絮状有机胶体往往成片相连。

在该区发现许多疾病，有些疾病的分布已呈明显的地方性，如心血管病、脑溢血、高血压、癌症、克山病、地方性甲状腺肿、龋齿、大骨节病等。而在动物中也广泛流行着许多种地方病，如动物白肌病、痉挛症、骨质松脆症、甲状腺肿大、消瘦症、贫血症等，动物发育不良、生长迟缓、呆痴矮小等。这些疾病的产生往往与该区元素缺乏具有直接关系。

（二）中性氧化的地球化学环境带

该环境中热量较充分，年降水量为 600 ～ 1 200 mm，蒸发作用不强，地表径流通畅，潜水位较低。土壤湿度适中，为氧化环境。植被发育一般，而且植物残体分解较彻底，因此，腐殖质堆积较少。本区元素的淋溶作用不强，富集作用也不显著，无明显的过剩或不足的现象。天然水多为中性，pH 值为 7 左右。

一般来说，该区人、畜的地方病很少，只有在山区和平原的局部地区有地方性甲状腺肿和龋齿流行。

（三）碱性、弱碱性氧化的地球化学环境带

该环境中气候干旱，年降水量为 250 ～ 400 mm，或者更少；主要的土壤为灰钙土、栗钙土，在低洼处可见盐土和碱土。这种环境最显著的特点是元素富集、腐殖质贫乏。

由于降水不足，淋溶作用微弱，该环境土壤中 Ca、Na、Mg、S、Cl、F、B、V、Zn、Cr、Cu、Mo、Ni、Se、As 等元素大量富集。地表水和潜水多属碱性，pH 值为 8 ～ 10，在

碱性介质中五价钒、六价铬、砷、硒等元素活性较大，易迁移，但淋溶微弱，蒸发强烈，上述元素最终仍富集于水土中。

在本环境的大部分地区，生物元素是过剩的，因而常流行着某些地方病，如氟斑牙、氟骨症、硒中毒、痛风病（钼过剩），或因环境中砷过剩而产生皮肤癌。在牲畜中也流行某些地方病，如氟中毒、硒中毒、腹泻（钼过剩）、贫血（铜过剩），或因硼过剩而患肠炎等。

（四）酸性、氧化的地球化学环境带

该环境热量丰裕，水分充沛，年降水量为 1 000 ~ 3 000 mm，植被繁茂高大，元素的生物地球化学循环强烈。本区风化、淋溶作用均十分强烈，风化壳中的 Ca、Na、Mg、K、S、Li、B、I 等元素大量被淋洗流失。

在该环境中发育着典型的砖红壤和广泛分布的红壤，所含元素较少。由于盐基缺乏，土壤呈酸性，pH 值为 3.5 ~ 5.0。水土和食物中碘异常缺乏，地方性甲状腺肿的分布十分广泛。因钠不足而影响人体的发育，常形成侏儒。在本区还流行着缺铁性的热带贫血症、心血管病。

（五）非地带性的地球化学环境带

在自然界中某些局部的地球化学环境不受地理纬度分带的影响，如在湿润的森林景观带可出现高氟区和高硒区，而在干旱的荒漠景观中可以出现沼泽，形成局部的腐殖质堆积的环境。

非地带性的地球化学环境可分为以下两种类型，即元素富集的氧化的地球化学环境和腐殖质富集的还原的地球化学环境。例如在某些火山、温泉分布的地区可造成局部环境中 S、Fe、Si、Se、As 等元素的富集；在含氟的矿床周围氟高度富集；在某些煤系地层，凝灰岩地区和硫化矿床的氧化带会使 Se 高度富集；在多金属矿区或氧化带 Cu、Pb、Zn、Cd、Hg 等元素大量富集。在上述局部环境中因为某些元素的过剩，可导致人、畜的许多种地方病。

此外，根据其成因类型的不同，可将地球化学带分为七种成因类型环境带。

1. 蒸发浓缩型

该成因类型包括东北西部平原、华北滨海平原、内蒙古高原、准噶尔盆地、塔里木盆地、柴达木盆地、藏北高原、关中盆地等地区。这些地区的特点是气候干燥、蒸发量大，可溶性盐类在相对低洼的地区浓集、积累，使土壤盐碱化、潜水矿化度增高，出现咸水、苦水和肥水，水土中一些与生命有关的元素，如 Na、Mg、Ca、S（SO_4^{2-}）、Cl、N（NO_3^- 和 NO_2^-）、I、F、Se、As、B 等过剩。

目前干旱、半干旱区已发现的生物地球化学地方病有氟中毒、慢性砷中毒、慢性亚硝酸盐中毒、高碘性地方性甲状腺肿、硼肠炎、地方性腹泻和天然放射性疾病。

2. 矿床或矿化地层型

近地表的矿床或矿化层，经风化后形成元素富集的分散流和分散晕，造成元素过剩的生物地球化学带。具有典型代表性的，如贵州某些富煤系地层、氟磷灰石矿，河南伏牛山萤石矿、水晶石矿带流行人、牲畜氟中毒。

3. 矿泉型

由于某些矿泉毒性元素含量较高，污染泉口附近的水土，而造成元素过剩的生物地球化学带。如广东、福建、西藏等地有些矿泉含氟较高，造成严重的人、畜氟中毒。

4. 生物积累型

水土中某些元素，如 Hg、Se、T_i 通过生物富集而引起的地方病。如西藏浪子卡地区硒含量为 0.7×10^{-6}，但由于紫云英聚积硒达 5.8×10^{-6} 以上，造成家畜硒中毒；贵州使用富含铊的泉水灌溉后，导致铊中毒等。

5. 湿润山岳型

降水丰沛的山区，有利于迁移能力强的元素淋溶流失，造成元素缺乏。如大小兴安岭、长白山、燕山、太行山、祁连山、天山、阿尔泰山、昆仑山、喜马拉雅山、横断山、秦岭、云贵高原、大巴山、武夷山、南岭等山脉皆是严重缺碘的地区。在西北干旱和东南湿润地区之间的过渡带的山岳丘陵区，形成一条北东—南西的低硒带，在此带内流行与硒缺乏有关的动物白肌病、人类克山病和大骨节病。

6. 沼泽泥炭型

沼泽泥炭发育地区，由于水土具有还原性，一些 I、Cu、C_0、B 等生命元素的迁移能力下降，导致某些必需元素缺乏。如东北山地河谷、三江平原等，沼泽泥炭发育，土壤 B 含量较低，常导致农作物缺 B。

7. 沙土型

由于沙土有机质含量低、黏粒含量少，对水分和养分的保持能力差，因此 I、F、Zn、Cu、Mo、B、Se 等一些生命元素容易流失，形成沙土型的元素缺乏生物地球化学带，主要分布于沙漠边缘区，山前冲积、洪积扇上部。

实际上，根据地理纬度与根据成因所划分的地球化学带是相辅相成的，两者之中既有相同又有不同，这些都是由于地球化学分带的复杂性所决定的。对地球化学分带仍需要进一步研究。

第二节　原生地质环境与地方病

在地质历史的发展过程中，逐渐形成了地壳表面元素分布的不均一性。这种不均一性在一定程度上控制和影响着世界各地区人体、动植物的发育，造成生物生态的明显地区差异。当这种不均一性超过人体调节能力的范围时，就会导致各种各样地方病的发生。

此外，随着人类在对自然资源的开发利用过程中，越来越多的地质环境——土壤、岩石、地表水、地下水等被人类所影响，强烈地改变了其组成，导致地质环境发生异常，从而进一步威胁到人类健康，在某些区域也促使了地方病的发生。

一、地方病

地方病是指具有严格的地方性区域特点的一类疾病，按病因可分为以下几种。

（一）自然疫源性（生物源性）地方病

病因为微生物和寄生虫，是一类传染性的地方病，包括鼠疫、布鲁鼠疫、布鲁氏菌病、乙型脑炎、森林脑炎、流行性出血热、钩端螺旋体病、血吸虫病、疟疾、黑热病、肺吸虫病、包虫病等。

（二）化学元素性（地球化学性）地方病

此类疾病是因为当地水或土壤中某种（些）元素或化合物过多、不足或比例失常，再通过食物和饮水作用于人体所产生的疾病。

1. 元素缺乏性

如地方性甲状腺肿、地方性克汀病等。

2. 元素中毒性（过多性）

如地方性氟中毒、地方性砷中毒等。

发生化学元素性地方病的地区基本特征主要如下：

（1）在地方病病区，地方病发病率和患病率都显著高于非地方病病区，或在非地方病病区内无该病发生。

（2）地方病病区内的自然环境中存在着引起该种地方病的自然因子。地方病的发病与病区环境中人体必需元素的过剩、缺乏或失调密切相关。

（3）健康人进入地方病病区同样有患病可能，且属于危险人群。

（4）从地方病病区迁出的健康者，除处于潜伏期者以外，不会再患该种地方病，迁出的患者其症状可不再加重，并逐渐减轻甚至痊愈。

（5）地方病病区内的某些易感动物也可罹患某种地方病。

（6）根除某种地方病病区自然环境中的致病因子，可使之转变为健康化地区。

当前，最常见的地方病主要有地方性氟中毒、大骨节病、克山病、地方性甲状腺肿、癌症、心脑血管疾病、血吸虫病、鼠疫和慢性砷中毒等。

二、地氟病

地氟病又称地方性氟中毒，是在特定地区的环境中，包括水土和食物中氟元素含量过多，导致生活在该环境中的人群长期摄入过量氟而引起的慢性全身性疾病。地氟病在世界各大洲均有分布，在我国主要分布在贵州、陕西、甘肃、山西、山东、河北和东北等地。

氟是周期表ⅦA族卤素中最轻、最活泼的化学元素，在自然界和生物体内几乎无所不在。由于其活泼的化学性质，极易在自然环境下进行迁移与富集，导致环境中氟分布不均，其过剩和不足都将引发氟病。氟中毒最明显的症状是氟骨症和氟斑牙。

（一）环境中氟的来源

氟的天然来源有两个：一是风化的矿物和岩石，二是火山喷发。因自然地理条件不同，土壤的含氟量差异较大。在湿润气候区的灰化土带，属于酸性的淋溶环境，有利于氟的迁移，土壤中氟含量较低。干旱和半干旱草原的黑钙土、栗钙土含氟量较高，在盐渍土和碱土中其含量更高。

人体可以从饮水、食物及大气中摄入氟，从饮水中摄取的氟约占65%，25%来自食物。

1. 饮用水

不同水源的水氟含量差别很大，河水含氟平均为0.2 mg/L，一般地下水含氟量比地表水高。

2. 食物

人类的食物几乎都含有少量的氟。除食物外，茶叶含氟量也较高。

3. 生活燃煤

居室内用落后的燃煤方法燃烧含氟量高的劣质煤，会污染室内食物、空气和饮用水。

4. 工业污染

电解铝厂、陶瓷厂、磷肥厂和砖窑等耗煤工业排出含氟废气，污染土壤和水。

（二）地质地理分布

氟中毒病在世界的分布与地球化学环境密切相关，主要受岩石、地形、水文地球化学变化、土壤以及气候等因素的影响。

1. 火山活动区发病带

火山爆发喷出的火山灰、火山气体等喷发物中含有大量氟，这些喷出物在火山周围呈环状分布。生活在火山周围的居民多患氟斑牙病和氟中毒症。世界上一些著名的火山，如意大利的维苏威火山、那不勒斯火山及冰岛的火山区等，均有地方性氟中毒病发生。

2. 高氟岩石出露区和氟矿区发病带

某些岩石如萤石、冰晶石、白云岩、石灰岩以及氟磷酸盐矿中含有丰富的氟，经过物理化学风化作用、淋溶作用和迁移转化等地球化学变化，使地表水和地下水中的氟含量增高，生活在该区的居民长期饮用高氟水，发生氟中毒。

3. 富氟温泉区发病带

温度超过20℃的泉水能溶解多种矿物质，温泉水中含氟量一般比地表水高，而且随泉水温度增高氟含量不断增加。许多温泉区有氟中毒病发生。如西藏谢通门县卡嘎村温泉，水温60℃，水中氟含量达 9.6 ～ 15 mg/L，泉水周围三个村的居民患严重的氟中毒病。

4. 沿海富氟区发病带

在海陆交接地带，长期受海水浸润，形成富盐的地理化学环境，海水含量较高的氟也易于在此带富集；沿海地区由于大量开采地下水，导致海水入侵，不仅使土壤盐渍化、水井报废，也使地下水中氟含量增高，从而引起氟中毒病的发生。如中国的沧州、潍坊等地区，均有一定数量的氟斑牙和氟中毒病出现。

5. 干旱、半干旱富氟地区发病带

干旱、半干旱地区气候干燥，降水量少，地表蒸发强烈，地下水流不畅，氟化物高度浓缩，形成富氟地带，是氟中毒病高发区。如在印度的许多地区，地面氟化物大量蓄积，地方性氟骨症患者高达 100 万人以上，被称为世界"氟病大国"。

由此可见，全球地方性氟中毒发病区分布相当广泛，约有 30 个国家高发氟中毒病。中国各地均有程度不同的氟病流行。全国有 762 个县（族）有氟病发生，主要分布在黑龙江、吉林、宁夏、内蒙古、陕西、河南、山东等省区。

（三）地氟病的主要类型

当前，我国地氟病的主要类型为饮水型、煤烟污染型、饮茶型及其他类型。

饮水型氟中毒是我国地氟病中最主要的类型，患病人数也最多。高氟饮水主要分布在华北、西北、东北和黄淮海平原地区。氟主要存在于干旱和半干旱地区的浅层或深层地下水中，高氟饮水主要是地下水，源于水文地质条件，当地层中有高氟矿物或高氟基岩时，地下水的含氟量就增高。

煤烟污染型氟中毒是生活用煤含氟量高，使用方式落后而引起的。煤烟污染型地氟病区主要分布在地势较高、气候潮湿寒冷地区，如贵州、四川、云南、湖北等地。当地农

作物收获季节阴雨连绵，须用煤火烘烤粮食、辣椒。而当地居民往往使用的是没有烟囱的地灶，煤燃烧时释放出来的氟化物直接污染室内空气并沉积在所烘烤的粮食和辣椒上。当居民使用这些粮食和辣椒时，就摄入了过多的氟，而引发了氟中毒的发生。

饮茶型氟病是指茶水中含有高浓度的氟化物，由于喝入多量茶水，所导致的慢性氟中毒。我国西部地区如西藏、新疆、内蒙古、青海、四川北部等地区居民，其中特别是从事畜牧业的居民，他们有喝砖茶的传统生活习惯，砖茶已成为生活必需品，每天喝大量砖茶沏的茶水，也就从砖茶摄入大量氟化物。

此外，由于其他一些原因仍可导致氟中毒的发生。如某些井盐中含氟量可高达 203 mg/kg，每人每天从食盐摄入的氟化物可能达 4 mg，从食盐摄入氟化物占当地居民每人每日总摄入量的 68%，氟斑牙发病率达 55%，成为一种源于食盐的地氟病。工业污染也可以在污染范围内造成居民慢性氟中毒症状，如电解铝工业、磷肥制造业等往往可使附近居民患有严重氟中毒并殃及牲畜、鱼类和农作物。

（四）地方性氟病的预防

1. 饮水型地方性氟病的预防可采用如下措施：改用低氟水源；打低氟深井；利用低氟地面水、低氟的山泉水或地下泉水。此外，在找不到可利用的低氟水源或暂时无条件引水、打新井的地方，可利用物理、化学方法除氟。

2. 生活燃煤污染型地方性氟病的预防为不用或少用高氟劣质煤，或通过改善居住条件，提高房屋的保暖性能，减少煤的用量，以期减少氟总的排放量；采用降氟节煤炉灶；降低食物的氟污染。

三、大骨节病

大骨节病是一种地方性变形性骨关节病。本病主要表现为骨关节增粗、畸形、强直、肌肉萎缩、运动障碍等。本病在各个年龄组都有发生，但多发于儿童和青少年，成人很少发病，无明显的性别差异。

（一）地质地理分布

大骨节病的分布与地势、地形、气候有密切关系。在中国，大骨节病多分布于山区、半山区，海拔在 500 ~ 1 800 m 之间。如中国东北地区，大骨节病多分布于山区、丘陵地带，以山谷低洼潮湿地区发病最重，在西北黄土高原地区，以沟壑地带发病较重。大骨节病区多为陆地性气候，暑期短，霜期长，昼夜温差大。

中国的大骨节病，从东北到西藏呈条带状分布。该病在中国分布广泛，包括黑龙江、吉林、辽宁、内蒙古、山西、北京、山东、河北、河南、陕西、甘肃、四川、青海、西藏等省（直辖市、自治区）。在俄罗斯、朝鲜、瑞典、日本、越南等国也有此病发生。

（二）大骨节病的环境地质类型

大骨节病分布广泛，横跨寒、温、热三大气候带，自然环境复杂多变，病区地质环境可划分为四种类型：

1. 表生天然腐殖环境病区

该类型区沼泽发育，腐殖质丰富，土壤多为棕色、暗棕色森林土、草甸沼泽土和沼泽土等。在本区，凡饮用沼泽甸水、沟水、渗泉水者大骨节病较重，而饮大河水、泉水、深井水者病情较轻或无病。

2. 沼泽相沉积环境病区

该类型区主要分布于松辽平原、松嫩平原和三江平原的部分地区，多为半干旱草原和稀疏草原。本区地势低平，水流不畅，沼泽湖泊星罗棋布，有的已被疏干开垦。发病与否主要决定于水井穿过的地层。凡水井穿过湖沼相地层，多为发病区。

3. 黄土高原残源沟壑病区

该类型区黄土广布，侵蚀作用强烈，水土流失严重，形成残塬、沟壑、梁峁地形。群众多饮用窖水、沟水、渗泉水和渗井水，由于水质不良，大骨节病严重。而饮用基岩裂隙水、冲积或冲洪层潜水者病轻或无病。

4. 沙漠沼泽沉积环境病区

该类型区属干旱半干旱沙漠自然景观，固定、半固定沙丘呈浑团状或垄岗状。多数地区干燥无水，少数地区为芦苇沼泽。底部有薄层草炭，沼泽呈茶色并且有铁锈的絮状胶体。群众凡饮用此地水井水多患大骨节病。

（三）大骨节病的病因

大骨节病至今病因未明，多年来国内外学者提出很多学说，如生物地球化学说（低硒说）、食物真菌毒素中毒、饮水中有机物中毒说以及新近提出的环境条件下的生物毒素中毒（低硒条件下的人类微小病毒 B19 感染）说。

1. 生物地球化学说（低硒说）认为

大骨节病是矿物质代谢障碍性疾病，是由于病区的土壤、水及植物中某些元素缺少、过多或比例失调所致。有人认为环境中缺乏 Ca、S、Se 等元素或金属元素 Cu、Pb、Zn、Ni、Mo 等过多可致病；另有人认为，环境中元素比例失调，如 Sr 多 Ca 少、Se 多 SO_4^{2-} 少或 Si 多 Mg 少等也可致病。此外还有人认为，大骨节病与环境中腐殖酸含量高有关。

2. 食物性真菌中毒说认为

大骨节病是因病区粮食（玉米、小麦）被毒性镰刀菌污染，而形成耐热毒素，居民长期食用这种粮食引起中毒而发病。用镰刀菌毒性菌株给动物接种，可使动物骨骼产生类似大骨节病的病变。

3. 饮水中有机物中毒说认为

病区饮水中腐殖质酸含量较高，较非病区高 6 ~ 8 倍。腐殖质酸可引起硫酸软骨素的代谢障碍，导致软骨改变。

4. 环境条件下的生物毒素中毒说

王治伦教授在经过流行病学调查和动物实验研究后发现，实验结果不支持饮水中腐殖酸是病因的假说，也不支持镰刀菌素等是病因的假说，对缺硒是大骨节病的始动病因也未予以肯定，而认为其可能是疾病发生的重要条件。

目前有关大骨节病的病因学说还有待进一步验证。

（四）大骨节病的预防

该病是一种以缺硒为主的多病因生物地球化学性疾病，由于病因未明，缺少特异性防治措施，因此应采取综合性预防措施。根据多年来的经验，可采取补硒、改水、改粮、合理营养、改善环境条件、加强人群筛查等综合性防治措施。通过改善水质、调整饮食、补充无机盐等可降低其发病率。治疗上多采用中西医结合疗法，如氨基酸类、维生素类以及微量元素等结合中草药双鸡丸、骨质增生丸，有一定疗效。此外，理疗如药浴、针刺可有助于某些功能的恢复。

四、克山病

克山病又称地方性心肌病，是一种以心肌变性坏死为主要病理改变的原发性心脏病。1935 年，我国黑龙江省克山县首先发现了大批急性病例，疾病的病因不清，故称"克山病"。其主要临床表现有心脏增大、急性或慢性心功能不全和各种类型的心律失常，急重病人可发生猝死。现已证实环境中硒缺乏与克山病发病的关系最为密切。克山病是一种分布较广的地方病，国内外都有发生，并具有地理地带性分布的特点。中国克山病发病区的分布与巨厚的中新生代陆相沉积岩系有关，同时与地形地貌也密切相关，在地理分布上表现为一条从东北到西南的斜长条带。

（一）克山病病区的环境地质类型

中国病区克山病类型可分为东北型、西北型和西南型三种。

1. 东北型

其特点是克山病与大骨节病的分布和病情轻重基本平行。克山病患者又是大骨节病患者。它包括了大骨节病的表生天然腐殖环境和湖沼相沉积环境两种病区类型。病区多饮用富含腐殖酸的潜水和地表水。

2. 西北型

以陕西渭北黄土高原、陇东黄土高原病区为代表。病区多饮用受有机污染的窨窖水、渗泉水和沟水。

3. 西南型

属此类型的有云南高原病区、川东山地丘陵平坝病区。多饮用水田渗井水、沟水、坑塘水和涝池水。水质不良，有机污染严重。

这三种类型病区的共同特点是饮水中富含腐殖质。

（二）克山病的病因

1. 低硒

目前认为，环境中硒水平过低是克山病的主要病因。流行病学调查显示，克山病病区多分布于我国的低硒地带，病区粮菜、土壤、岩石和饮水中的硒含量都显著低于非病区，病区中人群的血清硒、毛发硒及尿硒水平也明显低于非病区人群。补硒是我国对克山病的主要防治措施，并取得了显著的成效。

2. 生物感染

（1）肠道病毒感染

研究发现，克山病病人血清和脏器中可分离出柯萨奇和埃可等肠道病毒。另外，克山病年度多发、季节多发的特点，在某种程度上符合肠道病毒特别是柯萨奇病毒感染流行的规律。

（2）真菌中毒

20世纪80年代已有人从克山病病区的玉米等粮食中分离出串珠镰刀菌素，并在动物实验中证明其可引起一系列心肌病变。

（3）膳食营养失衡

病区居民饮食条件与非病区有明显不同。不合理的膳食结构能突出致病因素的作用，膳食中的钙与蛋白质不足与发病关系较为密切。资料显示，缺碘和缺铁都可能加重本病的流行。河南省地方病防治所的调查显示，伴随膳食结构趋于合理，克山病的流行已显示出明显的"自限性"。

（三）克山病的防治

采取综合性的预防措施：注意环境卫生和个人卫生、保护水源、改善水质，阻止致病因子进入人体；加强营养，增加优质蛋白、无机盐、维生素的摄入量；在流行区推荐使用含硒食盐；农村使用含硒液浸过的种子种植；植物根部施加含硒肥料，以提高农作物中硒含量。

五、地方性甲状腺肿

地方性甲状腺肿又称地甲病，是指发生在某些地区的一种甲状腺疾病，是一种因环境缺碘或富碘所引起的地方病。

（一）地质地理分布

地甲病是一种流行较广泛的地方病。从全球看，碘缺乏病连续分布于北半球高纬度地带，包括欧洲、亚洲、美洲的北半部，略呈带状。此外，地甲病在非洲刚果河流域、南美的巴拉那河流域都有较大面积分布。全球碘缺乏病病区集中分布于世界上几个著名的巨大山脉地区，如亚洲的喜马拉雅山，延绵分布 2 400 km，其中尼泊尔是最重的病区，患病率高达 90% ~ 100%；在欧洲的阿尔卑斯山、高加索山脉和南美的安第斯山，地甲病也有广泛分布；另外，澳洲的新西兰岛、新几内亚岛及非洲的马达加斯加岛等地区，都有地甲病的流行。

中国是地甲病流行较严重的国家之一，广泛分布于山区和内陆，滨海地区较少。除上海市外，各省、市、自治区均有不同程度的流行，主要分布于东北的大小兴安岭、长白山，华北的内蒙古高原，西北的秦岭山脉、黄土高原、青藏高原、昆仑山脉、天山山脉，西南的喜马拉雅山脉、云贵高原，华东的武夷山及华北的太行山等地区。其分布的一般规律为：从湿润地带到干旱地带，从内陆到沿海，从山岳到平原，因环境中碘的淋溶流失逐渐减弱，积累量趋于增加，使缺碘性地方性甲状腺肿的流行强度递减，最后消失；而高碘性地方性甲状腺肿则呈相反的递增趋势，在干旱和半干旱气候区及沿海地区发病率高。

（二）地甲病的成因类型

1. 高纬度酸性淋失型

主要分布于北欧、北亚、非洲的高纬度地区，土壤多属酸性淋溶土，含碘贫乏。

2. 高山氧化挥发型

构造隆起山区，由于强氧化作用，使碘挥发贫化。

3. 极地和冰川型

多与第四纪冰川覆盖区相一致，冰川活动刮走了在冰川以前形成的富碘熟土。

4. 强渗流弱吸附型

一般分布于洪积扇顶部、古河道等处，由于地下水力坡度大，地下水渗透快，与围岩接触时间短，不利于碘的富集。

5. 拮抗协毒型

碘与钙形成不能为生物所利用的碘钙石物质，致使地甲病发病率升高；而环境中 C_o、Mo 的缺乏，发生协毒作用，使碘缺乏更为严重。

6. 沼泽固碘型

由于沼泽泥炭层中的有机质进入地表水和地下水中，禁锢住土壤中的碘，使碘处于不可给状态。

7. 高碘型

分为水源型和食物型。水源型是由于饮用深层富碘地下水而引起的地甲病；食物型主要是由于沿海地区渔民长期单一食用过量富碘的海产品食物所引起的地甲病。

8. 人为型

分为污染型、食物型和药物型。污染型为环境污染和细菌污染所引起；食物型为长期食用某些食物，如甘薯、杏仁、卷心菜、黄白菜等而影响到碘的吸收利用；药物型为食用的药物中含有与 I^- 类似的阴离子，如 SCN^-、F^-、Br^-、ClO_4^- 等成分，抑制碘的吸收所引起的地甲病。

（三）地甲病的防治

地甲病的致病原因比较复杂，主要是由碘缺乏或过量所引起。成年人每天应摄入碘 $100 \sim 300$ Mg，地甲病流行区人体摄入量一般都低于 $50 \mu g$。而长期摄入过多的碘也可引起地甲病。对不同类型地甲病成因须具体分析，采用不同的方法，对症下药，可起到立竿见影的功效。一般而言，对碘缺乏地区，须加强补碘，以食盐加碘为主，并辅以碘油口服；对碘过量地区，减少碘摄入量，只要选用适宜的饮水和食物，就可以有效地防止地甲病的发生。

六、癌症

癌是一种顽症，对人类生命的威胁很大，占所有疾病死因的第二位，仅次于心脏病。研究表明，癌症与环境地质具有明显的相关性，分布具明显的地区性和地带性，有集中高发的现象。

（一）地质地理分布

癌症在世界各地均有分布，但它有明显集中高发的现象。不同国家、地区的癌症死亡率相差 10 倍乃至百倍。

食道癌的高发区主要位于东南非和中亚地区。如莫桑比克、南非、乌干达、伊朗、阿塞拜疆、乌兹别克斯坦和土库曼斯坦。中国食道癌的平均死亡率约为 11/100 000，但分布不均，总趋势是北方高于南方、内地高于沿海。

肝癌主要流行于低纬度地带，如东南非和东南亚地区。在欧洲、北美洲、大洋洲很少发生肝癌。非洲莫桑比克首都马普托肝癌死亡率最高，为 146.6/100 000；挪威、芬兰等北欧国家最低，死亡率仅（1.0 ～ 1.2）/100 000。中国肝癌平均死亡率约为 10/100 000，高发区位于广西、江苏、广东、福建、上海、浙江等沿海一些地区，形成一个明显而狭长的沿海肝癌分布区。总体而言，肝癌发病率随着地理纬度的降低而增高。

胃癌主要分布在中、高纬度地带，如芬兰、荷兰、瑞典、英国、俄罗斯、日本、美国、加拿大等国的部分地区，低纬度带和赤道附近胃癌则较少发生。中国胃癌的平均死亡率约为 15/100 000，总的分布趋势是西北黄土高原和东部沿海各省较高。一般而言，胃癌发病率呈随着地理纬度的增高而增高的趋势。

（二）癌症成因类型

癌症的分布往往与岩石、土壤、地貌等自然环境有关。研究表明，癌症高发区与环境水文地质关系密切，主要可分为以下四种致病类型：

1. 山区型

该区气候干旱，植被稀少，机械剥蚀作用强烈，缺乏地表径流，当地群众多饮用常年积存的窖水、池水，水质较差，污染严重。如河南林县，河北武安、涉县、磁县等地食道癌高发区主要饮用窖水，死亡率为 252.8/100 000；中发区多饮用池水、渠水及河水，死亡率降为 126/100 000；低发区主要饮用井水、泉水，死亡率仅为 39/100 000。

2. 岩溶山区型

该区岩溶发育，地表径流极少，而地下暗河相当发育，虽然降雨量高达 1200 mm，但仍然严重缺水，当地群众多饮用塘水或塘边渗井水，水质污染严重。

3. 水网平原型

该区雨量充沛，地表水、地下水极为丰富，但由于地势平缓，水流滞缓，水网闭塞。而这些地区人口密集、工农业发达，致使环境污染严重，水质日益恶化。

4. 三角洲平原型

该区接近海滨，土壤中腐殖质及盐分含量高。此外，该区工农业发达，污染严重，水质恶化。

（三）癌症病因

至今，癌症的确切病因尚未明确，但一般认为癌症的诱发因素主要为：

1. 化学物质

如多环芳烃类、亚硝胺、苯并芘以及硝酸盐、亚硝酸盐等。

2. 金属元素

如砷、汞、铊、镉等。

3. 生物物质

如某些细菌及病毒、寄生虫等。

4. 物理作用

如 X 射线、放射性物质等。

此外，一些精神因素与遗传因素也可导致癌症的发生。

（四）癌症的防治

对癌症的防治往往须以改水为中心，以谷物品种、饮食习惯、卫生条件等综合性的防治相辅助，可起到一定的预防作用。

七、地方性砷中毒

地方性砷中毒是指由于长期饮用含高砷地下水，或暴露于燃用高砷煤空气中，引起以皮肤色素沉着或脱失、掌跖角化等皮肤改变为主要表现，同时伴有中枢神经系统、周围神经、血管、消化系统等多方面症状的全身性疾病。地方性砷中毒多为慢性中毒，是地方病中发现历史最短、了解最少的一种地方病。由于其危害不只限于摄入砷的一段时期，在中止摄入后仍可持续较长时间，尤其砷可引起恶性肿瘤等，因此引起广泛关注。

（一）地质地理分布

在许多国家都不同程度地存在地方性砷中毒事件，如智利、阿根廷、美国、加拿大、泰国、前苏联、匈牙利等，其中最严重的是孟加拉国、印度和我国。据孟加拉国官方透露，全国6四个地区中有59个地区受到砷污染，其中有一半以上的地区被列为严重的砷污染区，据估计可能有占国家人口一半的孟加拉人将受到砷污染的影响。

（二）地方性砷中毒病因和分类

地方性砷中毒可分为饮水型和燃煤污染型。饮水型最常见，燃煤型仅见于我国的某些局部地方。

1. 饮水型砷中毒

由饮水引起的砷中毒是在 20 世纪 20 年代末才有所发现。早期最明显的由于饮用天然高含砷、地下水引起发病的典型例子为加拿大安大略省某农户，因饮用庄园内高砷井水，引起 3 胎新生儿和 1 名成人死亡的严重砷中毒，其砷含量高达 10 mg/L。此后，人们逐渐注意到高砷水引起的砷中毒。在所知的饮高砷水所致的砷中毒中，地下水，包括井水、泉水、温泉水较为多见。但有时地表水也有含较高砷的情况，如智利病区河水含砷量高达 0.2 ~ 0.337 mg/L，而一池塘水含砷量竟高达 34.34 mg/L。在这些砷中毒中，有相当一部分是人为污染水源所致。

2. 生活燃煤污染型砷中毒

燃煤污染型地方性砷中毒是地方性砷中毒的一种特殊类型。病区环境潮湿多雨，收割的粮食作物（主要为玉米与辣椒）必须在烘干后予以贮存。当地多采用煤火取暖、做饭及烘烤食物，所用炉灶为开放式炉灶。由于当地居民贫穷，多使用当地所产的劣质高砷煤作为燃料，在煤炭燃烧过程中，砷进入空气并沉积在食物上，当地居民长期食用这样的食物就引起了慢性砷中毒。燃煤污染型砷中毒和居民生活习惯及地产高砷煤两因素密切相关，此两项为病区存在的必备条件，因此，病区分布相对局限，目前主要分布在我国南方某些地区，其中比较明确的病区位于贵州省西部的兴仁、兴义、安龙、开阳、织金等县、市。

（三）地方性砷中毒流行特点

1. 地区分布

饮水型砷中毒发生于世界许多国家，其中最严重的是孟加拉国、印度和我国。我国于 1983 年在新疆奎屯地区首次发现饮水型砷中毒。此后，在内蒙古自治区的赤峰市、巴彦淖尔盟、呼和浩特、包头和临河市，以及山西省的大同和晋中盆地等，又先后发现大面积饮水型砷中毒病区。燃煤污染型砷中毒则仅见于我国贵州省。

2. 人群分布

病区主要分布在农村，患者均为农民，没有职业及民族差异，不同年龄均可发病，且患病率有随年龄增高而上升的现象，可能与摄砷量增多引发损伤积累有关；在性别上，男性患病率略高于女性，可能与男性劳动强度大，饮水和进食量大于女性有关。无论是饮水型还是燃煤污染型砷中毒，只有暴露于高砷水或燃用高砷煤者才会发病。发病的突出特点为家庭聚集性，大部分受累家庭有两名或两名以上的患者，有些则全家发病。但是，其发病具有明显的个体差异，同一家庭成员中，有的表现为重度砷中毒，有的则症状很轻。

（四）预防地方性砷中毒的措施

采取预防措施切断砷源，主要为改水改灶、改变生活习惯。如前所述，地方性砷中毒主要是由于饮用高砷水和敞灶燃用高砷煤所引起，因此，改水改灶、改变生活习惯是切断砷源的主要途径，也是预防砷中毒发生的根本方法。由于我国砷中毒病区面积大，各种地理及经济状况不同，可采取因地制宜的改水方法，如经济条件好的地区，可采取集中改水，分户供自来水方式；经济比较落后或引进低砷水源困难的地区，可选用收集降水或化学除砷改水方法，尤其适于家庭或小范围人群改水。对于燃煤污染型病区，切断砷源的最根本途径是改用低砷煤，此外，采取改变敞灶燃煤习惯，修改炉灶、安装烟囱以及改变干燥粮食和辣椒的方法，是预防燃煤污染型砷中毒的重要措施。

第三节　地质环境污染与人体健康

人类的生存和发展是与自然环境（尤其是地球表生环境）密切联系的，离开了自然环境，人类就无法生存，人类也是自然环境长期演化的结果。因此，地球表生环境的任何污染，都会直接或间接地影响人体健康。

一、环境污染的特点

环境污染是各种污染因素本身及其相互作用的结果，具有以下特点。

（一）环境污染具有复杂性

首先，由于环境污染的污染源来自生产生活的各方面、各个领域，诸多的污染源产生的污染物质种类繁多，性质各异，并且这些污染物常常是经过转化、代谢、富集等各种反应后才导致污染损害。其次，污染环境行为造成他人损害的过程非常复杂。

（二）环境污染具有潜伏性

环境污染一般具有很长的潜伏期，这是因为环境本身具有消化人类废弃物的机制，但环境的这种自净能力是有限的，如果某种污染物的排放超过环境的自净能力，环境所不能消化掉的那部分污染物就会慢慢地蓄积起来，最终导致损害的发生。

（三）环境污染具有持续性

环境污染常常通过广大的空间和长久的时间，经过多种因素的复合积累后才形成，因此而造成的损害是持续不断的，不因侵害的行为停止而停止。同时，由于受科学技术水平的制约，对一些污染损害缺乏有效的防治方法。因此，环境污染损害并不因为污染物的停止排放而立即消除，具有持续性。

（四）环境污染具有广泛性

环境污染的广泛性表现在：一是空间分布的广泛性，污染物进入环境后，随着水和空气的流动而被稀释扩散，比如海洋污染往往涉及周边的数个国家；二是受害对象的广泛性，环境污染的受害对象包括全人类及其生存的环境。

二、环境污染类型及危害

根据环境污染所引起的人体中毒的程度以及病症显示的时间，可将环境污染对人体健康的影响分为急性危害、慢性危害和长期危害。当污染物在短期内大量侵入人体，常会造成急性危害，历史上的公害事件都是急性危害的例子。当污染物长期以低浓度持续不断地进入人体，则会产生慢性危害和远期危害，如大气低浓度污染引起的慢性鼻炎、慢性咽炎，以及低剂量重金属铅引起的贫血、末梢神经炎、神经麻痹、幼儿脑受危害而引起智力障碍等。环境污染物对人体的远期危害主要是致癌、致畸、致突变作用。资料表明，人类癌症由病毒生物因素引起的不超过5%，由放射性物理因素引起的也在5%以下，由化学物质引起的约占90%，而致癌的化学物质中，有相当一部分是环境污染物，如砷化物、石棉纤维、煤烟中的苯类、二氧化硫、农药等。

从污染源的属性来看，环境污染对人体健康的危害可以分为三大类型：物理性污染、化学性污染和生物性污染。

（一）物理性污染

物理性污染是指由物理因素引起的环境污染，如放射性辐射、电磁辐射、噪声、光污染等。如在对我国白云鄂博钍矿开采利用的过程中，排放含有放射性钍的废气、尾矿飞尘、废水和废渣，不但严重污染包头地区，而且成为黄河的主要污染源之一，已引起国家环保总局的高度重视。此外，在煤炭燃烧过程中，会把一些放射性的元素铀和钍富集在粉尘或飞灰之中，对环境产生放射性污染。

（二）化学性污染

当今世界上已有的化学物质达500万种之多，而且每年还不断地有数以万计的化学物质合成，据估计，进入人类环境的约有96 000种。化学污染问题已日趋严重，致使人类疾病的构成也发生了变化，过去以传染病为主的疾病，现在已被非传染性疾病，如心血管病、公害病、职业病等所代替。

化学性污染物根据化学组成，可将其分为无机污染物和有机污染物。化学污染物对人体危害的特点表现为，低浓度长期效应、多因素联合作用、长期和潜在性的影响。造成化学性污染的原因有以下几种：①某些地区矿物资源富集，在地球化学作用下，某些元素、化学物质自然迁移转化所造成的环境污染；②矿产资源在开发过程中所导致的环境污染；③矿产资源在利用过程中所导致的环境污染，如煤炭燃烧时排放的SO_2所形成的酸雨以及某些重金属富集在飞灰上，沉降在地面所导致的环境污染；④农业化学物质的广泛应用和使用不当，导致土壤中化学物质的污染；⑤工业的不合理排放所造成的环境污染。

（三）生物性污染

生物性污染主要是由有害微生物及其毒素、寄生虫及其虫卵和昆虫等引起的。当人们一次大量摄入受污染的食品时，可引起急性中毒，即食物中毒，如细菌性食物中毒、霉菌毒素中毒等。

三、环境污染物进入人体的途径

对人体健康有影响的环境污染物主要来自工业生产过程中形成的废水、废气、废渣，包括城市垃圾等。污染物通过水、土壤、大气、食物链进入人体并影响人体健康，其特点是：一是影响范围大，因为所有的污染物都会随生物地球化学循环而流动，并且对所有的接触者都有影响；二是作用时间长，因为许多有毒物质在环境中及人体内的降解较慢。

环境污染物进入人体的主要途径是呼吸道和消化道，也可经皮肤和其他途径进入。气态污染物一般是经过呼吸道进入人体的。由于呼吸道各个部位的结构不同，对污染物的吸收速率也不同。人体肺泡面积达 $90 m^2$，毒物由肺部吸收速度极快，仅次于静脉注射。进入肺泡的污染物直径一般不超过 $3 \mu m$，而直径大于 $10 \mu m$ 的颗粒物质大部分被黏附在呼吸道、气管和支气管黏膜上。水溶性较大的气态物质，如氯气、二氧化硫，往往被上呼吸道黏膜溶解而刺激上呼吸道，极少进入肺泡，而水溶性较小的气态毒物（如二氧化氮等）大部分能到达肺泡。污染物进入人体后，由血液输送到人体各组织，不同的有毒物质在人体各组织的分布状况不同，一般来说，重金属往往分布在人体的骨骼内，而"滴滴涕"等有机农药则往往分布在脂肪组织内。毒物长期隐藏在组织内，并能在组织内富集，造成机体的潜在危险。

除很少一部分水溶性强、相对分子质量极小的污染物可以排出体外，绝大部分都要经过某些酶的代谢或转化，从而改变其毒性，增强其水溶性而易于排泄。人体的肝、肾、胃、肠等器官对污染物都有一定的生物转化作用，其中以肝脏最为重要。污染物在体内的代谢过程可分为两步：第一步是氧化还原和水解，这一代谢过程主要与混合功能氧化酶系有关；第二步是结合反应，一般经过一步或两步反应，原属活性的有毒物质就可能转化为惰性物质而起解毒作用。

各种污染物在体内经生物转化后，经肾、消化管和呼吸道排出体外，少量经汗液、乳汁、唾液等各种分泌液排出，也有的通过皮肤的新陈代谢到达毛发而离开机体。

人体除了通过上述蓄积、代谢和排泄三种方式来改变污染物的毒性外，机体还有一系列的适应和耐受机制，但机体的耐受是很有限的，超过一定的限度，人体就会出现中毒症状，甚至死亡。

总的来说，不同的污染物对机体危害的临界浓度和临界时间都是不同的，只有当环境污染物在体内蓄积达到中毒阈值时，才会发生危害。

第九章 水污染控制工程

第一节 水污染控制基础理论

一、水的循环

（一）水循环的概念

地球表面的水在太阳辐射作用下，蒸发成为大气中的水汽，被气流带到其他地区，在一定条件下又发生凝结，以降水形式返回到地表，形成径流，最终汇入海洋。水以蒸发、输送、凝结、降水、径流等形式不断交替，周而复始的运动过程称为水循环。

（二）水循环的主要作用

水是一切生命机体的组成物质，也是生命代谢活动所必需的物质，又是人类进行生产活动的重要资源。地球上的水分布在海洋、湖泊、沼泽、河流、冰川、雪山，以及大气、生物体、土壤和地层。水的总量约为 1.4×10^9 km³，其中 96.5% 在海洋中，约覆盖地球总面积的 70%。陆地上、大气和生物体中的水只占很少的一部分。

水循环的主要作用表现在三方面：①水是所有营养物质的介质，营养物质的循环和水循环不可分割地联系在一起；②水对物质是很好的溶剂，在生态系统中起着能量传递和利用的作用；③水是地质变化的动因之一，一个地方矿质元素的流失，而另一个地方矿质元素的沉积往往要通过水循环来完成。

地球上的水圈是一个永不停息的动态系统。在太阳辐射和地球引力的推动下，水在水圈内各组成部分之间不停地运动着，构成全球范围的海陆间循环（大循环），并把各种水体连接起来，使得各种水体能够长期存在。海洋和陆地之间的水交换是这个循环的主线，意义最重大。在太阳能的作用下，海洋表面的水蒸发到大气中形成水汽，水汽随大气环流运动，一部分进入陆地上空，在一定条件下形成雨雪等降水；大气降水到达地面后转化为地下水、土壤水和地表径流，地下径流和地表径流最终又回到海洋，由此形成淡水的动态循环。这部分水容易被人类社会所利用，具有经济价值，正是人们所说的水资源。

水循环是联系地球各圈层和各种水体的"纽带"，它调节了地球各圈层之间的能量，对冷暖气候变化起到了重要的作用。水循环通过侵蚀、搬运和堆积，塑造了丰富多彩的地表形象。水循环是地表物质迁移的强大动力和主要载体。更重要的是，通过水循环，海洋不断向陆地输送淡水，补充和更新陆地上的淡水资源，从而使水成为可再生的资源。

（三）水循环的环节

水循环的主要环节包括蒸发、水汽输送、降水、下渗、径流（地表、地下）。

蒸发是水循环中最重要的环节之一，是水由液态转化为气体状态的过程，也是海洋与陆地上的水返回大气的唯一途径。因蒸发面的不同，蒸发可分为水面蒸发、土壤蒸发和植物散发等。影响蒸发的因素复杂多样，其中主要有供水条件的影响、动力学和热力学因素的影响、土壤特性和土壤含水量的影响等。

水汽输送是指大气中水分因扩散而由一地向另一地运移，或由低空运送到高空的过程。水汽在运送过程中，其含量、运动方向、路线以及运送强度等随时会发生改变，从而对沿途的降水有重要影响。水汽输送过程中由于伴随着动能和热能的转移，从而引起沿途的气温、气压等其他气象因子发生改变，所以水汽输送是水循环的重要环节，也是影响当地天气过程和气候的重要原因。水汽输送有大气环流输送和涡动输送两种形式。影响水汽输送的主要因素包括大气环流、地理纬度、海陆分布、海拔高度与地形屏障作用等。

降水是指空气中的水汽冷凝并降落到地表的现象，它包括两部分，一是大气中水汽直接在地面或地物表面及低空的凝结物，如霜、露、雾和雾凇，又称为水平降水；另一部分是由空中降落到地面上的水汽凝结物，如雨、雪、霰雹和雨凇等，又称为垂直降水。降水是水循环过程的最基本环节，降水要素包括降水（总）量、降水历时与降水时间、降水强度、降水面积等。降水受地形条件、森林、水体、人类活动等因素的影响。

下渗指水透过地面渗入土壤的过程。水在分子力、毛细管引力和重力的作用下在土壤中发生的物理过程，是径流形成的重要环节。按水的受力状况和运行特点，下渗过程分为三个阶段：①渗润阶段。水主要受分子力的作用，吸附在土壤颗粒之上，形成薄膜水。②渗漏阶段，下渗的水分在毛细管引力和重力作用下，在土壤颗粒间移动，逐步充填粒间空隙，直到土壤孔隙充满水分。③渗透阶段。土壤孔隙充满水，达到饱和时，水便在重力作用下运动，称饱和水流运动。下渗状况可用下渗率和下渗能力来定量表示。下渗受土壤特性、降水特性、流域植被、地形条件和人类活动等因素的影响。

流域的降水由地面与地下汇入河网，流出流域出口断面的水流，称为径流。液态降水形成降雨径流，固态降水则形成冰雪融水径流。由降水到达地面时起，到水流流经出口断面的整个物理过程，称为径流形成过程。降水的形式不同，径流的形成过程也各异。我国的河流以降雨径流为主，冰雪融水径流只是在西部高山及高纬地区河流的局部地段发生。按水流来源可分为降雨径流和融水径流；按流动方式可分地表径流和地下径流，地表径流又分坡面流和河槽流；此外，还有水流中含有固体物质（泥沙）形成的固体径流，水流中含有化学溶解物质构成的离子径流等。径流的形成过程大致可分为降雨阶段、蓄渗阶段、产流漫流阶段和集流阶段。径流受气候因素、流域的下垫面因素、人类活动等因素的影响。

二、水质概念及水质指标

水质是水和水所含杂质的组分、种类和数量等指标来共同体现的总体特征。废水的水质指标是废水性质及其量化的具体体现。水质指标主要由三类组成，即物理性水质指标、化学性水质指标和生物性水质指标。

三、水污染控制模式

（一）水污染控制模式分类

水污染控制模式有三种，即浓度控制、总量控制和双轨制控制。

1. 浓度控制模式

浓度控制是一种仅通过规定污染源排污口所排放的物质浓度限制方式进行污染活动控制的方法。它要求污染物达标排放，若超过排放标准，则须缴纳排污费，并且还须加强治理削减污染物。

该方法实施简单，管理方便，但在污染控制实践中，表现出不能有机联系环境受纳体质量要求，无法排除污染源以稀释手段降低污染物排放浓度等严重缺陷，因而当污染源分布密集，污染物排放数量较大时不能有效控制污染。

2. 总量控制模式

总量控制是指以控制一定时段一定区域内排污单位排放污染物总量为核心的环境管理方法体系。它包含了三方面的内容：一是排放污染物的总量；二是排放污染物总量的地域范围；三是排放污染物的时间跨度。通常有三种类型：容量总量控制、目标总量控制和行业总量控制。目前我国的总量控制基本上是目标总量控制。

（1）容量总量控制

从受纳水体允许纳污量出发，制定排放口总量控制负荷指标的总量控制类型。它是以水质标准为控制基点，从污染源可控性、环境目标可达性两方面进行总量控制负荷分配。

（2）目标总量控制

从控制区域排污控制目标出发，制定排放口总量控制负荷指标的总量控制类型。它是以排污限制为控制基点，从污染源可控性研究入手，进行总量控制负荷分配。

（3）行业总量控制

从总量控制方案技术、经济评价出发，制定排放 1∶3 总量控制负荷指标的总量控制类型。它是以能源、资源合理利用为控制基点，从最佳生产工艺和实用处理技术两方面进行总量控制负荷分配。

3. 双轨制控制模式

双轨制控制模式是针对同一控制单元，或同一控制单元中不同的污染物和污染源，分别实行浓度控制和总量控制；也可根据水文特征，在不同水文期分别实行浓度控制和总量控制。

（1）就控制单元来讲，易降解超容量排放的污染物实行总量控制，其他仍实行浓度控制。

（2）对控制单元内主要可控污染源（通常是污染负荷占可控污染源总负荷85%以上）实施总量控制。其他规模小、分布散及不容易控制的污染源实施浓度控制。

（3）实施总量控制的排污单位，对纳入总量控制的污染物实施总量控制，其他污染物及应控制在车间或处理装置出口的国家综合污水排放标准规定的第一类污染物实施浓度控制。

（二）水污染控制模式选择的依据

控制模式的选择决定着环境规划工作的方向、范围和深度，而选择控制模式主要依据以下几方面。

1. 控制单元所处环境功能区

如果控制单元所处环境功能区为优先保护的自然保护区、水源源头或集中式饮用水源地，一律实行总量控制，以切实保护其水质，保护人们身体健康。

2. 控制单元内水环境质量现状

根据控制单元内水环境质量现状分析，找出本控制单元内主要水环境问题，针对主要污染物和对生物及人体有显著影响的特征污染物实施总量控制，其他污染物实施浓度控制。

3. 控制单元内污染源分析

根据污染源与环境质量目标的输入响应关系，确定各污染源的影响系数，按影响系数的大小确定重点污染源，对重点污染源实施总量控制，非重点污染源实施浓度控制。重点污染源按行业特点、生产工艺及其经济技术水平分别采用目标总量控制或行业总量控制。

4. 控制单元水环境容量

根据水环境容量确定可供分配环境容量，即从环境容量中扣除不可控排污量（面源排污量）。如果这一部分环境容量不小于控制单元内可控污染源排污总量，或二者差距不大且通过可控污染源的治理削减即可小于或等于这部分环境容量，则可实行容量总量控制。而有些水源短缺地区，多数河道干枯或变成纳污河道，这样的水体没有环境容量可言，水体也不具备使用功能，应实施目标总量控制。

5. 控制单元水文特征

由于受气候因素影响，我国大多数河流水文特征季节变化明显，丰水期环境容量大，枯水期环境容量小，因而有必要对水环境容量进行分季节研究，丰水期实施容量总量控制，枯水期实施目标总量控制，既充分利用了丰水期环境容量资源，又不致使枯水期环境质量恶化。

第二节 水体污染防治和管理

一、水体污染

（一）天然水质背景值

天然水从本质上看，应属于未受人类排污影响的特种天然水体中的水。这种水目前的范围在日益减少，只有在河流的源头、荒凉地区的湖泊、深层地下水、远离陆地的大洋等处，才可能取得代表或近似代表天然水质的天然水。尽管如此，仍然可以从天然水中发现一些有用的规律。

水是自然界中最好的溶剂，天然物质和人工生成的物质大多数可溶解在水中。因此可以认为，自然界并不存在由 H_2O 组成的"纯水"。在任何天然水中，都含有各类溶解物和悬浮物，并且随着地域的不同，各种水体中天然水含有的物质种类不同，浓度各异。但它们却代表着天然水的水质状况，故称其为天然水质背景值，或水环境背景值。

从水循环来看，天然水是在其循环过程中改变了其成分与性质的。在太阳辐射的热力作用下，由海洋水面蒸发的水蒸气，虽接近纯水，但它在空中再凝结成雨滴时，则需有凝结核。在大气层中可作凝结核的物质有海盐微粒、土壤的盐分、火山喷出物和大气放电产生的 NO 和 NO_2 等。因此，从雨水开始，天然水中已含有各种化学成分，如 SO_4^{2-}、CO_3^{2-}、HCO_3^-、NO_3^-、Ca^{2+}、Mg^{2+}、NH_4^+、I^-、Br^- 等。雨水补给到各水体中，其化学成分会进一步增多。

受到人类活动影响的水体，其水中所含的物质种类、数量、结构均会与天然水质有所不同。以天然水中所含的物质作为背景值，可以判断人类活动对水体的影响程度，以便及时采取措施，提高水体水质，使之朝着有益于人类的方向发展。

（二）水体污染的概念

当前水体污染的概念有几种意见，第一种：水体受人类活动或自然因素的影响，使水的感官性状、物理化学性能、化学成分、生物组成以及底质情况等方面产生了恶化，称为"水污染"。第二种：排入水体的工业废水、生活污水及农业径流等的污染物质，超过了该水体的自净能力，引起的水质恶化称为"水污染"。第三种：污染物质大量进入水体，使水体原有的用途遭到破坏，谓之"水污染"。

自然界各种水体均为成分复杂的溶液，其中含有各类溶解物质，而并非纯的 H_2O。因此，对水污染的定义，不能仅从其含有什么物质及其含量来界定。而且，研究水污染的目的是保护水源，以便更好地利用水资源，因此，水污染定义又必须与水的使用价值联系起来。这样水体污染可以定义为：污染物进入河流、海洋、湖泊或地下水等水体后，使水体的水质和水体沉积物的物理、化学性质或生物群落组成发生变化，从而降低了水体的使用价值和使用功能的现象。这样就同人们的用水要求联系起来了，也使保护水体有一定的目的，即不使其失去使用价值。

（三）水体污染源

1. 水体污染源的含义和分类

水体污染源是指造成水体污染的污染物的发生源，通常是指向水体排入污染物或对水体产生有害影响的场所、设备和装置，按污染物的来源可分为天然污染源和人为污染源两大类。

水体天然污染源是指自然界自行向水体释放有害物质或造成有害影响的场所。例如，岩石和矿物的风化和水解、火山喷发、水流冲蚀地表、大气飘尘的降水淋洗、生物（主要是绿色植物）在地球化学循环中释放物质等都属于天然污染物的来源。例如，在含有萤石（CaF_2）、氟磷灰石［$Ca_5(PO_4)_3F$］等的矿区可能引起地下水或地表水中氟含量增高，造成水体的氟污染，长期饮用此种水可能出现氟中毒。

水体人为污染源是指由人类活动形成的污染源，是环境保护研究和水污染防治的主要对象。人为污染源体系很复杂，按人类活动方式可分为工业、农业、交通、生活等污染源；按排放污染物种类不同，可分为有机、无机、放射性、病原体等污染源，以及同时排放多种污染物的混合污染源；按排放污染物空间分布方式，可以分为点源和非点源。

水污染点源是指以点状形式排放而使水体污染的发生源。一般工业污染源和生活污染源产生的工业废水和城市生活污水，经城市污水处理厂或管渠输送到水体排放口，作为重要污染点源向水体排放。这种点源含污染物多，成分复杂，其变化规律依据工业废水和生活污水的排放规律，有季节性和随机性。

水污染非点源，在我国多称为水污染面源，是以面积形式分布和排放污染物而造成水体污染的发生源。坡面径流带来的污染物和农田灌溉水是水体污染的重要来源。目前湖泊水体富营养化主要是由面源带来的大量氮、磷等所造成的。

2. 几种水体污染源的特点

（1）生活污染源

这是指由人类消费活动产生的污水，城市和人口密集的居住区是主要的生活污染源。人们生活中产生的污水包括由厨房、浴室、厕所等场所排出的污水和污物。生活污水中的污染物，按其形态可分为：①不溶物质，这部分约占污染物总量的40%，它们或沉积到水底，或悬浮在水中；②胶态物质，约占污染物总量的10%；③溶解质，约占污染物总量的50%。这些物质多为无毒的无机盐类如氯化物、硫酸盐和钠、钾、钙、镁等重碳酸盐；有机物质有纤维素、淀粉、糖类、脂肪、蛋白质和尿素等。此外，还含有各种微量金属（如 Zn、C_u、Cr、Mn、Ni、Pb 等）和各种洗涤剂、多种微生物。一般家庭生活污水相当浑浊，其中有机物约占 60%，pH 多大于 7，BOD_5 为 300 ~ 600 mg/L。

（2）工业污染源

工业污水是目前水体污染物主要来源和环境保护的主要防治对象。在工业生产过程中排出的废水、废液等统称工业废水。废水包括工业用冷却水和与产品直接接触、受污染较严重的排水。工业废水受产品、原料、药剂、工艺流程、设备构造、操作条件等多种因素的综合影响，所含的污染物质成分极为复杂，而且在不同时间里水质也会有很大差异。工业污染源如按工业的行业来分，则有冶金工业废水、电镀废水、造纸废水、无机化工废水、有机合成化工废水、炼焦煤气废水、金属酸洗废水、石油炼制废水、石油化工废水、化学肥料废水、制药废水、炸药废水、纺织印染废水、染料废水、制革废水、农药废水、制糖废水、食品加工废水、电站废水等，各类废水都有其独特的特点。

（3）农业污染源

农业污染源是指由于农业生产而产生的水污染源，如降水所形成的径流和渗流把土壤中的氮、磷和农药带入水体；牧场、养殖场的有机废物排入水体。它们都可使水体水质恶化，造成河流、水库、湖泊等水体污染甚至富营养化。农业污染源的特点是面广、分散、难以治理。

二、污水出路

为防止污染环境，污水在排放前应根据具体情况给予适当处理。污水的最终出路有：①排放水体；②工农业利用；③处理后回用。

（一）排放水体及其限制

排放水体是污水的传统出路。从河里取用的水，回到河里是很自然的。污水排入水体应以不破坏该水体的原有功能为前提。由于污水排入水体后需要有一个逐步稀释、降解的净化过程，所以一般污水排放口均建在取水口的下游，以免污染取水口的水质。

水体接纳污水受到其使用功能的约束。《中华人民共和国水污染防治法》规定禁止向生活饮用水地表水源、一级保护区的水体排放污水，已设置的排污口，应限期拆除或者限期治理。在生活饮用水源地、风景名胜区水体、重要渔业水体和其他有特殊经济文化价值的水体的保护区内，不得新建排污口。在保护区附近新建排污口，必须保证保护区水体不受污染。现有排污口按水体功能要求，实行污染物总量控制，以保证受纳水体水质符合规定用途的水质标准。对生活饮用水地下水源应当加强保护。禁止企业事业单位利用渗井、渗坑、裂隙和溶洞排放，倾倒含有毒污染物的废水和含病原体的污水。向水体排放含热废水，应当采取必要措施，保证水体的水温符合环境质量标准，防止热污染危害。排放含病原体的污水，必须经过消毒处理，符合国家有关标准后方准排放。向农田灌溉渠道排放工业废水和城市污水，应当保证其下游最近的灌溉取水点的水质符合农田灌溉水质标准。利用工业废水和城市污水进行灌溉，应当防止污染土壤、地下水和农产品。

（二）污水回用

水资源缺乏是全球性问题。经过处理的城市污水被看作水资源而回用于城市或再用于农业和工业等领域。随着科学技术的发展，水质净化手段增多，城市污水再生利用的数量和领域也逐渐扩大。总之，城市污水应作为淡水资源被积极利用，但必须十分谨慎，以免造成患害。

污水回用应满足下列要求：①对人体健康不应产生不良影响；②对环境质量和生态系统不产生不良影响；③对产品质量不产生不良影响；④符合应用对象对水质的要求或标准；⑤应从嗅觉和视觉上被公众所接受；⑥回用系统在技术上可行、操作简便；⑦价格应比自来水低廉；⑧应有安全使用的保障。

城市污水回用领域有以下几方面。

1. 城市生活用水和市政用水

（1）供水

此类回用水易与人直接接触，对细菌指标和感官性指标要求较高。为防止供水管道堵塞，要求回用水除磷脱氮。

（2）城市绿地灌溉

用于灌溉草地、树木等绿地，要求消毒。

（3）市政与建筑用水

用于洒浇道路、消防用水和建筑用水（配置混凝土、洗料、磨石子等）。

（4）城市景观

用于园林和娱乐设施的池塘、湖泊、河流、水上运动场的补充水。这类水应遵循《城市污水再生利用景观环境用水水质》（GB/T 18921—2019）标准的规定。

2. 农业、林业、渔业和畜牧业

用于农作物、森林和牧草的灌溉用水，这类水对重金属和有毒物质要严格控制，要求满足《农田灌溉水质标准》（GB 5084—2021）的要求。

3. 工业

（1）工艺生产用水

水在生产中被作为原料和介质使用。作原料时，水为产品的组成部分或中间组成部分。作介质时，主要作为输送载体（水力输送）、洗涤用水等。不同的工业对水质的要求不尽相同，有的差别很大，对回用水的水质要求应根据不同的工艺要求而定。

（2）冷却用水

冷却水的作用是作为热的载体将热量从热交换器上带走。回用水的冷却水系统易发生结垢、腐蚀、生物生长等现象。作为冷却水的回用水应去除有机物、营养元素 N 和 P，控制冷却水的循环次数。

（3）锅炉补充水

回用于锅炉补充水时对水质的要求较高。若气压高，须再经软化或离子交换处理。

（4）其他杂用水

用于车间场地冲洗、清洗汽车等。

4. 地下水回灌

用于地下水回灌时，应考虑到地下水一旦污染，将很难恢复。用于防止地面沉降的回灌水，应不引起地下水质的恶化。

5. 其他方面

主要回用于湿地、滩涂和野生动物栖息地，维持其生态系统的所需水。要求水中不含对回用对象的生态系统有毒有害的物质。

三、工业废水处理概述

（一）工业废水概述

1. 工业废水的分类

工业企业各行业生产过程中排出的废水，统称工业废水，其中包括生产污水、冷却水和生活污水三种。为了区分工业废水的种类，了解其性质，认识其危害，研究其处理措施，通常进行工业废水的分类，一般有三种分类方法。

（1）按行业的产品加工对象分类

如冶金废水、造纸废水、炼焦煤气废水、金属酸洗废水、纺织印染废水、制革废水、农药废水、化学肥料废水等。

（2）按工业废水中所含主要污染物的性质分类

含无机污染物为主的称为无机废水，含有机污染物为主的称为有机废水。例如，电镀和矿物加工过程的废水是无机废水，食品或石油加工过程的废水是有机废水。这种分类方法比较简单，对考虑处理方法有利。例如，对易生物降解的有机废水一般采用生物处理法，对无机废水一般采用物理、化学和物理化学法处理。不过，在工业生产过程中，一种废水往往既含无机物，也含有机物。

（3）按废水中所含污染物的主要成分分类

如酸性废水、碱性废水、含酚废水、含镉废水、含铬废水、含锌废水、含汞废水、含氟废水、含有机磷废水、含放射性废水等。这种分类方法的优点是突出了废水的主要污染成分，可有针对性地考虑处理方法或进行回收利用。

除上述分类方法外，还可以根据工业废水处理的难易程度和废水的危害性，将废水中的主要污染物分为三类：①易处理、危害小的废水，如生产过程中产生的热排水或冷却水，对其稍加处理，即可排放或回用。②易生物降解、无明显毒性的废水。可采用生物处理法。③难生物降解又有毒性的废水，如含重金属废水、含多氯联苯和有机氯农药废水等。

上述废水的分类方法只能作为了解污染源时的参考。实际上，一种工业可以排出几种不同性质的废水，而一种废水又可能含有多种不同的污染物。例如，染料工业，既排出酸性废水，又排出碱性废水；纺织印染废水由于织物和染料的不同，其中的污染物和浓度往往有很大差别。

2. 工业废水对环境的污染

水污染是我国面临的主要环境问题之一。随着我国工业的发展，工业废水的排放量日益增加，达不到排放标准的工业废水排入水体后，会污染地表水和地下水。水体一旦受到污染，要想在短时间内恢复到原来的状态是不容易的。水体受到污染后，不仅会使其水质不符合饮用水、渔业用水的标准，还会使地下水中的化学有害物质和硬度增加，影响地下水的利用。我国的水资源并不丰富，若按人口平均占有径流量计算，只相当于世界人均值的四分之一。而地表水和地下水的污染，将进一步使可供利用的水资源数量日益减少，势必影响工农渔业生产，直接或间接地给人民生活和身体健康带来危害。

几乎所有的物质排入水体后都有产生污染的可能性。各种物质的污染程度虽有差别，但超过某一浓度后都会产生危害。

（1）含无毒物质的有机废水和无机废水的污染

有些污染物质本身虽无毒性，但由于量大或浓度高而对水体有害。例如，排入水体的有机物超过允许量时，水体会出现厌氧腐败现象；大量的无机物流入时，会使水体内盐类浓度增高，造成渗透压改变，对生物（动植物和微生物）造成不良的影响。

（2）含有毒物质的有机废水和无机废水的污染

例如，含氰、酚等急性有毒物质，重金属等慢性有毒物质及致癌物质等造成的污染。致毒方式有接触中毒（主要是神经中毒）、食物中毒、糜烂性毒害等。

（3）含有大量不溶性悬浮物废水的污染

例如，纸浆、纤维工业等的纤维素，选煤、选矿等排放的微细粉尘，陶瓷、采石工业排出的灰砂等。这些物质沉积水底有的形成"毒泥"，发生毒害事件的例子很多。如果是有机物，则会发生腐败，使水体呈厌氧状态。这些物质在水中还会阻塞鱼类的鳃，导致鱼类呼吸困难，并破坏产卵场所。

（4）含油废水产生的污染

油漂浮在水面既有损美观，又会散发出令人厌恶的气味。燃点低的油类还有引起火灾的危险。动植物油脂具有腐败性，消耗水体中的溶解氧。

（5）含高浊度和高色度废水产生的污染

引起光通量不足，影响生物的生长繁殖。

（6）酸性和碱性废水产生的污染

除对生物有危害作用外，还会损坏设备和器材。

（7）含有多种污染物质废水产生的污染

各种物质之间会产生化学反应，或在自然光和氧的作用下产生化学反应并生成有害物质。例如，硫化钠和硫酸产生硫化氢，亚铁氰盐经光分解产生氰等。

（8）含有氮、磷等工业废水产生的污染

对湖泊等封闭性水域，由于含氮、磷物质的废水流入，会使藻类及其他水生生物异常繁殖，使水体富营养化。

（二）工业废水污染源调查

1. 控制工业废水污染源的基本途径

控制工业废水污染源的基本途径是减少废水排出量和降低废水中污染物浓度，现分述如下。

（1）减少废水排出量

减少废水排出量是减小处理装置规模的前提，必须充分注意，可采取以下措施。

①废水进行分流

将工厂所有废水混合后再进行处理往往不是好方法，一般都须进行分流。对已采用混合系统的老厂来说，分流无疑是困难的，但对新建工厂，必须考虑废水的分流问题。

②节约用水

每生产单位产品或取得单位产值排出的废水量称为单位废水量。即使在同一行业中，各工厂的单位废水量也相差很大，合理用水的工厂，其单位废水量低。常见这样的例子，许多工厂在枯水季节，工业用水限制为原用水量的50%时，生产能力并未下降，但用水限制解除后，用水量又恢复到原有水平，这说明有些工厂节水的潜力是很大的。

③改革生产工艺

改革生产工艺是减少废水排放量的重要手段。具体措施有更换和改善原材料、改进装置的结构和性能、提高工艺的控制水平、加强装置设备的维修管理等。若能使某一工段的废水不经处理就用于其他工段，就能有效地降低废水量。

④避免间断排出工业废水

例如，电镀工厂更换电镀废液时，常间断地排出大量高浓度废水，若改为少量均匀排出，或先放入储液池内再连续均匀排出，能减少处理装置的规模。

（2）降低废水污染物的浓度

通常，生产某一产品产生的污染物量是一定的，若减少排水量，就会提高废水污染物的浓度，但采取各种措施也可以降低废水的浓度。废水中污染物来源有二：一是本应成为产品的成分，由于某种原因而进入废水中，如制糖厂的糖分等；二是从原料到产品的生产过程中产生的杂质，如纸浆废水中含有的木质素等。后者是应废弃的成分，即使减少废水量，污染物质的总量也不会减少，因此废水中污染物浓度会增加。对于前者，若能改革工艺和设备性能，减少产品的流失，废水的浓度便会降低。可采取以下措施降低废水污染物的浓度。

①改革生产工艺

尽量采用不产生污染物的工艺。例如，纺织厂棉纺的上浆，传统方法都采用淀粉作浆料，这些淀粉在织成棉布后，由于退浆而变为废水的成分，因此纺织厂废水中总 BOD_5 的 30% ~ 50% 来自淀粉。最好采用不产生 BOD_5 的浆料，如羧甲基纤维素（CMC）的效果很好，目前已有厂家使用。但在采用此项新工艺时，还必须从毒性等方面研究它对环境的影响。其他例子还有很多，如电镀工厂镀锌、镀铜时避免使用氰的方法，已在生产上采用。

②改进装置的结构和性能

废水中的污染物质是由产品的成分组成时，可通过改进装置的结构和性能，来提高产品的收率，可降低废水的浓度。以电镀厂为例，可在电镀槽与水洗槽之间设回收槽，减少镀液的排出量，使废水的浓度大大降低。又如，炼油厂可在各工段设集油槽，防止油类排出，以降低废水的浓度。

③废水进行分流

在通常情况下，避免少量高浓度废水与大量低浓度废水互相混合，分流后分别进行处理往往是经济合理的。如电镀厂含重金属废水，可先将重金属变成氢氧化物或硫化物等不溶性物质与水分离后再排出。电镀厂有含氰废水和含铬废水时，通常分别进行处理。适于生物处理的有机废水应避免有毒物质和 pH 过高或过低的废水混入。应该指出的是，不是在任何情况下分开处理高浓度废水或有害废水都是有利的。

④废水进行均和

废水的水量和水质都随时间而变动，可设调节池进行均质。虽然不能降低污染物总量，但可均和浓度。在某种情况下，经均质后的废水可达到排放标准。

⑤回收有用物质

这是降低废水污染物浓度的最好方法，如从电镀废水中回收铬酸，从纸浆蒸煮废液中回收药品等。

⑥排出系统的控制

当废水的浓度超过规定值时，能立即停止污染物发生源工序的生产或预先发出警报。

2. 污染源调查

（1）现场调查

内容如下：①查明工厂在所有操作条件（正常及高负荷）下的水平衡状况。②记下所有用水工序，并编制每个工序的水平衡明细表。③从各排水工序和总排水口取水样进行水质分析。④确定排放标准。

（2）资料分析

应明确下列事项：①哪些工段是主要污染源。②有无可能将需要处理的废水和不需处理就可排放的废水进行分流。③能否通过改进工艺和设备减少废水量和浓度。④能否使某工段的废水不经处理就可用于其他工段。⑤有无回收有用物质的可能性。

（三）工业废水处理方法概述

1. 废水处理方法

废水处理过程是将废水中所含有的各种污染物与水分离或加以分解，使其净化的过程。废水处理法大体可分为：物理处理法、化学处理法、物理化学处理法和生物处理法。

（1）物理处理法

物理处理法又分为调节、离心分离、沉淀、除油、过滤等。

（2）化学处理法

化学处理法又可分为中和、化学沉淀、氧化还原等。

（3）物理化学处理法

又可分为混凝、气浮、吸附、离子交换、膜分离等方法。

（4）生物处理法

又可分为好氧生物处理法、厌氧生物处理法。

2. 废水处理方法的选择

（1）污染物在废水中的存在状态

选择废水处理方法前，必须了解废水中污染物的形态。一般污染物在废水中处于悬浮、胶体和溶解三种形态。通常根据它们粒径的大小来划分。悬浮物粒径为 $1 \sim 100 \mu m$，胶体粒径为 $1 nm \sim 1 \mu m$，溶解物粒径小于 $1 nm$。一般来说，易处理的污染物是悬浮物，而胶体和溶解物则较难处理。悬浮物可通过沉淀、过滤等方法与水分离，而胶体和溶解物则必须利用特殊的物质使之凝聚或通过化学反应使其粒径增大到悬浮物的程度，或利用微生物或特殊的膜等将其分解或分离。

（2）废水处理方法的确定

①有机废水可通过实验确定

a.含悬浮物时，用滤纸过滤，测定滤液的 BOD_5、COD。若滤液中的 BOD_5、COD 均在要求值以下，这种废水可采取物理处理方法，在去除悬浮物的同时，也能将 BOD_5、

COD 一道去除。

b.若滤液中的 BOD$_5$、COD 高于要求值，则须考虑采用生物处理方法。进行生物处理实验时，确定能否将 BOD$_5$ 与 COD 同时去除。

好氧生物处理法去除废水中的 BOD$_5$ 和 COD，由于工艺成熟，效率高且稳定，所以获得十分广泛的应用，但由于过程需供氧，故耗电较高。为了节能并回收沼气，常采用厌氧法去除 BOD 和 COD，特别是处理高浓度 BOD$_5$ 和 COD 废水比较适合（BOD$_5$ > 1 000 mg/L），现在也将厌氧法用于低 BOD$_5$、COD 废水的处理，也获得了成功。但是，从去除效率看，BOD$_5$ 去除率不一定高，而 COD 去除率反而高些。这是由于难降解的 COD 经厌氧处理后转化为容易生物降解的 COD，高分子有机物转化为低分子有机物。对于某些工业废水也存在此种现象。如仅用好氧生物处理法处理焦化厂含酚废水，出水 COD 往往保持在 400 ~ 500 mg/L，很难继续降低。如果采用厌氧法作为第一级，再串以第二级好氧法，就可使出水 COD 下降到 100 ~ 150 mg/L。因此，厌氧法常常用于含难降解 COD 工业废水的处理。

c.若经生物处理后 COD 不能降低到排放标准时，就要考虑采用深度处理。

②无机废水

a.含悬浮物时，须进行沉淀实验，若在常规的静置时间内达到排放标准时，这种废水可采用自然沉淀法处理。

b.若在规定的静置时间内达不到要求值时，则须进行混凝沉淀实验。

c.当悬浮物去除后，废水中仍含有有害物质时，可考虑采用调节 pH、化学沉淀、氧化还原等化学方法。

d.对上述方法仍不能去除的溶解性物质，为了进一步去除，可考虑采用吸附、离子交换等深度处理方法。

③含油废水

首先做静置上浮实验分离浮油，再进行分离乳化油的实验。

四、雨水的收集及利用

（一）雨水回用的价值和意义

城市雨洪利用技术是针对城市开发建设区域内的屋顶、道路、庭院、广场、绿地等不同下垫面所产生的径流，采取相应的措施，或收集利用，或渗入地下，以达到充分利用资源、改善生态环境、减少外排径流量、减轻区域防洪压力的目的，系寓资源利用于灾害防范之中的系统工程。与缺水地区农村雨水收集利用不同，城市雨洪利用不是狭义的利用雨水资源和节约用水，它还包括减缓城区雨水洪涝、回补地下水、减缓地下水位下降趋势、控制雨水径流污染、改善城市生态环境等广泛的意义。因此，城市雨洪利用是一项多目标综合性控制技术。

集雨用雨不仅可以大大提高水资源的利用效率，还可以有效改善区域生态环境，减轻城市河湖防洪压力，减少须由政府投入的排洪设施资金。

1. 水资源方面

水资源的缺乏已成为世界性的问题，在传统的水资源开发方式已无法再增加水源时，回收利用雨水成为一种既经济又实用的水资源开发方式。雨水利用是解决城市缺水和防洪问题的一项重要措施。雨水利用就是把从自然或人工集雨面流出的雨水进行收集、集中和储存利用，是从水文循环中获取水为人类所用的一种方法。雨水利用将会为解决未来水资源的短缺问题做出重要贡献。

城市化的进程造成地面硬化（如建筑屋面、路面、广场、停车场等），改变了原地面的水文特性，干预了自然的水文循环。这种干预产生的效果是负面的：大量雨水流失，交通路面频繁积水影响正常生活，雨洪峰值变大加重排水系统负荷，土壤含水量减少，热岛效应及地下水位下降现象加剧等。

2. 生态方面

（1）改善生态环境，补充涵养地下水，减少水旱灾害

雨水集蓄利用有利于水土保持，改善农村生态环境，合理开发利用水土资源，有效减少毁林开荒，推进坡改梯等生态保护措施。在修建小水池、小山塘等小型水利工程后，有效地拦蓄径流，削减洪峰，减少了洪水危害。同时，就地拦蓄雨水径流入渗，减轻了对土壤的冲刷侵蚀和水土流失，提高了农业灌溉用水的保证率、土地的使用效率和林草成活率，增强了抗旱能力，有利于恢复植被，促进山区生产、生活、生态的良性循环。

（2）有效缓解农村饮水困难，促进高效农业的发展和农民增产增收

多年来，农民群众经过长期的实践和探索，因地制宜地修建了小水窖、小水池、小水柜、小塘坝、小水库等一大批雨水集流工程，拦蓄和利用雨水，使天然降水利用率由原来不足30%提高到70%，有效地解决了群众的生活用水，为农业抗旱提供了稳定的水源保证，调整了当地的农业种植结构和农村产业结构，提高了农作物产量，促进了农民增产增收，推动了社会经济的发展。

（3）改善人居生活条件，促进新农村建设

通过雨水集流工程的开展，改变了旱区贫困农民的不良习惯，农村开始改水改厕，猪、牛、羊等牲畜实行圈养，在农户的房前屋后栽树种花，美化环境，村容村貌有了大的改观。一些农户家中还安装了自来水、太阳能热水器和抽水马桶，有效地改变了农村脏、乱、差的局面，改善了人居环境，使农户喝上了洁净卫生的水，大大改善了农村饮水不卫生、不安全的状况，缓解了争水抢水的矛盾，降低了农民因水致病而花费的医药费用，提高了农民生活质量和健康水平，促进了新农村建设。

3. 地区经济方面

（1）节约用水带来的费用

若将雨水回用，则可替代自来水从而减少了自来水的使用量，若考虑用水超标加价收费和罚款，此项节省费用会更高。

（2）消除污染排放而减少的社会损失

据分析，为消除污染，每投入1元可减少的环境资源损失是3元，即投入产出比为1∶3。由于在本项目中采用了源头治理的方案，如截污和弃流，以及过滤和消毒的处理措施，大大减少了污染雨水排入水体，也减少了因雨水的污染而带来的水体环境的污染。

（3）节省城市排水设施的运行费用

雨水利用工程实施后，每年可减少向市政管网排放的雨水量（包括绿地渗透设施减少的排水量）。这样会减轻市政管网的压力，也减少市政管网的建设维护费用。

（4）节水可增加的国家财政收入

这一部分收入指目前由于缺水造成的国家财政收入损失。据了解，目前全国六百多个城市日平均缺水1000万 m^3，造成国家财政收入年减少200亿元，相当于每缺水1 m^3，要损失5.48元，即节约1 m^3 水意味着创造了5.48元的收益。此外，还包括的间接效益有：提高防洪标准而减少的经济损失。城市和住宅开发使不透水面积大幅度增加，使洪水易在较短时间内迅速形成，洪峰流量明显增加，使城市面临巨大的防洪压力，洪灾风险加大，水涝灾害损失增加。雨水渗透、回用等措施可缓解这一矛盾，延缓洪峰径流形成的时间，削减洪峰流量，从而减小雨水管道系统的防洪压力，提高设计区域的防洪标准，减少洪灾造成的损失。

（5）改善城市生态环境带来的收益

如果雨水集蓄利用工程能在整个城市推广，有利于改善城市水环境和生态环境，能增加亲水环境，会使城市河湖周边地价增值；增进人民健康，减少医疗费用；增加旅游收入；减少地面沉降带来的灾害。很多城市为满足用水量需要而大量超采地下水，造成了地下水枯竭、地面沉降和海水入侵等地下水环境问题。由于超采而形成的地下水漏斗有时还会改变地下水原有的流向，导致地表污水渗入地下含水层，污染了作为生活和工业主要水源的地下水。实施雨水渗透方案后，可从一定程度上缓解地下水位下降和地面沉降的问题。

（二）雨水资源利用措施

雨水利用的主要景观措施有：屋面集水、滞留池、生态调节池、植草沟、人工湿地等。雨水间接利用采用渗滤沟、渗滤池、低洼绿地、梯田、花畦等方式将雨水渗入土壤，涵养地下水或回灌至地下水层。

渗滤池：结合池塘、洼地设置渗滤池，池塘与洼地维持少量水位，除有集水功能外还可维持水生生态系统的稳定性，开放的水域还能提供亲水及视觉美化的效果。

花畦：池底覆以土壤并种植吸附污染物的湿生植物，具有调节与改善水质的功能。

植草沟：用植被覆盖的集水、排水渠，主要用于疏散暴雨径流以及移除污染物，提升水质，保留乡土植被维护景观品质，提供生物栖息的空间，且植草沟设置及维持保养的费用低于传统的地下管线。

渗滤沟：渗滤沟是利用卵石、碎石等空隙为雨水提供滞蓄空间的方法，在地面设卵石沟或卵石槽导引地表径流至卵石间的孔隙。

渗透性铺装：采用渗透性地面铺装是让雨水回归大地，解决地下水回灌问题，具有入渗、滞留的能力，有减洪、水质净化与地下水涵养的优点。

（三）雨水收集净化系统

1. 绿地生态水渠

根据现状地形及景观要求，设计以下三种形式：①利用现状截洪沟进行改造，变成集、蓄、滤三个功能兼备的生态型水渠；②在山坳处设置引水渠，将山上雨水引入人工湿地过滤净化；③结合现状地形设计渗透型集水渠，渗滤沟＋穿孔管＋储存池或渗滤池。

因景观和功能要求，在主要道路和广场上未使用透水砖。因道路广场的标高大于绿地标高，道路广场上的雨水可以汇聚到周边绿地内，再渗透到地下。而园内一般道路采用透水砖，并以级配砂石作为垫层，在级配砂石垫层内铺设全透型排水软管，便于雨水渗透、收集和利用。

根据具体位置及路幅宽度不同，渗滤沟有以下几种形式：①主园路渗滤沟，路幅宽6 m，行人较多，雨水稍有污染，结合绿地过滤设计渗滤沟；②硬质广场路面，结合地面找坡及铺装设计，广场中每隔20 m左右设置渗滤沟；③3 m宽园路，渗水砖路面＋渗滤沟＋穿孔集水管；④山体渗滤沟：内侧做渗滤沟，隔一定距离结合地形设置渗滤池或储水池；⑤木栈道：栈道下方设置低洼绿地；⑥停车场：设计多孔沥青车道结合植草砖停车区，尽可能让雨水下渗，此处雨水污染较大，结合弃流及土壤渗滤设置穿孔管集水。

2. 雨水净化系统

（1）土壤渗滤净化

大部分雨水在收集的同时进行土壤渗滤净化，并通过穿孔管将收集的雨水排入次级净化池或储存在渗滤池中；来不及通过土壤渗滤的表层水经过水生植物初步过滤后排入初级净化池中。

（2）人工湿地净化

分为两个处理过程，一是初级净化池，净化未经土壤渗滤的雨水；二是次级净化池，进一步净化初级净化池排出的雨水，以及经土壤渗滤排出的雨水；经二次净化的雨水排入下游清水池中，或用水泵直接提升到山地储水池中。初级净化池与次级净化池之间、次级净化池与清水池之间用水泵进行循环。

（3）生物处理

参考中水处理流程，结合人工湿地设计生物处理系统，处理冲厕、盥洗排水的净化系统。

3. 雨水储存系统

（1）人工湖

结合景观水景要求设计人工湖，包括初级净化池、次级净化池、清水池。雨水利用时主要从清水池用泵抽取，供附近的冲厕用水以及补充山地绿化灌溉用水；少量溢出的雨水排入市政雨水管。湖水的常水位标高比溢流口低 10 cm，而驳岸的标高则根据常水位来设计，这样处理可以使降雨蓄存量增加，保证至少单次降雨量在 50 mm 以下时不会产生溢流，既保持了平时湖水充盈的亲水效果，又为雨季蓄水打下了基础。在人工湖设计有若干水生植物种植池，这些种植池在丰富湖区景观的同时，也承担着沉积雨水带来的泥沙的作用。为保证湖水清洁，防止水质恶化，中水处理系统对湖水进行循环处理，同时为公园里其他绿地喷灌系统提供水源，使得汇集的雨水得以充分利用。

（2）地下储水沟

结合生态集水渠设计的地下储水沟，既是集水沟，也是储水设施。储存的水过滤后在重力作用下直接供给附近低标高厕所冲厕以及绿地灌溉，储存沟内溢流出的雨水排入下游净化池中。

（3）地下储水池

根据景观场地设计及绿化就近灌溉原则，设置两种形式的地下储水池：①自动滴灌式储水池。主要设置在阳光草坪高位坡地上，抽取清水池中雨水，储存在坡顶土层下方储水池中，结合滴灌系统，利用重力作用灌溉下游草坪。②山地储水池。水源主要来自高位集水沟收集过滤的雨水，必要时用水泵抽取清水池雨水补充；储存的雨水主要用作附近低标高厕所冲厕以及绿地灌溉；利用溢流管将山地储水池连成一个系统，水量过多则通过溢流管逐级下流，最后排入清水池中；缺水时通过水泵抽取清水池中的雨水，逐级提升至最高位储水池中。

第十章　固体废物处置及电子废弃物资源化

第一节　固体废物

一、固体废物的来源及分类

固体废物是指在社会的生产、流通、消费等一系列活动中产生的，在一定时间和地点无法利用而被丢弃的污染环境的固体、半固体废弃物质。不能排入水体的液态废物和不能排入大气的置于容器中的气态废物，由于多具有较大的危害性，一般也归入固体废物管理体系。

（一）固体废物来源

固体废物主要来源于人类的生产和消费活动，人们在开发资源和制造产品的过程中，必然产生废物。从宏观上讲，可把固体废物来源分成两大方面：一是生产废物，指生产过程中产生的废弃物；二是生活废物，指产品使用过程中产生的废弃物。

生产废物主要来源于工、农业生产部门，其主要发生源是煤炭、冶金、石油化工、电力工业、轻工、原子能以及农业生产部门。由于我国经济发展长期采用大量消耗原料、能源的粗放式经营模式，生产工艺、技术和设备落后，管理水平较低，资源利用率低，使得未能利用的资源、能源大多以固体废物的形式进入环境，导致生产废物大量产生。

生活废物主要是城市生活垃圾。城市生活垃圾的产生量随季节、生活水平、生活习惯、生活能源结构、城市规模和地理环境等因素而变化。

表 10-1 从各类发生源产生的主要固体废物

发生源	产生的主要固体废物
矿业	废石、尾矿、金属、废木、砖瓦和水泥、砂石等
冶金、金属结构、交通、机械等工业	金属、渣、砂石、陶瓷、涂料、管道、绝热和绝缘材料、黏结剂、污垢、废木、塑料、橡胶、纸、各种建筑材料、烟尘等
橡胶、皮革、塑料等工业	橡胶、塑料、皮革、纤维、染料等
石油化工工业	化学药剂、塑料、金属、橡胶、沥青、陶瓷、石棉、油链、涂料等
食品加工业	肉、谷物、蔬菜、硬果壳、水果等
建筑材料工业	金属、水泥、黏土、陶瓷、石膏、石棉、砂、石、纸、纤维等
造纸、木材、印刷等工业	碎木、锯末、刨花、化学药剂、金属、塑料等
电器、仪器仪表等工业	金属、塑料、木、陶瓷、玻璃、橡胶、研磨料、化学药剂、绝缘材料等
纺织服装工业	金属、纤维、塑料、橡胶等
居民生活	金属、瓷、食物、木、布、庭院植物修剪物、玻璃、纸、塑料、燃料灰渣、废器具、碎砖瓦、脏土、粪便等
商业机构、机关	同上，另有管道、碎砌体、沥青及其他建筑材料，含有易爆、易燃腐蚀性、放射性废物以及废汽车、废电器、废器具等
市政维护、管理部门	碎砖瓦、树叶、死禽畜、金属、锅炉灰渣、污泥等
农业	秸秆、蔬菜、水果、果树枝条、人和禽畜粪便、农药等
核工业和放射性医疗单位	金属、含放射性废渣、粉尘、污泥、器具和建筑材料等

（二）固体废物种类

由于固体废物的来源广泛，成分复杂，所以有许多不同的分类法，按其组成可分为有机废物和无机废物；按其形态可分为固态废物、半固态废物、液态和气态废物；按其污染特性可分为一般废物和危险废物等。目前我国把固体废物分为三类：工业固体废物、生活垃圾和危险废物。

1. 工业固体废物

工业固体废物是指在工业生产活动中产生的固体废物。工业固体废物的特征是数量大、种类繁多、性状复杂，形态有固体、半固体和液态（如废酸、废碱等）。典型的工业固体废物主要有冶金工业固体废物、能源固体废物、化学工业固体废物、矿业固体废物、粮食、食品工业固体废物。

2. 生活垃圾

生活垃圾，是指在日常生活中或者为日常生活提供服务的活动中产生的固体废物以及法律、行政法规规定视为生活垃圾的固体废物。生活垃圾主要产自居民家庭、城市商业、餐饮业、旅馆业、旅游业、服务业、市政环卫业、交通运输业、文教卫生业和行政事业单位、工业企业以及污水处理厂等。一般可分为城市生活垃圾、城建渣土、商业固体废物、粪便。

工业先进国家城市居民产生的粪便，大都通过下水道输入污水处理场处理。而我国的城市下水处理设施少，粪便需要收集、清运，是城市固体废物的重要组成部分。

3. 危险废物

危险废物又称有害废物，泛指除放射性废物以外，具有毒性、易燃性、反应性、腐蚀性、爆炸性、传染性，因而可能对人类的生活环境产生危害的废物。

世界上大部分国家根据有害废物的特性，即急性毒性、易燃性、反应性、腐蚀性、浸出毒性和疾病传染性，均制定了自己的鉴别标准和有害废物名录。联合国环境规划署《控制有害废物越境转移及其处置巴塞尔公约》列出了"应加以控制的废物类别"共45类，"须加以特别考虑的废物类别"共两类，同时列出了有害废物"危险特性的清单"共1三种特性。

二、废弃物的特点及危害

（一）固体废物的特点

与废水和废气相比较，固体废物具有自己的固有特征。

1.固体废物是各种污染物的最终形态，特别是从污染控制设施排出的固体废物，浓集了许多成分，呈现出多组分混合物的复杂特性和不可稀释性。这是固体废物的重要特点。

2.固体废物在自然条件的影响下，其中的一些有害成分会迁移进入大气、水体和土壤之中，参与生态系统的物质循环，造成对环境要素的污染和影响，因而，固体废物具有长期的、潜在的危害性。

根据固体废物的特点，固体废物从其生产到运输、储存、处理和处置的每个环节都必须严格妥善地加以控制，使其不危害生态环境。固体废物具有全过程管理的特点。

（二）固体废物的污染途径及危害

固体废物对环境的污染和危害往往是多方面的，其污染途径包括污染水体、污染大气、污染土壤及侵占土地等。

固体废物可以通过不同的途径进入水体，污染水体。将固体废物直接排入地表水；露天堆放的固体废物被地表径流携带进入地表水；飘入空中的细小颗粒物通过湿沉降或干沉降落入地表水；露天堆放和填埋的固体废物，其可溶部分在降水淋溶、沥滤液浸出及渗透作用之下可以经土壤进入地下水。固体废物对水体的污染不仅可能减少水体的面积，而且妨害水生生物的生存，影响水资源的安全使用，威胁人类的健康。

固体废物一般通过几种途径进入大气，使之受到污染。固体废物中的细小颗粒、粉末随风扬散；在固体废物运输和处理过程中缺少相应的防护和净化措施，释放有害气体和粉尘；露天堆放、填埋以及渗入土壤的废物，经挥发及反应放出有毒有害气体。例如，石油化工厂堆放的油渣可能排放一定量的多环芳烃等，煤矸石的自燃散发出大量 SO_2、CO_2 和 NH_3 等。

固体废物长期露天堆放，其有害成分在地表径流和雨水淋溶、渗透作用下，通过土壤孔隙向四周的土壤迁移，有害成分受到土壤的吸附作用和其他作用。随着渗滤水的迁移，有害成分在土壤固相中不同程度地积累，导致土壤成分和结构的改变及对植物生长的危害。固体废物中的废弃农膜，由于其不断老化、破碎，残留在土壤中，危害极大。聚烯烃类薄膜抗机械破碎性强，难以分解，残落在土壤中会阻碍土壤水分、空气、热和肥的流动和转化，使土壤物理性质变差，养分输送困难。大量农膜残留，不利于土壤的翻耕，不利于作物根系的伸展等。未经严格处理的生活垃圾直接进入农田土壤，会破坏土壤的团粒结构和理化性质，使土壤的保水、保肥能力降低。工业固体废物会破坏土壤的生态平衡，如尾矿堆积的严重后果使土地荒芜、居民被迫搬迁。

固体废物不加利用处理，必然占地堆放，堆积量越大，占地面积越大。据估算，每堆积 1 万吨废物，占地需 1 亩左右。很显然，随着社会经济的发展及消费需求的增长，城市垃圾的收纳场地日益显出不足，垃圾占地的矛盾会不断凸现出来。

第二节　固体废物处置技术

一、固体废物处置的含义与对象

固体废物处置，又称为固体废物的最终处置（disposal of solid wastes），是指对各项人类活动产生的固体排出物进行有控管理，以无害化为主要目的，长期放置于稳定安全的场所，最大限度地使固体废物与生物圈分离，避免或降低其对地球环境与人类的不利影响而采取的严格科学的工程手段，是固体废物污染控制的末端环节，解决固体废物的归宿问题。

早期固体废物的处置经常是无控地将固体废物排放、堆积、注入、倾倒入任意的土地场所或水体中，很少考虑其长期的不利影响。随着社会环保意识的增强和环境法规的完善，向水体倾倒和露天堆弃等无控处置被严格禁止，故今天所说的"处置"是指"安全处置"。固体废物的最终处置方法是针对现在的技术手段对暂不利用的人类活动产生的固体废弃物，实现其无害化，确保固体废物中的有害物质，不论现在或将来，都不会对人类生存、发展以及整个地球生态造成不可修复的危害。但是，随着技术的发展和人类经济利益的驱使，在某些条件下，最终处置方法也可实现资源化。例如腐殖质利用、矿化利用、填埋造地、填埋气利用等。

固体废物的最终处置的工作对象包括：经过城市垃圾收运系统收集的生活垃圾、建筑垃圾；经过预处理、综合利用处理后的生活垃圾、工业废渣以及泥状物质、固化后的构件、焚烧后的残渣，需作为固体废物处置的置于容器中的液、气态物品、市政污泥与危险废物等。

二、固体废物处置的分类和特点

固体废物处置可以根据隔离屏障分类和按处置场所分类两种分类方法。

（一）按隔离屏障分类

按照固体废物被隔离的屏障不同，分为人工屏障隔离处置和天然屏障隔离处置两类。人工屏障是指隔离的界面由人为设置，如使用废物容器、废物预稳定化、人工防渗工程等，在实际工作中，人们常常同时采用天然屏障和人工屏障相结合来处置固体废物，以实现对有毒有害物质的有效隔离。天然屏障往往是利用自然界已有的地质构造和特殊地质环境所形成的屏障，也可以是各种圈层之间本身存在的对污染的阻滞作用。按屏障类型不同进行分类，难于具体根据屏障物资的千变万化来进行细分讨论，因此这种分类方法较少采用。

（二）按处置场所分类

按照固体废物处置场所的不同，可分为陆地处置和海洋处置两大类。

1. 陆地处置

包括农用法、工程库或储留池储存法、土地填埋处置、深井灌注处置。陆地处置具有方法操作简单、方便、投入成本低等优点，但是陆地处置场所总是和人类活动及生物圈循环有关，因此必须按照严格的技术规范，用科学认真的态度来实施。

2. 海洋处置

主要分为海洋倾倒与远洋焚烧两种方法。近年来，随着人们对保护环境生态重要性认识的加深和总体环境意识的提高，海洋处置已受到越来越多的限制。在大多数场合，海洋处置已被国际公约禁止。

三、固体废物土地填埋处置

（一）土地填埋处置概述

土地填埋处置为固体废物的地质处置方法，其主要利用各种天然环境、地质防护屏障与工程防护屏障，科学控制固废处置过程中各项污染物质的释出和迁移，降低处置场内生化反应、物理反应的速率，是由传统的废物堆放和土地处置发展起来的、按照工程理论和土工标准对固体废物进行有控管理的综合性科学工程方法。经过几十年的实践应用，土地填埋处置已不是简单的堆、填、覆盖操作，而是逐步向包容封闭、屏障隔离、主动引导抽排等工程储存、综合利用方向发展。

土地填埋处置种类很多，采用的名称也不尽相同。按填埋场的性质或状态可分为好氧填埋、厌氧填埋、准好氧填埋、保管性填埋；按填埋场的地形特征可分为废矿坑填埋、平地填埋、峡谷填埋、山间填埋；按填埋场的水文气象条件可分为干式填埋、湿式填埋、干湿混合填埋；按填埋场的容纳物质类型可分为城市生活垃圾填埋场、危险废物填埋场、污泥填埋场、建筑垃圾填埋场、工业废渣填埋场；按安全程度可分为简易填埋、卫生填埋、安全填埋等；按照填埋场的构造和污染防治原理，可分为衰减型填埋场、全封闭型填埋场、半封闭型填埋场。

根据固废的类别特性以及对水资源保护的目标，可将填埋场分为六种类型：一级填埋场，即惰性废物填埋场；二级填埋场，即矿业废物处置场；三级填埋场，即城市生活垃圾填埋场；四级填埋场，即手工业和一般工业废物填埋场；五级填埋场，即危险废物土地安全填埋场；六级填埋场，即特殊废物深地质处置库，或深井灌注。

（二）卫生土地填埋

卫生土地填埋（sanitary landfill）是指对填埋场气体和渗沥液进行较严格的控制的土地填埋方式，主要用于处置城市生活垃圾。

卫生土地填埋不同于土地填埋：卫生填埋过程中采取了底部防渗、侧层防渗与废气收集处理，垃圾表层覆盖压实作业等措施，从而避免了简易土地填埋方式下产生的二次污染。当代的卫生土地填埋处置技术利用综合性科学体系全面处理垃圾，减少污染。卫生土地填埋分为好氧、厌氧和准好氧三种类型。

（三）安全土地填埋

安全土地填埋主要是针对处理有害有毒废物而发展起来的方法，安全土地填埋与卫生土地填埋的主要区别在于：安全土地填埋对入场废料的成分要求更严格，要避免不相容废物的混合引发新的有害反应；对衬垫材料的品质要求更严格，应注意衬垫材料的稳定性，废物与衬垫的相容性；下层土壤或与衬里相结合处的渗透率应符合标准，配备更严格的浸出液收集、处理及监测系统。

安全土地填埋从理论上讲可以处置一切有害和无害的废物，但是实践中对有毒物进行填埋处置时还是要谨慎，至少应首先进行稳定化处理。对于易燃性废物、化学性强的废物、挥发性废物和大多数液体、半固体和污泥，一般不要采用土地填埋方法。土地填埋也不应处置互不相容的废物，以免混合以后发生爆炸，产生或释放出有害、有毒气体。

四、生活垃圾卫生填埋场

（一）填埋场的规模与库容

填埋场的规模与库容的计算涉及人均垃圾产量的计算、需要库容量的计算、实际库容量的核算等几方面。

1. 人均垃圾产量

决定人均垃圾产量的要素有多种。这些因素主要影响生活垃圾的成分，使得垃圾组分具有复杂性、多变性和地域差异性，继而影响人均垃圾产量。

实际应用中应该以实测的现状人均垃圾产量为基础，依照城镇总体规划、燃气规划、环卫规划，分别确定规划近期、中期与远期的生活垃圾组成成分以及人均垃圾产量。

2. 需要库容量的计算

填埋场设计规模的确定

①垃圾日产量估算与预测。

②垃圾填埋场的设计日处理量。当所研究的城镇存在填埋法之外的其他垃圾处理方法或者存在值得计入拾荒、回收量时，实测或计算出的垃圾日产量并不等于垃圾处理项目的设计处理量。

垃圾填埋场设计日处理量＝垃圾平均日产量－非填埋法垃圾日处理量

其中，非填埋法处理量包括城镇垃圾的有组织回收利用量、无组织拾荒量、堆肥处理量、焚烧处理量以及工业固废新技术开发综合利用。

计算中须注意如下问题：

①垃圾年产量＝垃圾填埋场设计日处理量 × 每年的总天数。

②填埋垃圾体积＝垃圾年产量（重量）÷ 填埋后的垃圾密度。

填埋后的垃圾密度是指填埋场内经过压实机压实成紧固状态的垃圾密度。其数值与垃圾理化成分、气候、填埋机械都有关系。

③覆盖料体积。填埋场的覆盖料包括日覆盖、中间覆盖、终场覆盖三种类型。所有这些覆盖层的体积都将占用填埋场的需要库容。若以最严格的覆盖规程计算，填埋场总覆土量可占填埋场总容量的约 1/3，但在降雨量较小、垃圾有机成分较低且土源紧张的地区，总覆土量可以填埋场总容量的 13% ~ 20% 进行保守预估。

④总填埋体积 = 填埋垃圾体积 + 覆盖料体积。

⑤沉降后体积计算。城市生活垃圾填埋场无论在填埋过程中还是封顶后都会产生显著的沉降，填埋场的沉降可以增加场区的垃圾消纳量。合理地分析填埋体的沉降对估算填埋容量，预测场地服务期限和提高填埋效益都是很重要的。

⑥服务年限。

（二）防渗系统

垃圾卫生填埋法主要的工艺之一就是在垃圾堆体与地表之间设置防渗层，将垃圾污染物与土壤、地下水隔开，防止垃圾堆体中流出的渗沥液污染土壤和地下水。良好的地质屏障和设计合理的防渗系统是实现上述目标所必需的。

1. 防渗处理的两种方式

填埋场的防渗处理包含水平防渗和垂直防渗两种方式。水平防渗是指防渗层水平方向布置，防止垃圾渗沥液向下渗透污染地下水；垂直防渗是指防渗层竖向布置，防止垃圾渗沥液向周围渗透污染地下水。一般填埋场的防渗衬层系统可采用水平基础密封和斜坡密封相结合的技术，在填埋场底部和边坡铺设防渗衬垫层。

水平防渗是指用人工衬层将填埋场与垃圾堆体完全隔离，以防止渗沥液外渗。侧面防渗通常也归入水平防渗。侧面防渗亦常采用高密度聚乙烯（HDPE）土工膜防渗。具体做法为：在清理、平整的边坡上先铺保护层，再铺设与底部构造相同的两层土工布夹一层（HDPE）土工膜。在预留的锚固平台上的锚固沟内进行膜的锚固。垃圾坝上游面的防渗做法同侧面防渗。

垂直防渗系指采用帷幕灌浆直达场底不透水层的办法防渗，用于防止填埋场内的垃圾渗沥液渗出场外，防止污染。填埋场内的地下水由于防渗帷幕的阻挡，不能按原来的渗流路线排泄，随着水位升高到场底以上，和垃圾渗沥液混合，一并排入渗沥液调节池。

2. 防渗结构的类型

防渗结构的类型有单层防渗结构和双层防渗结构两种。单层防渗结构的层次从上至下为渗沥液收集导排系统、防渗层（含防渗材料及保护材料）、基础层、地下水收集导排系统。双层防渗结构的层次从上至下为渗沥液收集导排系统、主防渗层（含防渗材料及保护材料）、渗漏检测层、次防渗层（含防渗材料及保护材料）、基础层、地下水收集导排系统。

3. 防渗材料

填埋场所选用的防渗衬层材料通常可分为三类：

①天然和有机复合防渗材料，主要指聚合物水泥混凝土（PCC）防渗材料、沥青水泥混凝土材料。②无机天然防渗材料，主要有黏土、亚黏土、膨润土等。③人工合成有机材料，主要是塑料卷材、橡胶、沥青涂层等。垃圾填埋场防渗系统工程中应使用的土工合成材料主要有高密度聚乙烯（HDPE）膜、GCL、土工布、土工复合排水网等。

五、放射性固废的地质处置

（一）中低放射性废物的浅地层埋藏

浅地层埋藏处置主要适于处置用容器盛装的中低放射性固体废物。

通常所说的核废料包括两大类，中低放射性核废料与高放射性核废料。具有中低放射性的危险废物包括反应堆后处理厂、核研究中心和放射性同位素使用单位等被放射性污染而不能再用的物体，主要指核电站在发电过程中产生的具有放射性的废液、废物，占到了所有核废料的99%。中低放射性核废料的危害相对较低。

加拿大布鲁斯核电站处置场的上部土层为冰碛土。比利时曾利用其东北部有一定深度的黏土层来处置放射性废物。英国曾在埋藏区开挖深槽至黏土层，将废物填埋后，回填地表土和花岗岩片屑。国际上通行的做法是在地面开挖深约10～20 m的壕沟，然后建好各种防辐射工程屏障，将密封好的核废料罐放入其中并掩埋。有时可借助上覆较厚的土壤覆盖层，既可屏蔽废物射线向外辐射，又能防止降水的渗入。

对浅地层埋藏处置的安全评价，涉及确定释放率的浸出试验、回填材料试验、水分运动试验，涉及核素在环境介质中的输送的核素迁移试验、分配系数测量。经历足够的衰变时间、稳定时间后，废料中的放射性物质衰变成了对人体相对无害的物质。

限制中低水平放射性废液固化体和中低水平放射性固体废物的暂存年限。核工业系统及其他部门的中低水平放射性废液固化体，暂存期限以能满足设施运行的要求为限；目前暂存的中低水平放射性固体废物，在处置场建成后必须迅速送处置场处置。城市放射性废物库暂存的少量含长半衰期核素的固体废物，在国家处置场建成后最终也应送处置场。

（二）高放废物的深层处置

高放废物俗称为"高放废料"，全称为"高水平放射性核废料"（high level radioactive waste）（HLW），是指从核电站反应堆芯中置换出来的燃烧后的核燃料，或者是乏燃料后处理产生的高放废液及其固化体，以及达到相应放射性水平的其他废物。其共性是放射性核素的含量或含量高，释热量大，毒性大，半衰期长达数万年到十万年不等，处理和处置难度大、费用高。

国际原子能机构按处置要求的分类标准把释热率大于 2 kw/m³，长寿命核素比活度大于短寿命低中放废物上限值的废物称为高放废物。

高放废料对人体危害巨大，如钚（Pu）只需10 mg就能造成人死亡。受到核废料污染的水体生态环境在几万年内都无法恢复。因此，高放废物在操作和运输过程中需要特殊屏蔽，在核废料处置库建成之前，所有的高放射性核废料只能暂存在核电站的硼水池里。

经过多年的实验与研究，目前公认的处置高放射性核废料的最好方法仍是深地质处置法。其处置过程一般是先将高放废料进行玻璃固化，而后装入可屏蔽辐射的金属罐体中，放入位于地下深处 500 ~ 1000 m 的特殊处置库内进行永久保存。我国基本选定以花岗岩作为主要的处置介质。国外的处置介质主要有凝灰岩（美国）、黏土岩（比利时）、盐岩（德国）、花岗岩（瑞典、瑞士等）等。

第三节　电子废弃物资源化

一、电子废弃物概述

（一）电子废弃物的来源

电子废弃物（waste electric and electronic equipment，WEEE）是指废弃的电子电气设备及其零部件，俗称电子垃圾。电子废弃物包括生产过程中产生的不合格设备及其零部件；维修过程中产生的报废品及废弃零部件；消费者废弃的设备如各种使用后废弃的通信设备、个人电脑、DVD 机、音响、电视机、传真机、复印机等常用小型电子产品，洗衣机、电冰箱、空调等家用电子电器产品，以及程控主机、中型以上计算机、车载电子产品和电子仪器仪表等企事业单位淘汰的物品等。

随着社会和经济的快速发展及电子技术的广泛应用，电子产品已深入人类生产活动和生活活动的各个领域、各个方面，并且还在不断延伸。数量巨大的各类电子电器产品的生产和使用，在满足社会经济发展和人类生活需求的同时，也消耗了大量不可再生资源，出现了数量增长极快的电子废弃物，对生态环境和人类可持续发展构成了严重威胁。

（二）电子废弃物的特点

电子废弃物具有数量多、危害大、潜在价值高及处理困难等特点。

1. 数量多

目前，电子电器产品在人们的生产、生活中得到了广泛的应用。与此同时，电子废弃物的数量也越来越多，并正以惊人的速度增加。电子废弃物已成为城市垃圾中增长速度最快的固体废弃物之一。

2. 危害大

电子废弃物多半以上材料含有有害物质，有的甚至含有剧毒。电子废弃物中的主要污染成分如表 10-2 所示。

表 10-2　电子废弃物中的主要污染成分

污染物	来源
卤素阻燃剂	线路板、电缆、电子设备外壳
氯氟碳化合物	冰箱
铅	阴极射线管、焊锡、电容器及显示屏
汞	显示器、开关
镍、镉	电池及某些计算机显示器
钡	阴极射线管、线路板
硒	光电设备
铬	金属镀层

　　例如，线路板中含有镍、铅、铬、镉等，显像管内含有重金属铅，电子废弃物中的电池和开关含有铬的化合物和汞。电子废弃物被填埋或者焚烧时，可能形成重金属污染，包括汞、镍、镉、铅、铬等的污染。重金属组分渗入土壤，或进入地表水和地下水，将会造成土壤和水体的污染，直接或间接地对人类及其他生物造成伤害。铅化合物会破坏人的神经、血液系统以及肾脏，影响幼儿大脑的发育；铬的化合物会透过皮肤，经细胞渗透，少量摄入便会造成严重过敏，更可能引致哮喘，破坏人体的 DNA；在微生物的作用下，无机汞会转变为甲基汞，若进入人的大脑会破坏神经系统，重者会引起人的死亡。卤素阻燃剂，主要存在于塑料电线皮、外壳、线路板基板等材料中，目的是为了防止电路短路引起材料着火。由于卤素阻燃剂在燃烧或加热过程中会成为潜在的二噁英的来源，因此，含有卤素阻燃剂的材料已经被一些国家确定为有毒污染物，需要特殊处理，以降低环境危害。含氯塑料低水平的填埋或不适当的燃烧和再生，将会排放有毒有害物质，对自然环境和人类造成危害。遗弃的空调和制冷设备中的制冷剂氯氟烃（CFC）和保温层中的发泡剂氢氯氟烃（HCFC）都属于损耗臭氧层物质，它们的释放会对臭氧层的破坏产生作用。

　　电子废弃物属于人类最大的污染源之一，每年大约产生 5 亿吨的危险的有毒废物。电子垃圾对人体健康的影响已经成为突出的社会问题，怎么有效处理不断增加的电子废弃物，成为世界各国共同关注的重要问题。

3. 潜在价值高

　　电子废弃物中含有大量可供回收利用的金属、玻璃及塑料等，从资源回收的角度分析，潜在的价值很高。按照循环经济的理念，处理电子废弃物，实现电子废弃物中有价物质的回收利用，可以大大减少废弃物的排放量，在最大程度上避免环境污染，具有很好的经济效益和社会效益。

4. 处理困难

　　电子废弃物组分复杂、类型繁多，对于这样的"混合型"废弃物，获得较高的回收利用率是相当困难的。电子废弃物使用寿命各不相同，或长达数十年，或仅能用一次，这也给电子废弃物的回收及资源化带来了许多麻烦。更重要的是，电子废弃物虽然潜在价值非常高，但由于含有大量有毒、有害物质，实现电子废弃物的资源化、无害化，需要先进的技术、设备和工艺，也需要较高的投资。不认真对待这些问题，甚至处理不当，不但不能实现有效成分的全价回收，反而会造成更严重的二次污染。

电子废弃物的有效处理和资源化是一项世界性的研究开发课题。各个国家的科学工作者和工程技术人员投入了大量精力开展电子废弃物资源化的研究工作。目前，仍有许多问题亟待解决，如含铅玻璃的资源化、无害化处理问题，印刷线路板的全价利用问题，回收过程中的二次污染的防治问题，等等。开展电子废弃物的资源化研究工作，特别是其工程化研究工作，并把研究成果付诸实施，这对于保护生态环境、防治废物污染，有效地实现资源和能源的再生利用，确保电子行业健康发展，推进社会经济的可持续发展，具有重要的现实意义和应用价值。

（三）电子废弃物的危害

电子废弃物由多种化学成分组成，其中毒性较强的成分主要有汞、铅、镉、铬、聚氯乙烯塑料、溴化阻燃物、油墨、磷化物及其他添加物等。这些电子废弃物如不经处理直接与城市生活垃圾一起填埋或焚烧，会对人类及周围环境造成极大的危害。例如，废弃家电产品中有对人体有害的重金属，它们一旦进入环境，将长期滞留在生态系统中，并随时都可能通过各种途径进入人体，给人类的健康带来极大的威胁。

电子废弃物对环境的危害，会因电子废弃物种类的不同、处理和利用的方式方法不同而产生不同的效果。丹麦技术大学的研究表明，1t 随意收集的电子板卡中含有大约 272 kg 塑料、29 kg 铅、130 kg 铜、0.45 kg 黄金、18 kg 镍 /20 kg 锡等。正是由于电子废弃物回收处理的"利益驱动"，一些家庭作坊式拆解企业采用焚烧、简易酸浴等方法处理废弃电子产品。这种原始的拆解处理方法只回收了部分塑料，提取了部分易于回收的金属、贵金属，总利用率不足电子废弃物回收价值的 30%，其余的都被当作垃圾丢弃。废弃家用电器及电子产品的处理和利用方式方法不当，对人类和环境造成的危害是十分严重的。烧烤线路板、焚烧电线与塑料垃圾会严重污染大气，影响人体健康；采用强酸溶解或电解回收重金属，会产生含重金属的废液、废气、废渣等，会严重污染土壤、河流和地下水；采用氰化物提取线路板等废物中的金、钯、铂等贵金属，废液排放直接造成生态环境的破坏，对人员的身体健康造成了极大伤害。

二、电子废弃物的资源化

从电子废弃物全价利用的基本原则分析，资源化过程可以分为三步。

一是对修理或升级后的整机或附属设备重新利用，最大限度地发挥废弃电子设备的功能。

二是对可拆解的元件回收再利用，减少后续处理成本和再加工成本。

三是对不可再利用的设备和元器件等电子废弃物进行回收利用，充分回收其中的有价物质，实现电子废弃物资源化的目的。

电子废弃物组成多样，而且不同厂家生产的同种功能产品从材料选择、工艺设计、生产过程上也不尽相同，通过电子废弃物资源化的拆解步骤，一般可拆分为印刷电路板、电缆电线、显像管等，其回收处理是一个相当复杂的问题。例如，20世纪70年代以前，废弃电路板的回收技术主要着重于回收贵金属。随着技术的发展和资源再利用要求的提高，目前已发展为对铁磁体、有色金属、贵金属和有机物质等的全面回收利用。许多国家的科技工作者和工程技术人员对电子废弃物的处理处置做了大量的研究工作，开发出了很多的资源化处理处置工艺，以回收其中的有用组分，稳定或去除有害组分，减少对环境的影响。

目前处理处置电子废弃物的方法主要有机械处理方法、化学处理方法、火法、电化学法或使用几种方法相结合。

(一) 电子废弃物的机械处理方法

电子废弃物的机械处理是运用各组分之间物理性质差异进行分选的方法，包括拆卸、破碎、分选等步骤，对分选处理后的物质进行处理可分别获得金属、塑料、玻璃等再生原料。操作简单、成本低，二次污染少，易实现规模化等优势，是目前世界各国开发和使用最多的处理回收技术。

电子废弃物的拆卸工序通常是手工完成的，并回收其中经过检测有用的电子元器件。由于电子废弃物中电子元器件数量多，而且结合方式复杂，使手工处理的效率很低。日本NEC公司开发了一套自动拆卸废电路板中电子元器件的装置。这种装置主要利用红外加热和垂直与水平方向冲击去除的方式，使穿孔元件和表面元件脱落，且不对元器件造成任何损伤。德国的FAPS公司采用与电路板自动装配方式相反的原则进行拆卸，先将废电路板放入加热的液体中融化焊料，再用一种机械装置根据构件的形状不同分检出构件。

为了实现电子废弃物单体的分离，破碎是比较有效的方法。破碎的关键是破碎程度的选择，应既节约能耗，又提高后续工序的分选效率。破碎的方法主要有剪切破碎、冲击破碎、挤压破碎、摩擦破碎，从破碎条件来分还有低温破碎和湿式破碎等。常用的破碎设备主要有锤碎机、锤磨机、切碎机和旋转破碎机等。必须根据物料的特性，选择合适的破碎方式，以减少能源的消耗，为不同物料的有效分选提供保证。剪切式破碎机采用剪切作用来破碎废弃印刷线路板，减少了解离后金属的缠绕，得到了较好的解离效果。

电子废弃物的分选，主要是利用器件材料间的物理性质如密度、电性、磁性、形状及表面特性等的差异，实现不同物质的分选分离。

电子废弃物中物质的密度差异大，金属和塑料及其他非金属很容易按密度差分离。重介质旋流器可高效分选2 mm以上颗粒。气力摇床已用于电子废弃物的分选，物料在床面孔隙吹入的空气及机械震动的作用下，流态化分层，依重颗粒和轻颗粒的运动轨迹不同而实现分离。气力摇床从电子废弃物中分选金属，产品中金属铜、金、银的回收率分别为76%、83%和91%。

电子废弃物通过弱磁性分选可以分选铁磁性物质和有色金属及非金属。强磁性分选、高梯度磁性分选可以用于弱磁性物料，分离亚微米尺度的有色金属和贵金属，其发展潜力很大。电子废弃物经磁选后的物料，非金属主要是 SiO_2 热固性塑料、玻璃纤维和树脂等，绝大部分属于绝缘材料，作为良好导体的金属颗粒可以通过静电或涡流分选与非金属颗粒分离。涡流分选技术已成功应用于电子废弃物的分选，对轻金属与塑料的分离很有效。利用涡流分选机从电脑废弃物中回收金属铝，可获得品位高达 85% 的金属铝富集体，回收率也可达到 90%。

静电分选是利用颗粒在高压电场中所受电场力不同，实现金属颗粒与非金属颗粒的分离，颗粒荷电方式有两种，一是通过离子或电子碰撞荷电，如电晕圆筒型分选机；二是通过接触和摩擦荷电，如摩擦电选。

浮选是利用颗粒表面性质的差异进行分选，是微细颗粒物料分选的有效手段。有机高分子物质颗粒的表面疏水性强，而金属颗粒的亲水性强，通过浮选很容易分离细颗粒级金属与塑料。另外，如果控制好过程的分散和团聚，浮选分离有色金属和贵金属将是很有发展前途的。

电子废弃物的机械处理方法的技术发展比较成熟，已广泛得到应用。机械处理方法可以使电子废弃物中的有价物质充分富集，减少了后续处理的难度，具有污染小、成本低、可对其中的金属和非金属等组分综合回收等优点。其不足之处是还需要后续处理才能获得相应的纯金属和非金属。

从技术经济角度考虑，电子废弃物中的金属多为金属单质，只是贵金属的颗粒粒度微细，通过化学方法将其转化为化合物后再还原为单质，显然要消耗更多的能源。传统的物理分选对贵金属的回收率较低，品位不高，应当借鉴矿物加工的研究成果，加强微米甚至纳米尺度物料的物理分选技术的研究，形成经济有效和环境友好的电子废弃物资源化技术。近年来，随着对环境保护的重视及电子产品中贵金属的使用逐渐减少，电子废弃物的物理分选成为电子废弃物资源化和正规化工业处理的主要方法。

（二）电子废弃物的其他处理方法

电子废弃物的化学处理方法也称湿法处理，包括浸出工序和提取工序。首先将破碎后的电子废弃物颗粒在酸性条件或碱性条件下浸出金属；然后浸出液再经过萃取、沉淀、离子交换、过滤、置换、电解等一系列单元操作，回收得到高品位的金属。电子废弃物的化学处理方法的缺点在于，部分金属的浸出率低，特别是金属被覆盖或敷有焊锡时较难浸出，而包裹在陶瓷材料中的贵金属更难浸出；浸出过程使用强酸和剧毒的氰化物等，产生的有毒废液，排放的有毒气体，对环境危害较大，其无害化成本比较高。

火法处理是将电子废弃物通过焚烧、熔炼去除塑料和其他有机成分富集金属的方法。火法处理会对环境造成危害，从资源回收、生态环境保护等方面分析，这些方法较难推广。

利用微生物浸取金等贵金属是在 20 世纪 80 年代开始研究的提取低含量物料中贵金属的新技术。利用微生物活动，金等贵金属合金中其他非贵金属氧化成为可溶物进入溶液，贵金属裸露出来，便于回收。生物技术提取金等贵金属，工艺简单、操作费用低。生物浸出的主要缺陷在于浸出时间过长，而且运行条件苛刻，使其应用受到很大限制。

第十一章　环境污染物质的生物化学

第一节　生物圈、生态系统和生态平衡

一、生物圈

（一）生物圈组成与结构

生物圈是地球上出现并受到生命活动影响的地区，是地表有机体包括微生物及其自下而上环境的总称，是行星地球特有的圈层，也是人类诞生和生存的空间。

1375 年，奥地利地质学家休斯（E.Suess）首次提出了生物圈的概念，生物圈是指地球上有生命活动的领域及其居住环境的整体。它在地面以上达到大致 23 km 的高度，在地面以下延伸至 12 km 的深处，其中包括平流层的下层、整个对流层以及沉积岩圈和水圈，但绝大多数生物通常生存于地球陆地之上和海洋表面之下各约 100 m 厚的范围内，这里是生物圈的核心。

生物圈主要组成为:生命物质、生物生成性物质和生物惰性物质。生命物质又称活质，是生物有机体的总和；生物生成性物质是由生命物质所组成的有机矿物质相互作用的生成物，如煤、石油、泥炭和土壤腐殖质等；生物惰性物质是指大气低层的气体、沉积岩、黏土矿物和水。

（二）生物圈的基本特征

生物圈是一个复杂的、全球性的开放系统，是一个生命物质与非生命物质的自我调节系统。它的形成是生物界与水圈、大气圈及岩石圈（土圈）长期相互作用的结果，生物圈存在的基本条件是：①存在可被生物利用的大量液态水。几乎所有的生物都含有大量水分，没有水就没有生命。②可获得来自太阳的充足光能。因一切生命活动都需要能量，而其基本来源是太阳能，绿色植物吸收太阳能合成有机物而进入生物循环。③提供生命物质所需的各种营养元素。包括 O_2、CO_2、N、C、K、Ca、Fe、S 等，它们是生命物质的组成或中介。④要有适宜生命活动的温度条件。在此温度变化范围内的物质存在气态、液态和固态三种变化。

总之，地球上有生命存在的地方均属生物圈。生物的生命活动促进了能量流动和物质循环，并引起生物的生命活动发生变化。生物要从环境中取得必需的能量和物质，就得适应环境，环境发生了变化，又反过来推动生物的适应性，这种反作用促进了整个生物界持续不断地变化。

二、生态系统

（一）生态系统的概念

生态系统（ecosystem）是指在一定空间中共同栖居着的所有生物（即生物群落）与其环境之间由于不断地进行物质循环和能量流动过程而形成的统一、具有自我调节功能的自然整体。生态系统是自然界的一种客观存在的实体，是生命系统和无机环境系统在特定空间的组合。其定义可以描述为：生态系统是包括特定地段内的所有有机体与其周围环境相结合所组成的具有特定结构和功能的综合性整体。

生态系统空间边界模糊，通常可根据研究的目的和对象而定。小的如一滴水、一块草地、一个池塘都可以作为一个生态系统。小的生态系统联合成大的生态系统，简单的生态系统组合成复杂的生态系统，而最大、最复杂的生态系统是生物圈。生物圈也可看作全球生态系统，它包含地球上的一切生物及其生存条件。生态系统可以是一个很具体的概念，如一个具体的池塘或林地是一个生态系统，同时生态系统也可以是在空间范围上一个很抽象的概念，所以很难给它划定一个物理边界。

（二）生态系统的类型

地球上的生态系统多种多样，根据不同角度可以分成不同类型，常见的分类如下。

1. 根据生态系统的生物成分，可将生态系统分为植物生态系统，如森林、草原等生态系统；动物生态系统，如鱼塘、畜牧等生态系统；微生物生态系统，如落叶层、活性污泥等生态系统；人类生态系统，如城市、乡村等生态系统。

2. 根据环境中的水体状况，可将生态系统划分为陆生生态系统和水生生态系统两大类。陆生生态系统可进一步划分为荒漠生态系统、草原生态系统、稀树干草原生态系统和森林生态系统等。水生生态系统可进一步划分为淡水生态系统和海洋生态系统。而淡水生态系统又可划分为江、河等流水生态系统和湖泊、水库等静水生态系统；海洋生态系统则包括滨海生态系统和大洋生态系统等。

3. 根据人为干预的程度划分，可将生态系统分为自然生态系统、半自然生态系统和人工生态系统。自然生态系统指没有或基本没有受到人为干预的生态系统，如原始森林、未经放牧的草原、自然湖泊等；半自然生态系统是指虽受到人为干预，但其环境仍保持一定自然状态的生态系统，如人工抚育过的森林、经过放牧的草原、养殖的湖泊等；人工生态系统指完全按照人类的意愿，有目的、有计划地建立起来的生态系统，如城市、农业生态系统等。

（三）生态系统的组分

任何一个生态系统，不论是陆地还是水域，或大或小，都是由生物和非生物环境两大部分组成的。或者分为生产者、消费者、分解者和非生物环境四种基本成分。

作为一个生态系统来说，非生物成分和生物成分都是缺一不可的。如果没有非生物成分，生物就没有生存的场所和空间，就得不到物质与能量，也就难以生存下去；当然，仅有环境而没有生物成分也谈不上生态系统。

多种多样的生物在生态系统中扮演着不同的重要角色。根据生物在生态系统中发挥的作用和地位的不同，可以将其分为生产者、消费者和分解者，即三大功能类群。

1. 非生物环境

非生物环境或称环境系统是生态系统的物质和能量的来源，包括生物活动的空间和参与生物生理代谢的各种要素，如光、水、二氧化碳以及各种矿质营养物质。也包括生命系统中的植物、动物和微生物。驱动生态系统运转的能量主要是太阳能，它是所有生态系统甚至整个地球气候变化的最重要的能源，它提供了生物生长发育所必需的热量。

2. 生产者

生产者是指用简单的无机物制造有机物的自养生物，主要指绿色植物，包括单细胞的藻类，也包括一些光合细菌类微生物。

生产者在生态系统中的作用是进行初级生产，合成有机物，并固定能量，不仅供自身生长发育的需要，也是消费者和还原者唯一的食物和能量来源。生产者决定着生态系统中生产力的高低，所以在生态系统中，生产者居于最重要的地位。

3. 消费者

消费者是生态系统中的异养生物，它们是不能用无机物质制造有机物质的生物，只是直接或间接地依赖于生产者所制造的有机物质，从其中得到能量。

其中动物可根据食性不同，区分为草食动物、肉食动物和杂食动物。草食动物是绿色植物的消费者，能利用植物体中有机物质的能量转换成自身的能量。肉食动物则取食其他动物，利用动物体中有机物质所含能量转换成肉食动物自身的能量。杂食动物以植物和动物作为食物来源均可，并从中获取能量。

根据食性，寄生在植物体内可看成草食动物，寄生在动物体内可看成肉食动物。腐食动物以腐烂的动植物残体为食，属于特殊的消费者，如蛆和秃鹰等。

将生物按营养阶层或营养级进行划分，生产者是第一营养级，草食动物是第二营养级，以草食动物为食的动物是第三营养级，依此类推，还有第四营养级、第五营养级等。而一些杂食性动物则占有好几个营养级。

消费者对初级生产物起着加工、再生产的作用，而且对其他生物的生存、繁衍起着积极作用。

4.分解者

分解者也被称为还原者，属于异养生物，主要是细菌和真菌及一些土壤原生动物和腐食动物在生态系统中连续地进行分解，把复杂的有机物质逐步分解为简单的无机物质，及时分解动植物尸体，最终以无机物的形式回归到环境中，再被生产者利用。分解过程较为复杂且各个阶段由不同的生物去完成。整个生物圈就是依靠这些体形微小、数量惊人的分解者和转化者消除生物残体。

上述四种成分，根据其所处的地位和作用，又可分为基本成分和非基本成分。绿色植物固定光能进行初级生产、还原者的分解功能属于基本成分，是任何一个生态系统不可少的。植食者、寄生者和腐生者等属于非基本成分，它们不会影响生态系统的根本性质，但它们之间的关系是相互联系、相互制约的。

（四）生态系统的营养结构

1.食物链

生态系统中各种成分之间最基本的联系是通过营养关系实现的，是通过食物链把生物与非生物、生产者与消费者、消费者与消费者联系为一个整体的。食物链是指由生产者和各级消费者组成的能量运转序列，是生物之间食物关系的体现，即生物因捕食而形成的链状顺序关系，也是生态系统中物质循环和能量传递的基本载体，因此，环境科学研究中，对于污染物迁移，转化及其风险评价等研究都与食物链有关。

2.食物网

在生态系统中，生物间的营养联系并不是一对一的简单关系。因此，不同食物链之间常常是相互交叉而形成复杂的网络式结构，即食物网。食物网形象地反映了生态系统内各类生物间的营养位置和相互关系。生物种类越丰富，食物网越复杂，生态系统就越稳定。

生态系统内部的营养结构并不是固定不变的。所以，食物网络关系也会发生变化。如果食物网中某一条食物链发生了障碍，一般可以通过其他的食物链来实现必要的调整和补偿。但有时营养结构网络上某一环节发生了变化，其影响会波及整个生态系统。

食物链（网）不仅是生态系统中物质循环、能量流动、信息传递的主要途径，也是生态系统中各项功能得以实现的重要基础。食物链（网）结构中各营养级生物种类多样性及其食物营养关系的复杂性，是维护生态系统稳定性和保持生态系统相对平衡与可持续性的基础。

3.营养级和生态金字塔

食物链和食物网本质上是物种和物种之间的营养关系，而这种关系错综复杂，无法用图解的方法完全表示，为了便于对其进行定量的能量流动和物质循环研究，生态学家提出了营养级的概念。一个营养级是指处于食物链某一环节上的所有生物种的总和。例如，作为生产者的绿色植物和所有自养生物都位于食物链的起点，共同构成第一营养级。所有以生产者（主要是绿色植物）为食的动物都属于第二营养级，即植食动物营养级。第三营养级包括所有以植食动物为食的肉食动物。以此类推，还可以有第四营养级（即二级肉食动物营养级）和第五营养级，生态系统中的物质和能量就是这样通过营养级向上传递的。

但是，当能量在食物网中流动时，其转移效率是很低的。如果把通过各营养级的能量，由低营养级到高营养级绘图，就成为一个金字塔形，称为能量锥体或金字塔。同样，如果以生物量或个体数目来表示，就能得到生物量锥体和数量锥体。三类锥体合称为生态锥体。

能量或生物量在通过各营养级时会急剧减少。因此，食物链的加长并不是无限的，通常只有 4～五个链节（营养级），很少有超过 6 级的。实际上，这也是由于生态系统的能量流动是严格遵循热力学第一定律和第二定律所决定的。由此可见研究生态金字塔对提高生态系统每一营养级的转化效率和改善食物链上的营养结构，能够获得更多的生物产品具有指导意义。

（五）生态系统的基本功能

生物生产、能量流动、物质循环和信息传递是生态系统的四大基本功能。

1. 生物生产

生物生产是指太阳能通过绿色植物的光合作用转换为化学能，再经过动物生命活动利用转变为动物能的过程。

生物生产包括初级生产和次级生产两个过程，前者是生产者（主要是绿色植物）把太阳能转化为化学能的过程，也称为植物性生产；后者是消费者（主要是动物）把初级生产品转化为动物能的过程，称为动物性生产。在生态系统中，这两个生产过程彼此联系，但又分别独立地进行物质和能量的交换。

2. 能量流动与物质循环

能量是生态系统的动力，是一切生命活动的基础。地球上一切生命都需要利用能量来进行生活、生长和繁殖。在生态系统中，生物与环境、生物与生物之间的密切联系，可通过能量的转化、传递来实现。

能量流动是指太阳辐射能被生态系统中的生产者转化为化学能并被贮藏在产品中，通过取食关系沿食物链逐渐利用，最后通过分解者的作用，将有机物的能量释放于环境之中的能量动态的全过程。

生态系统的物质循环，则是指维持生物生命活动所必需的各种营养元素（如 C、H、O、N 等）通过水循环、气态循环、沉积循环所进行的循环往复的运动。

在生态系统中，物质循环与能量流动这两大基本功能是密切相关的。能量蕴含于物质之中，在物质吸收、转移、储存与释放的过程中，总是伴随着能量的变化。而能量作为生物运动和生长的动力，又促使物质反复地循环。可见，在生态协调中，物质循环与能量流动同时进行，两者相互依存，不可分割。但两者也存在根本的差别：能量在生态系统中的流动是一种单向损失的过程，要保持体系的运转就必须由太阳不断地供给能量；而物质在生态系统中流动是一种周而复始的循环运动，物质能反复地吸收利用。物质循环和能量流动维持着生态系统的平衡，并促使它不断演变和发展，这其中，最基本的、与环境污染密切相关的主要是水、碳、氮三大循环。

（1）水循环

水循环分为大循环和小循环。水从海洋蒸发，被气流运送到陆地上空，经降水（降雪和降雨等）返回地面，被植物吸收利用或以地表径流的形式，重新返回海洋之中。这种海陆之间水的往复运动过程称为水的大循环。水的大循环是全球性的水分运动。仅在局部地区（陆地和海洋）进行的水循环称为水的小循环。环境中水分的两者循环是同时发生的，并在全球范围内和地球上各个地区内不停地进行着。通过降水和蒸发这两种形式，使地球上的水分达到平衡。

水的自然循环是依靠其气、液、固三态易于转化的特性，借助太阳辐射和重力作用提供转化和运动能量来实现的。

生态系统中所有的物质循环都是在水循环的推动下完成的，即没有水的循环就没有物质循环，就没有生态系统的功能，也就没有生命。

（2）碳循环

碳循环始于大气中的 CO_2，经过绿色植物的光合作用固定，以各种碳化物的形式储存，经过各营养级的传递、分解，有一部分经过动植物的呼吸作用及动植物尸体的分解转变成 CO_2，回归到大气中去，另一部分转入土壤及地下深层，经过漫长的演化转变为矿物质。在碳循环中，绿色植物起着十分重要的调节作用。

但是，在全球碳循环中，人类活动的影响很大，主要是化石燃料的开采和利用时向大气中排放出大量的 CO_2，同时森林被大量砍伐，草原荒漠化严重，使每年排放到大气中的 CO_2 总量猛增，温室效应加剧，破坏了自然界原有的平衡，导致气候异常，全球变暖。

（3）氮循环

氮是构成蛋白质的基本元素之一，而所有生命有机体均有蛋白质，所以氮循环涉及生物圈的全部领域。自然界中氮主要以 N_2 形式存在于大气之中，含量十分丰富，但它只有被转变成氨、亚硝酸盐或硝酸盐之后，才能被植物吸收利用，并在生物圈中进行循环。土壤中的氨在硝化细菌的作用下，转变为硝酸盐或亚硝酸盐，经植物吸收利用生成氨基酸，进而合成蛋白质和核酸，并和其他化合物进一步合成为植物有机体。另一方面，土壤中的一部分硝酸盐在反硝化细菌的反硝化作用下还原为游离氮或返回大气，参与了氮的全球循环。

除生物能固氮以外，闪电和宇宙射线也能使氮气被氧化成硝酸盐。硝酸盐经雨水冲刷一起进入土壤。工业还可用化学合成的方法将氮合成氮肥，然后才能开始进行在生物圈中的循环。

但是，人类活动如矿物燃料的燃烧、汽车尾气的排放等产生的氮氧化物进入环境，在阳光作用下引起光化学烟雾以及大量使用化肥、过量的硝酸盐排入水体，引起江河湖海水体富营养化，污染大气和水体环境。

3. 信息传递

生态系统的功能除了体现在生物生产、能量流动和物质循环以外，还表现在系统中各生命成分之间存在着信息传递。信息传递是生态系统的基本功能之一，在信息传递过程中伴随着一定的物质和能量的消耗。信息传递通常为双向的，有从输入到输出的信息传递，也有从输出向输入的信息反馈。

生态系统中有关信息流的特点：生态系统中信息的多样性，生态系统中生存着成千上万的生物，信息的形态也有很大差别，其所包含的信息量非常庞大；信息通信的复杂性决定了传递方式的千差万别；信息类型多、贮存量越大。

生态系统中包含多种多样的信息，大致可以分为物理信息、化学信息、行为信息和营养信息。

总之，生态系统各组成部分通过自身功能，保持着生态系统内物质、能量、信息的交流与循环，从而形成一个不可分割的统一体。在这个有机统一的整体中，能量不断地流动，物质不断地循环，以维持生态系统的代谢过程和相对稳定，能在一定的范围内调节生物和环境的变化。

三、生态平衡

任何一个正常的生态系统中，总是不断进行着物质循环和能量流动，但在一定时期内，生产者、消费者、分解者以及环境之间保持着一种相对平衡状态，这种状态即为生态平衡。平衡的生态系统中，生物的种类和数量也相对稳定，系统的物质循环和能量流动在较长时间里保持稳定。

生态平衡是一种动态平衡，是可以在平均数周围一定范围内波动的，这个变化的范围，有一界线，称为阈值，变化超过了阈值，就会改变、伤害以致破坏生态平衡。系统内部的因素和外界因素的变化，尤其是人为的因素，都可能对系统发生影响，引起系统的改变，甚至破坏系统的平衡。

在自然条件下，生态系统总是朝着种类多样化、结构复杂化和功能完善化的方向发展，直到使生态系统达到成熟的最稳定状态为止。

生态平衡的三个基本要素是系统结构的优化与稳定性、能流和物流的收支平衡以及自我修复和自我调节能力的保持。具体为：①时空结构上的有序性。空间有序性是指结构有规则地排列组合，小至生物个体中各器官的排列，大至整个宏观生物圈内各级生态系统的排列，以及生态系统内部各种成分的排列都是有序的；时间有序性就是生命过程和生态系统演替发展的阶段性，功能的延续性和节奏性等。②能流、物流的收支平衡。③系统自我修复、调节功能的保持，抗逆、抗干扰、缓冲能力强。

自然界原有生态平衡的系统不一定能够适应人类的需求，但却是人类所必需的。它对于维持适宜人类居住的地球和区域环境，保护珍贵动植物种质资源和科学研究等方面都具有重要的意义，值得注意的是，生态平衡不只是一个系统的稳定与平衡，而是多种生态系统的配合、协调和平衡，甚至是指全球各种生态系统的稳定、协调和平衡。

第二节　生物膜的结构及透过方式

一、生物膜的结构

污染物质在生物体内的各个过程，大多数情况下必须首先通过生物膜，生物膜是由磷脂双分子层和蛋白质镶嵌组成的流动变动复杂体。在磷脂双分子层中，亲水的极性基团排列于内外两侧，疏水的基团伸向内侧，这就使得在双分子层中央存在一个疏水区。生物膜是类脂层，在生物膜的双分子层上镶嵌着蛋白质分子，有的镶嵌在双分子层的表面，有的深埋在双分子层的内部或贯穿双分子层。这些蛋白质的生理功能各不相同，有的起催化作用，有的是物质通过生物膜的载体。在生物膜上还布满了大量的小孔，我们称之为膜孔，水分子和其他的小分子或粒子可以自由通过膜孔进入生物体内部。污染物质或者是通过扩散作用经膜孔进入生物体或者是经过生物膜上的蛋白质分子的转运进入生物体内。不同的化学物质通过生物膜的方式不同。

二、生物膜的透过方式

生物膜的透过机理有很多种方式，概括起来讲有三种：被动输送（膜孔滤过、被动扩散、被动易化扩散）、主动输送以及胞吞和胞饮。

（一）被动输送

从热力学上讲，被动输送是指该物质沿其化学势能减小的方向迁移的过程。例如膜孔滤过是直径小于膜孔直径的物质借助于渗透压透过生物膜。而被动扩散则是脂溶性物质从高浓度向低浓度方向沿浓度梯度扩散通过生物膜的方式。被动易化扩散是在高浓度侧与膜上特异性蛋白质分子相结合通过生物膜的方式。被动输送基本上不需要消耗能量。物质通过生物膜的速度取决于物质在膜层中的扩散速度。根据费克定律，单位时间内通过截面的物质的数量即扩散速度。

$$v = fDS(cme - cml)/L = fDS\left(K_1 c_W - \frac{1}{K_2}c_1\right)/L \tag{11-1}$$

式中，f 为膜机理常数；D 为膜内扩散系数；S 为膜的面积；L 为膜的厚度。

一般情况下脂／水分配系数越大，分子越小，或在体液 pH 条件下解离越少的物质，扩散系数也越大，而容易扩散通过生物膜。

（二）主动输送

在消耗一定的代谢能量下，一些物质可在低浓度侧与膜上高浓度特异性蛋白载体结合，通过生物膜，至高浓度侧解离出原物质，这一转运称为主动运输。所需代谢能量来自膜的三磷酸腺苷酶分解三磷酸腺苷（ATP）成二磷酸腺苷（ADP）和磷酸时所释放的能量。这种转运还与膜的高度特异性载体及其数量有关，具有特异性选择。

（三）胞吞和胞饮

有一些物质与膜上的某种蛋白质有特殊的亲和力，当其与膜接触后，可改变这部分膜的表面张力，引起膜的外包或内陷而被包围进入膜内，固体按这种方式通过生物膜的叫胞吞，液体物质按这种方式通过生物膜的称为胞饮。

总之，物质以何种方式通过生物膜，主要取决于机体各组织生物膜的特性和物质的结构、理化性质。物质理化性质包括脂溶性、水溶性、解离度、分子大小等。被动输送和主动输送是物质及其代谢产物通过生物膜的主要方式。胞吞、胞饮在一些物质通过膜的过程中发挥着重要作用。

第三节　环境污染物质的生物富集、放大和积累

各种物质进入生物体内参加生物的代谢过程时，其中生命必需的部分物质参与了生物体的构成；多余的必需物质和非生命所需的物质中，易分解的经代谢作用很快排出体外，不易分解、脂溶性高、与蛋白质或酶有较高亲和力的，就会长期残留在生物体内。随着摄入量的增大，它在生物体内的浓度也会逐渐增大。污染物质被生物体吸收后，它在生物体内的浓度超过环境中该物质的浓度时，就会发生生物富集、生物放大和生物积累现象，这三个概念既有联系又有区别。

一、生物富集

生物富集是指生物机体或处于同一营养级上的许多生物种群，通过非吞食方式（如植物根部的吸收，气孔的呼吸作用而吸收），从周围环境中蓄积某种元素或难降解的物质，使生物体内该物质的浓度超过环境中浓度的现象，这一现象又称为生物学富集或生物浓缩。生物富集用生物浓缩系数表示，即生物机体内某种物质的浓度和环境中该物质浓度的比值。

$$BCF = C_b / C_e \qquad （11-2）$$

式中，BCF为生物浓缩系数；C_b为某种元素或难降解物质在生物机体中的浓度；C_e为某种元素或难降解物质在环境中的浓度。

同一种生物对不同物质的浓缩程度会有很大差异，不同种生物对同一种物质的浓缩能力也很不同，生物浓缩系数可以从个位数到上万，甚至更高。影响生物浓缩系数的主要因素是物质本身的性质以及生物因素、环境因素等。化学物质性质方面的主要因素是可降解性、脂溶性和水溶性。一般脂溶性高、水溶性低、难降解的物质，生物浓缩系数高；反之，水溶性好、脂溶性低、易降解的物质，生物浓缩系数低。例如，如虹鳟对 2，2′，4，4′－四氯联苯的浓缩系数为 12400，而对四氯化碳的浓缩系数为 17.7。在生物特征方面的影响因素有生物种类、大小、性别、器官、生物发育阶段等。如金枪鱼和海绵对铜的浓缩系数分别是 100 和 1400。在环境条件方面的影响因素包括盐度、温度、水硬度、pH、氧含量和光照状况等。如翻车鱼对多氯联苯浓缩系数在水温 5℃时为 6.0×10^3，而在 15℃时为 5.0×10^4，水温越升高，相差越显著。一般来说，重金属元素和许多氯化烃类化物、稠环及杂环等有机化合物具有很高的生物浓缩系数。

生物富集对于阐明物质或元素在生态系统中的迁移转化规律，评价和预测污染物进入环境后可能造成的危害，有重要的意义。可以利用生物机体对化学性质稳定物质的富集性作为对环境进行监测的指标，用以评价污染物对生态系统的影响。

二、生物放大

生物放大是指在同一个食物链上，高位营养级生物体内来自环境的某些元素或难以分解的化合物的浓度，高于低位营养级生物的现象。在生态环境中，由于食物链的关系，一些物质如金属元素或有机物质，可以在不同的生物体内经吸收后逐级传递，不断积聚浓缩；或者某些物质在环境中的起始浓度不很高，通过食物链的逐级传递，使浓度逐步提高，最后形成了生物富集或生物放大作用。例如，海水中汞的质量浓度为 0.000mg/L 时，浮游生物体内含汞量可达 0.001 ~ 0.002 mg/L，小鱼体内可达 0.2 ~ 0.5 mg/L，而大鱼体内可达 1 ~ 5 mg/L，大鱼体内汞比海水含汞量高 1 万 ~ 6 万倍。生物放大作用可使环境中低浓度的物质，在最后一级体内的含量提高几十倍甚至成千上万倍，因而可能对人和环境造成较大的危害。DDT 等杀虫剂通过食物链的逐步浓缩，能充分说明它们对人类健康的危害。

中国科学院水生生物研究所的研究人员还发现，我国典型湖泊底泥中 19 世纪早期已存在微量二噁英，主要存在土壤的表层，一旦沉积，很难通过环境物理因素再转移，但却可通过食物链再传给其他生物，转移到环境中。因此，湖泊底泥中高浓度的二噁英可通过生物富集或生物放大对水生物和人类的健康产生极大威胁。通过实验还发现了二噁英在食物链中生物放大的直接证据，并提出了生物放大模型，从而否定了国际学术界过去一直认为二噁英在食物链中只存在生物积累而不存在生物放大的观点。

由于生物放大作用，杀虫剂及其他有害物质对人和生物的危害就变得十分惊人。一些毒素在身体组织中累积，不能变性或不能代谢，这就导致杀虫剂在食物链中每向上传递一级，浓度就会增加，而顶级取食者会遭受最高剂量的危害。

三、生物积累

生物放大或生物富集是属于生物积累的一种情况。所谓生物积累是指生物在其整个代谢活跃期内通过吸收、吸附、吞食等各种过程，从周围环境蓄积某种元素或难分解的化合物以致随生物的生长发育，富集系数不断增大的现象。生物积累程度也用富集系数表示。例如，有人研究牡蛎在 $50\mu g/L$ 氯化汞溶液中对汞的积累，在 7 d、14 d、19 d 和 42 d 时，富集系数分别为 500、700、800 和 1200，因此，任何机体在任何时刻，机体内某种元素或难分解化合物的浓度水平取决于摄取和排除两个过程的速率，当摄取量大于排除量时，就发生生物积累，表明在代谢活跃期内的生物积累过程中，富集系数是不断增加的。

环境中物质浓度的大小对生物积累的影响不大，但在生物积累过程中，不同种生物、同一种生物的不同器官和组织，对同一种元素或物质的平衡富集系数的数值，以及达到平衡所需要的时间可以有很大的差别。

综上所述，生物富集、生物放大及生物积累可在不同侧面为探讨污染物在环境中的迁移规律、污染物的排放标准和可能造成的危害，以及利用生物对环境进行监测和净化等提供重要的科学依据。

第四节　环境污染物质的生物转化

外来物质进入生物体后，在机体酶系统的代谢作用下转变成水溶性高而易于排出体外的化合物的过程称为生物转化。此过程包括氧化、还原、水解和结合等一系列化学反应。通过生物转化，污染物的毒性也随之改变。对于污染物在环境中的转化，微生物起关键作用。这是因为它们大量存在于自然界，生物转化呈多样性，又具有大的比表面积、繁殖迅速、对环境条件适应性强等特点。因此，了解污染物质的生物转化，尤其是微生物转化，有助于深入认识污染物质在环境中的分布与转化规律，为保护生态提供理论依据；并可有的放矢地采取污染控制及治理的措施，对开发无污染新工艺，具有重要的实用价值。

一、生物酶的基础知识

绝大多数的生物转化是在机体的酶参与和控制下进行的，酶是一类由细胞制造和分泌的、以蛋白质为主要成分的、具有催化活性的生物催化剂。依靠酶催化反应的物质叫底物；底物所发生的转化称为酶促反应。酶与底物结合形成酶－底物的复合物，复合物能分解成一个或多个与起始底物不同的产物，而酶不变地被再生出来，继续参加催化反应。酶催化反应是可逆反应，化学反应的基本过程如下：

$$酶 + 底物 \rightleftharpoons 酶-底物复合物 \rightleftharpoons 酶 + 产物$$

酶催化作用的特点有四个。

一是催化专一性高。各种酶都含有一个活性部位，活性部位的结构决定了该种酶能与什么样的底物相结合，即对底物具有高度选择性。如脲酶仅能催化尿素水解，但对包括结构与尿素非常相似的甲基尿素（$CH_3NHCONH_2$）在内的其他底物均无催化作用。

二是酶催化效率高。同一反应，酶催化反应的速度比一般催化剂催化的反应速度大$10^6 \sim 10^{13}$。

三是酶催化需要温和的外界条件。酶的本质为蛋白质，对环境条件极为敏感，比化学催化剂更容易受到外界条件的影响，而变质失去催化效能。例如，高温、重金属、强酸、强碱等激烈的条件都能使酶丧失催化效能。

四是酶催化作用一般要求温和的外界条件，如常温、常压、接近中性的酸碱度等。

酶的种类很多，根据起催化作用的场所，分为胞外酶和胞内酶两大类。这两类都在细胞中产生，但是胞外酶能通过细胞膜，在细胞外对底物起催化作用，通常是催化底物水解；而胞内酶不能通过细胞膜，仅能在细胞内发挥各种催化作用。

根据催化反应类型，酶分成六大类：水解酶、氧化还原酶、转移酶、裂解酶、异构酶、合成酶。酶按照成分分为单纯酶和结合酶两大类。单纯酶属于简单蛋白质，只由氨基酸组成，如脲酶、胃蛋白酶、核糖核酸酶。结合酶除含蛋白质外，还含有非蛋白质的小分子物质，后者一般称作辅酶。辅酶的成分是金属离子、含金属的有机化合物或小分子的复杂有机化合物。

农药或重金属等物质能使酶活性部位的结构发生改变，使酶变性，从而抑制了它的催化作用。其他类似于天然底物结构的污染物质与酶结合，阻塞了这个活性部位，也会抑制酶的活性。环境对辅酶的损伤也同样地阻止酶发挥其催化功能。

二、生物转化的反应类型

环境化学物的生物转化过程主要包括四种类型：氧化反应、还原反应、水解反应和结合反应。前三种反应往往使分子上出现一个极性基团，使其易溶于水，并可进行结合反应。氧化、还原和水解反应是外源化学物经历的第一阶段反应（第一相反应），化学物最后经过结合反应，即第二阶段反应（第二相反应）后，再排出体外。

（一）氧化反应

氧化反应可以分为两种：一种为微粒体混合功能氧化酶系催化；另一种为非微粒体

混合功能氧化酶系催化。

所谓的微粒体并非独立的细胞器，而是内质网在细胞匀浆中形成的碎片。微粒体混合功能氧化酶系（MFOs）的特异性很低，进入体内的各种环境化学物几乎都要经过这一氧化反应转化为氧化产物。MFOs 主要存在于肝细胞内质网中，粗面和滑面内质网形成的微粒体均含有 MFOs，且滑面内质网形成的微粒体的 MFOs 活力更强。

此类氧化反应的特点是需要一个氧分子参与，其中一个氧原子被还原为 H_2O，另一个与底物结合而使被氧化的化合物分子上增加一个氧原子，故称此酶为混合功能氧化酶或微粒体单加氧酶，简称为单加氧酶，其反应式如下：

$$RH + NADPH + H^+ + O_2 \xrightarrow{MFOs} ROH + H_2O + NADP^+ \tag{11-3}$$

MFOs 催化的氧化反应主要有以下几种类型：

1. 脂肪族羟化反应

脂肪族化合物侧链（R）末端倒数第一个或第二个碳原子发生氧化，形成羟基。如有机磷杀虫剂八甲磷经此反应生成羟甲基八甲磷，毒性增高；巴比妥也可发生此类反应。反应式如下：

$$RCH_3 \xrightarrow{[O]} RCH_2OH \tag{11-4}$$

2. 环氧化反应

烯烃类化学物质在双键位置加氧，形成环氧化物。环氧化物多不稳定，可继续分解。但多环芳烃类化合物，如苯并［a］芘，形成的环氧化物可与生物大分子发生共价结合，诱发突变或癌变。

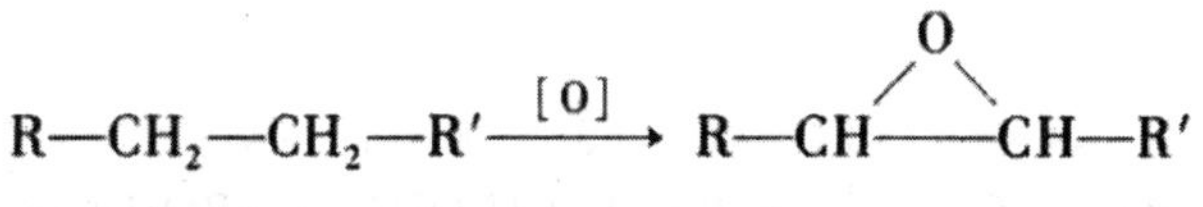

$$R{-}CH_2{-}CH_2{-}R' \xrightarrow{[O]} R{-}CH\overset{\displaystyle O}{\overbrace{\quad\quad}}CH{-}R'$$

3. 芳香族羟化反应

芳香环上的氢被氧化形成羟基。

$$C_6H_5R \xrightarrow{[O]} RC_6H_4OH \tag{11-5}$$

如苯可经此反应氧化为苯酚。苯胺可氧化为对氨基酚和邻氨基酚。萘、黄曲霉素等也可经此反应氧化。

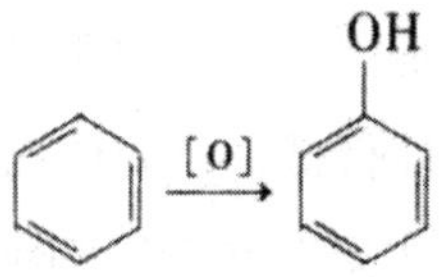

苯　　苯酚

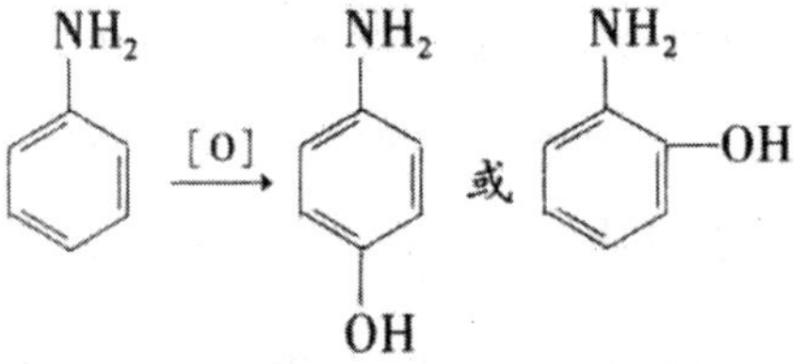

苯胺　　对氨基酚或邻氨基酚

4. 氧化脱烷基反应

许多在 N–、O–、S– 上带有短链烷基的化学物易被羟化，进而脱去烷基生成相应的醛和脱烷基产物。

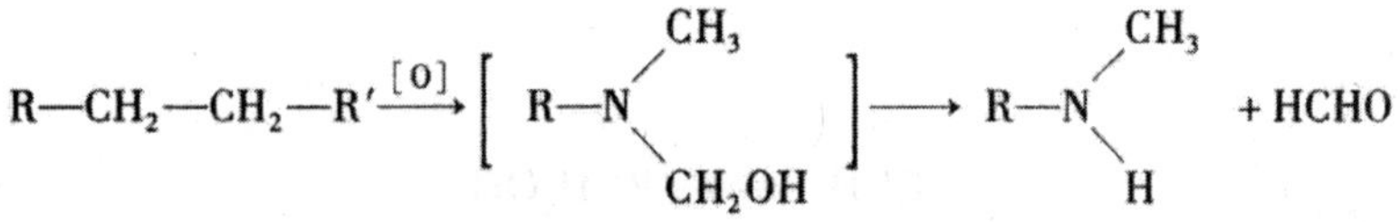

$$RNH—R'—R'' \xrightarrow{[O]} RNH_2 + R'—CO—R''$$

胺　　酮

胺类化合物氨基 N 上的烷基被氧化脱去一个烷基，生成醛类或酮类。

O– 脱烷基和 S– 脱烷基反应与 N– 脱烷基反应相似，氧化后脱去与氧原子或与硫原子相连的烷基。

$$R-O-CH_3 \xrightarrow{[O]} [R-O-CH_2OH] \longrightarrow ROH + HCHO \tag{11-6}$$

$$R-S-CH_3 \xrightarrow{[O]} [R-S-CH_2OH] \longrightarrow RSH + HCHO \tag{11-7}$$

某些烷基金属可进行脱烷基反应。四乙基铅［$Pb(C_2H_5)_4$］可在 MFOs 催化下脱去一个烷基，形成三乙基铅［$Pb(C_2H_5)_3$］，毒性增大。三乙基铅可继续脱烷基形成二乙基铅。

5. 脱氨基反应

伯胺类化学物在邻近氮原子的碳原子上进行氧化，脱去氨基，形成醛类化合物。

$$R-CH_2-NH_2 \xrightarrow{[O]} RCHO + NH_3 \tag{11-8}$$

6.N- 羟化反应

外源化学物的—NH$_2$上的一个氢与氧结合的反应。苯胺经 N- 羟化反应形成 N—羟基苯胺，可使血红蛋白氧化成为高铁血红蛋白。

$$R-NH_2 \xrightarrow{[O]} R-NH-OH \qquad （11-9）$$

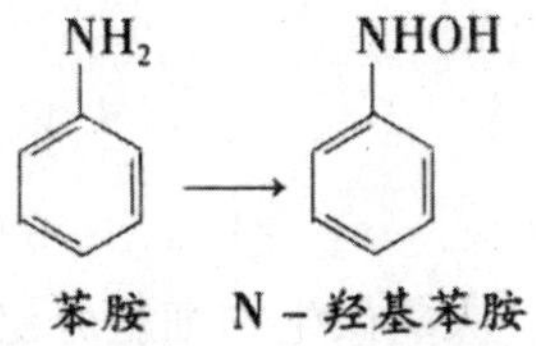

苯胺　　N－羟基苯胺

7.S- 氧化反应

多发生在硫醚类化合物，代谢产物为亚砜，亚砜可继续氧化为砜类。

$$R-S-R' \xrightarrow{[O]} R-SO-R' \xrightarrow{[O]} R-SO_2-R'$$

硫醚　　　　　　亚砜　　　　　　砜

某些有机磷化合物可进行硫氧化反应，如杀虫剂内吸磷和甲拌磷等，氨基甲酸酯类杀虫剂如灭虫威和药物氯丙嗪等。

8.脱硫反应

有机磷化合物可发生这一反应，使 P=S 基变为 P=O 基。如对硫磷可转化为对氧磷，毒性增大。

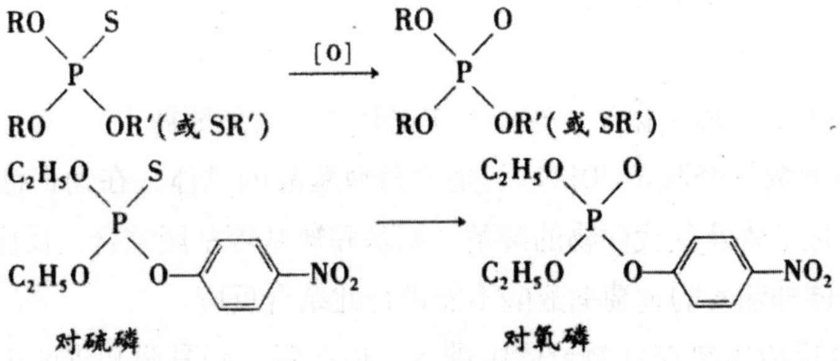

对硫磷　　　　　　　　　　　对氧磷

9.氧化脱卤反应

卤代烃类化合物可先形成不稳定的中间代谢产物，即卤代醇类化合物，再脱去卤族元素。如 DDT 可经氧化脱卤反应形成 DDE 和 DDA。DDE 具有较高的脂溶性，占 DDT 全部代谢物的 60%。

$$R-CH_2X \xrightarrow{[O]} RXHOH \xrightarrow{C} RCHO + HX$$

具有醛、醇、酮功能基团的外源化学物的氧化反应是在非微粒体酶催化下完成的，这类酶主要包括醇脱氢酶、醛脱氢酶及胺氧化酶类。此类酶主要在肝细胞线粒体和胞液中存在，肺、肾中也有出现。

（二）还原反应

在污染物厌氧降解过程中，厌氧微生物细胞分泌产生各种还原酶，其中含有过渡金属组成的蛋白，例如，铁氧还原蛋白酶等，能够分别催化污染物的还原水解、产酸和产甲烷等一系列反应过程。

在厌氧降解过程中，一些氧化态比较高或者亲电性比较强的基团，包括磺酸基、硝基、偶氮基团、多取代的氯原子等能够起电子受体的作用，通过吸收厌氧过程释放的电子而得到还原。还原后生成的中间产物可以在厌氧过程继续降解，或者切换转入好氧生物过程，进行快速、彻底的好氧降解。

（三）水解反应

羧酸酯酶、芳香酯酶、磷脂酶、酰胺酶等可分别催化脂肪族酯、芳香族酯、磷酸酯、酰胺的水解反应。

（四）结合反应

1. 葡萄糖醛酸结合反应

葡萄糖醛酸结合在结合反应中占有最重要的地位。许多外源化学物如醇类、硫醇类、酚类、羧酸类和胺类等均可进行此类反应。几乎所有的哺乳动物和大多数脊椎动物体内均可发生此类结合反应。

葡萄糖醛酸的来源：糖类代谢中生成尿苷二磷酸葡萄糖（UDPG）。UDPG 被氧化生成的尿苷二磷酸葡萄糖醛酸（UDPGA）是葡萄糖醛酸的供体，在葡萄糖醛酸基转移酶的催化下能与外源化学物及其代谢物的羟基、氨基和羧基等基团结合，反应产物是片葡萄糖醛酸苷。直接从体外输入的葡萄糖醛酸不能进行此结合反应。

此类结合反应主要在肝微粒体中进行，也在肾、肠黏膜和皮肤中进行。结合物可随胆汁进入肠道，在肠菌群的 β – 葡萄糖醛酸苷酶作用下发生水解，被重新吸收，进入肠肝循环。

2. 硫酸结合反应

外源化学物及其代谢物中的醇类、酚类或胺类化合物可与硫酸结合形成硫酸酯。内源性硫酸来自含硫氨基酸的代谢产物，先经过三磷酸腺苷（ATP）活化，成为 3′–磷酸腺苷 –5–磷酸硫酸（PAPS），再在磺基转移酶的催化下与醇类、酚类或胺类结合为硫酸酯。苯酚与硫酸结合反应是常见的硫酸结合反应。

硫酸结合反应多在肝、肾、胃肠等组织中进行。由于体内硫酸来源有限，故此类反应较少。硫酸结合反应一般可使外源化学物毒性降低或丧失，但有的外源化学物经此类反应后，毒性反而增强，如芳香胺类的一种致癌物 2–乙酰氨基芴（FAA 或 AAF）在体内经 N–羟化反应后，其羟基可与硫酸结合形成致癌作用更强的硫酸酯。

3. 谷胱甘肽结合反应

环氧化物卤代芳香烃、不饱和脂肪烃类及有毒金属等在谷胱甘肽 –S–转移酶的催化下，均能与谷胱甘肽（GSH）结合而解毒，生成谷胱甘肽结合物。谷胱甘肽 –S–转移酶主要存在于肝、肾细胞的微粒体和胞液中。

许多致癌物和肝脏毒物在生物转化过程中可形成对细胞毒性较强的环氧化物，如溴化苯经环氧化反应生成的环氧溴化苯是强肝脏毒物，可引起肝脏坏死。但如果环氧溴化苯与 GSH 结合，其毒性能够降低并易于排出体外。但是，GSH 在体内的含量有一定的限度，若短时间内形成大量环氧化物，会导致 GSH 耗竭，引起机体严重损害。

4. 乙酰结合反应

乙酰辅酶 A 是糖、脂肪和蛋白质的代谢产物。在 N–乙酰转移酶的催化下，芳香伯胺、肼、酰胺、磺胺类和一些脂肪胺类化学物可与乙酰辅酶 A 作用生成乙酰衍生物。N–乙酰转移酶主要分布在肝及肠胃黏膜细胞中，也存在于肺、脾中。许多动物体内具有乙酰结合能力，如鼠、豚鼠、兔、马、猫、猴及鱼类。

5. 氨基酸结合反应

含有羧基（–COOH）的外源化学物可与氨基酸结合，反应的本质是肽式结合，以甘氨酸结合最多见。如苯甲酸可与甘氨酸结合形成马尿酸而排出体外；氢氰酸可与半胱氨酸结合而解毒，并随唾液和尿液排出体外。

6. 甲基结合反应

各种酚类（如多羟基酚）、硫醇类、胺类及氮杂环化合物（如吡啶、喹啉、异吡唑等）在体内可与甲基结合，也称甲基化。甲基化一般是一种解毒反应，是体内生物胺失活的主要方式。除叔胺外，甲基化产物的水溶性均比母体化合物低。甲基主要由 S–腺苷蛋氨酸提供，也可由 N5–甲基四氢叶酸衍生物和维生素 B_{12} 衍生物提供。蛋氨酸的甲基经 ATP 活化，成为 S–腺苷蛋氨酸，再由甲基转移酶催化，发生甲基化反应。

微生物中金属元素的生物甲基化普遍存在，如铅、汞、铂、锡、铊、金以及类金属如砷、硒、碲和硫等，都能在生物体内发生甲基化。金属生物甲基化的甲基供体是久腺苷蛋氨酸和维生素 B_{12} 衍生物。

三、有机污染物的微生物降解

（一）耗氧污染物的微生物降解

耗氧污染物包括：糖类、蛋白质、脂肪及其他有机物质（或其降解产物）。在细菌的作用下，耗氧有机物可以在细胞外分解成较简单的化合物。耗氧有机物质通过生物氧化以及其他的生物转化，可以变成更小更简单的分子的过程称为耗氧有机物质的生物降解，如果有机物质最终被降解成为 CO_2、H_2O 等无机物质，我们说有机物质被完全降解，否则我们们称之为不彻底降解。

1. 糖类的微生物降解

糖类包括单糖、二糖和多糖。糖类是由 C、H、O 等三种元素构成。糖是生物活动的能量供应物质。细菌可以利用它作为能量的来源。糖类降解过程如下。

（1）多糖水解成单糖

多糖在生物酶的催化下，水解成二糖或单糖，而后才能被微生物摄取进入细胞内。其中的二糖在细胞内继续在生物酶的作用下降解成为单糖。降解产物最重要的单糖是葡萄糖。

（2）单糖酵解生成丙酮酸

细胞内的单糖无论是有氧氧化还是无氧氧化，都可经过一系列酶促反应生成丙酮酸。

（3）丙酮酸的转化

在有氧氧化的条件下，丙酮酸能被乙酰辅酶 A 作用，经三羧酸循环，最终氧化成 CO_2 和 H_2O。在无氧氧化条件下丙酮酸往往不能氧化到底，只氧化成各种酸、醇、酮等。这一过程称为发酵。糖类发酵生成大量有机酸，使 pH 值下降，从而抑制细菌的生命活动，属于酸性发酵，发酵具体产物决定于产酸菌种类和外界条件。

2. 脂肪和油类的微生物降解

脂肪是由脂肪酸和甘油合成的酯。常温下呈固态是脂，多来自动物；而呈液态的是油，多来自植物。微生物降解脂肪的基本途径如下：

（1）脂肪和油类水解成脂肪酸和甘油

脂肪和油类首先在细胞外经水解酶催化水解成脂肪酸和甘油。

（2）甘油和脂肪酸转化

甘油在有氧或无氧氧化条件下，均能被一系列的酶促反应转变成丙酮酸。丙酮酸则可经三羧酸循环，在有氧的条件下最终生成 CO_2 和 H_2O，而在无氧的条件下通常转变为简单的有机酸、醇和 CO_2 等。

脂肪酸在有氧氧化条件下，通过 β 氧化途径进入三羧酸循环，最后完全氧化成 CO_2 和 H_2O。在无氧的条件下，脂肪酸通过酶促反应，其中间产物不被完全氧化，形成低级的有机酸、醇和 CO_2。

3. 蛋白质的微生物降解

蛋白质的主要组成元素是 C、H、O 和 N，有些还含有 S、P 等元素。微生物降解蛋白质的途径是：

（1）蛋白质水解成氨基酸

蛋白质由胞外水解酶催化水解成氨基酸，随后进入细胞内部。

（2）氨基酸转化成脂肪酸

氨基酸在细胞内经不同酶的作用和不同的途径转化成脂肪酸，随后脂肪酸经前面所讲述的过程进行转化。

总而言之，蛋白质通过微生物的作用，在有氧的条件下可彻底降解成为二氧化碳、水和氨，而在无氧氧化下通常是酸性发酵，生成简单有机酸、醇和二氧化碳等，降解不彻底。

在无氧氧化条件下糖类、脂肪和蛋白质都可借助产酸菌的作用降解成简单的有机酸、醇等化合物。如果条件允许，这些有机化合物在产氢菌和产乙酸菌的作用下，可被转化成乙酸、甲酸、氢气和二氧化碳，进而经产甲烷菌的作用产生甲烷。复杂的有机物质这一降解过程，称为甲烷发酵或沼气发酵。在甲烷发酵中一般以糖类的降解率和降解速率最高，其次是脂肪，最低的是蛋白质。

（二）有毒有机物的生物转化和微生物降解

1. 烃类的微生物降解

在解除碳氢化合物环境污染方面尤其是从水体和土壤中消除石油污染物具有重要的作用。

碳原子 > 1 的正烷烃，其最常见降解途径是：通过烷烃的末端氧化，或次末段氧化，或双端氧化，逐步生成醇、醛及脂肪酸。而后经 β - 氧化进入三羧酸循环，最终降解成二氧化碳和水。

烯烃的微生物降解途径主要是烯的饱和末端氧化，再经与正烷烃相同的途径成为不饱和脂肪酸。或者是不饱和末端双键氧化成为环氧化合物，然后形成饱和脂肪酸，β - 氧化进入三羧酸循环，最终降解成二氧化碳和水。

2. 农药的生物降解

农药的生物降解对环境质量十分重要，并且农药的生物降解变化很大。用于控制植物的除草剂和用于控制昆虫的杀虫剂，通常对微生物没有任何有害影响。有效的杀菌剂则必然具有对微生物的毒害作用。农药的微生物降解可由微生物以各种途径的催化反应进行。

现就这些反应逐一加以举例说明。

（1）氧化作用

氧化是通过氧化酶的作用进行的，例如微生物催化转化艾氏剂为狄氏剂就是生成环氧化物的一个例子。

（2）还原作用

主要是把硝基还原成氨基的反应。

（3）水解作用

是农药进行生物降解的第三种重要的步骤，酯和酰胺常发生水解反应。

（4）脱卤作用

主要是一些细菌参与的 –OH 置换卤素原子的反应。

（5）脱烃作用

脱烃反应可以去除与氧、硫或氮原子连着的烷基。

（6）环的断裂

首先是单加氧酶催化作用加上一个 OH 基，再由二加氧酶的催化作用使环打开，它是芳香烃农药最后降解的决定性步骤。

（7）缩合作用

这是农药分子与其他分子结合反应，可以使农药失去活性。

四、微生物对重金属元素的转化作用

汞在环境中的存在形态有金属汞、无机汞和有机汞化合物三种，各形态的汞一般具有毒性。但毒性大小不同，其毒性大小的顺序可以按无机汞、金属汞和有机汞的顺序递增。烷基汞是已知的毒性最大的汞化合物，其中甲基汞的毒性最大，甲基汞脂溶性大，化学性质稳定，容易被生物吸收，难以代谢消除，能在食物链中逐级传递放大，最后由鱼类进入人体。

第五节　环境污染物的生物毒效应

一、污染物的毒性

（一）毒物和毒性

毒物（toxicant）是指在一定条件下，较小剂量就能对机体产生损害作用或使机体出现异常反应的化学物质。毒物进入生物机体后能使其体液和组织发生生物化学反应，干扰或破坏生物机体的正常生物功能，引起暂时性或持久性的病理损害，甚至危及生命。

毒物的种类很多，包括无机化合物、有机化合物、有机金属化合物、金属、各种形式的痕量元素及来自植物或动物的化合物。

毒物和非毒物没有绝对的界限。某种化学物质在某一特定条件下可能是有毒的，而在另一条件下却可能是无毒的。毒性的定义受到很多限制性因素的影响，必须充分考虑生物体接触的剂量、接触的途径及生物的种类等。环境毒物是指残留在环境中的对生物和人体有害的化学物质。

毒性（toxicity）是指一种物质对生物体易感部位产生有害作用的性质和能力。毒性越强的化学物质，导致机体损伤所需的剂量就越小。多数化学物质对机体的毒性作用是具有一定的选择性的。一种化学物质可能只对某一种生物产生毒害，对其他种类的生物不具有损害作用；或者一种化学物质可能只对生物体内某一组织器官产生毒性，对其他组织器官无毒性作用。这种毒性称为选择毒性，受到损害的生物或组织器官称为靶生物或靶器官。人体的每一部位对于毒物的损害都是敏感的。例如，呼吸系统可因有毒气体（如 Cl_2 或 NO_2 等）的吸入而受到损害；有机磷酸酯杀虫剂和"神经毒气"能干扰中枢神经系统功能，急性中毒可以致死；肝脏和肾脏特别容易受有毒物质的损害，敏感的生殖系统受有毒物质损害后，会造成生殖能力丧失或新生儿畸形等后果。

（二）剂量

剂量（dose）是一种数量，从理论上说，应该指毒物在生物体的作用点上的总量。但这个"总量"难以定量求得。因此，剂量往往采用一种生物体单位体重暴露的有毒物的量来表示。剂量的单位通常是以单位体重接触的化学物质的数量（mg/kg 体重）或机体生存环境的浓度（mg/m^3 空气，mg/L 水）来表示。

同一种化学物质的剂量不同，对机体造成的损害作用的性质和程度也不同，因此，剂量的概念必须与损害作用的性质和程度相联系。毒理学中常用的剂量包括如下的概念。

1. 致死剂量

致死剂量（lethal dose，LD）是指以机体死亡为观察指标的化学物质的剂量。按照可引发的受试生物群体中死亡率的不同，致死剂量又分为不同的概念。绝对致死量（absolutelethal dose，LD_{100}）是指能引起观察个体全部死亡的最低剂量，或在实验中可引起实验动物全部死亡的最低剂量。半数致死量（half lethal dose，LD_{50}）是指在一定时间内引起受试生物群体半数个体死亡的毒物剂量。

与 LD50 相似的概念还有半数致死浓度（half lethal concentration，LC50），即能引起观察个体的 50% 死亡的最低浓度，一般以 mg/m^3 或 mg/L 为单位来表示空气中或水中化学物质的浓度。在实际工作中，LC_{50} 是指受试群体接触化学物质一定时间（2～4 小时）后，并在一定观察期限内（一般为 14 天）死亡 50% 个体所需的浓度。

最小致死量（minimum lethal dose，MLD）是指引起受试群体中个别个体死亡的化学物质最低剂量。

最大耐受量（maximal tolerance dose，MTD 或 LD_0）是指受试群体中不出现个体死亡的最高剂量，接触此剂量的个体可出现严重的中毒反应，但不发生死亡。

2. 半数效应剂量

半数效应剂量（median effective dose，ED_{50}）是指化学物质引起机体某项生物效应（常指非死亡效应）发生 50% 改变所需的剂量。

3. 最小有作用剂量

最小有作用剂量（minimal effectlevel，MEL）是指化学物质按一定方式或途径与机体接触时，在一定时间内，能使机体发生某种异常生理、生化或潜在病理学改变的最小剂量。

4. 最大无作用剂量

最大无作用剂量（maximal no-effect level，MNEL）是指化学物质在一定时间内按一定方式或途径与机体接触后，未能观察到对机体有任何损害作用的最高剂量。

5. 安全浓度

安全浓度（safe Concentration，SC）是指通过整个生活周期甚至持续数个世代的慢性实验，对受试生物确无影响的化学物质浓度。

二、剂量–效应（响应）关系曲线

毒物对生物体的效应差异很大。这些差异包括能观察到的毒性发作的最低水平，机体对毒物增量的敏感度，大多数生物体发生最终效应（特别是死亡）的水平，等等。生物体内的一些重要物质，如营养性矿物质，存在最佳的量范围，过高或过低都可能有害。

毒物学中的重要概念，剂量–效应（响应）关系，可以用来描述以上因素的影响。定义剂量–效应（响应）关系，需要指定一种特别的效应，如生物体的死亡；需要指定观察到该效应的条件，如承受剂量的时间长度；需要指定观察效应的毒物受体为一群同类生物体，等等。在相对低的剂量水平下，该类生物群体没有响应（如全部活着），而在更高的剂量水平，所有生物体均表现出响应（如全部死亡）。在这两种情况之间，存在一个剂量范围，可以获得一条剂量–效应（响应）曲线。

建立化学物质的剂量–效应（响应）曲线是十分重要的。例如，根据药物的性质，药物的毒副作用及潜在危害几乎总是存在的。建立药物剂量–效应（响应）曲线主要是为了控制剂量，使之具有良好的治疗效果而不产生副作用。实验中通过逐渐加大药物剂量，从无作用水平到有作用水平、有害水平、甚至到致死量水平。如果该药物剂量–响应曲线的斜率低，则表示该药物具有较宽的有效剂量范围和安全范围。这样的结果用在其他物质中，如进行杀虫剂设计时，希望在杀死目标物种和危害有益物种之间有很大的剂量差异。

如果两种化学物质对同一生物受体的 LD_{50} 值存在实质性的差异，那么可以说数值较低的物质毒性更大。当然，这样的比较必须假定两种物质的剂量–响应曲线具有相似的斜率。

剂量–效应（响应）关系受到毒物因素（毒物化学结构,毒物溶解性、分散度、挥发性等,毒物侵入机体方式及途径）、机体因素（生物种类、应变能力、组织类型等）、环境因素（多种毒物联合作用、温度、湿度、气压等）的影响。

二、有毒物联合作用

生物体可能受到多种有毒物质侵害，这些有毒物对机体同时产生的毒性，有别于其中任一单个有毒物对机体引起的毒性。多种（两种或两种以上）有毒物，同时作用于机体所产生的综合毒性作用称为有毒物的联合作用，包括协同作用、相加作用和对抗（拮抗）作用等。下面以死亡率作为毒性指标分别进行讨论。假定两种有毒物单独作用的死亡率分别为 M_1 和 M_2，则联合作用的死亡率为 M。

（一）协同作用

多种有毒物联合作用的毒性，大于其中各个有毒物成分单独作用毒性的总和。在协同作用中，其中某一毒物成分能促进机体对其他毒物成分的吸收加强、降解受阻、排泄迟缓、蓄积增多或产生高毒代谢物等，使混合物毒性增加，如四氯化碳与乙醇、臭氧与硫酸气溶胶等。

（二）相加作用

多种有毒物联合作用的毒性，等于其中各毒物成分单独作用毒性的总和。在相加作用中，各毒物成分之间均可按比例取代另一毒物成分，而混合物毒性均无改变。当各毒物成分的化学结构相近、性质相似、对机体作用的部位及机理相同时，其联合的结果往往呈现毒性相加作用，如丙烯腈与乙腈、稻瘟净与乐果等。两种有毒物相加作用的死亡率为 $M > M_1 + M_2$。

（三）对抗（拮抗）作用

多种有毒物联合作用的毒性小于其中各毒物成分单独作用毒性的总和。在对抗作用中，其中某一毒物成分能促进机体对其他毒物成分的降解加速、排泄加快、吸收减少或产生低毒代谢物等，使混合物毒性降低，如亚硝酸与氰化物、二氯乙烷与乙醇、硒与汞、硒与锡等。两种有毒物对抗作用的死亡率为 $M = M_1 + M_2$。

（四）独立作用

当两种化学物的作用部位和机理不同时，联合作用于生物体，彼此互无影响。如果观察的毒性指标是死亡，则两种化学物的联合毒性，相当于经过第一种化学物的毒作用后存活的动物再受到第二种化学物的毒作用。这种"联合"作用的死亡率为：

$$M = M_1 + M_2(1 - M_1) \text{ 或 } M = 1 - (1 - M_1)(1 - M_2) \quad\quad （11-10）$$

外来化学物的联合作用是一个复杂而又非常重要的问题。在实际工作中，应注意外来化学物对机体的联合作用，联合作用的评定方法和作用机理还有待进一步研究。

四、毒性作用的生物化学机制

环境中的污染物质或者其代谢产物对生物机体的毒性抑制作用一般要经历以下三个过程：

第一，毒物被机体吸收进入体液之后，经分布、代谢转化并有一定程度的排泄。靶器官是毒物首先在机体中到达毒作用临界浓度的器官。受体是靶器官中相应毒物分子的专一性作用部位。受体成分几乎都是蛋白质类分子，通常是酶。显然，这一过程对毒物毒作用具有重要影响。

第二，毒物或活性代谢产物与其受体进行原发反应，使受体改性，随后引起生物化学效应。如酶活性受到抑制等。

第三，引起一系列病理生理的继发反应，出现在整体条件下可观察到的毒作用的生理和（或）行为的反应，即致毒症状。

由此可见，毒物及其代谢活性产物与机体靶器官中受体之间的生物化学反应及机制，是毒作用的启动过程，在毒理学和毒理化学中占有重要地位。

（一）酶活性的抑制

毒物对酶活性的抑制可能发生在酶的合成阶段，也可能发生在酶的反应阶段或其他相关的部分。毒物对酶的抑制可以分为不可逆抑制和可逆抑制。

1. 不可逆抑制

有些毒物通常以比较牢固的共价键与酶蛋白中的基团结合而使之失活。这种结合往往是通过酶活性内羟基来进行的。一个典型的例子是有机磷酸酯和氨基甲酸酯对乙酰胆碱酯酶的结合。这一结合对乙酰胆碱酯酶活性造成不可逆的抑制，再也不能执行原有催化乙酰胆碱水解的功能。乙酸胆碱是一种神经传递物质，在神经冲动的传递中起着重要作用。

有机磷酸酯和氨基甲酸酯对乙酰胆碱酯酶的活性抑制所造成的乙酰胆碱积累，将使神经过分刺激，而引起机体痉挛、瘫痪等一系列神经中毒病症，甚至死亡。

2. 可逆抑制

在可逆抑制作用中，抑制剂与酶蛋白的结合是可逆的，抑制解除后，酶的活性得以恢复。可逆抑制剂与游离状态的酶之间存在着一个平衡。

竞争性抑制是最常见的一种可逆抑制作用。参与竞争的抑制剂具有与底物类似的结构，所以二者都有可能与酶的活性中心结合。然而，酶的活性中心不能既与抑制剂结合，同时又与废物结合，只能二者择其一。抑制剂可以与酶形成可逆的复合物，但此复合物不能发挥正常作用，酶的活性因此受到抑制作用。如果增加底物的浓度，则抑制可以解除。

对氨基苯甲酸是叶酸的一部分，叶酸和二氢叶酸则是核酸的嘌呤核苷酸合成中的重要辅酶四氢叶酸的前身，因而是正常细胞分裂和繁殖必不可少的物质。人体能直接利用食物中的叶酸，而某些细菌则不能直接利用外源的叶酸，只能在二氢叶酸合成酶的作用下，利用对氨基苯甲酸合成二氢叶酸。磺胺类药物与对氨基苯甲酸的竞争，抑制了二氢叶酸合成酶的活性，从而影响二氢叶酸的合成。

（二）致突变作用

致突变就是使父本或母本配子细胞中的脱氧核糖核酸（DNA）结构发生根本变化，这种突变可遗传给后代。具有致突变作用的污染物质称为致突变物。致突变作用分为基因突变和染色体突变两种。突变的结果不是产生了与意图不符的酶，就是导致酶的基本功能完全丧失，突变可以使个体生物之间产生差异，有利于自然选择和最终形成最适宜生存的新物种。然而大多数的突变是有害的，因此可以引起突变的致突变物受到了特殊的关注。

（三）致畸作用

具有致畸作用的有毒物质称为致畸物。人或动物胚胎发育过程中由于各种原因所形成的形态结构异常，称为先天性畸形或畸胎。遗传因素、物理因素（如电离辐射）、化学因素、生物因素（如某些病毒），母体营养缺乏营养分泌障碍等都可引起先天性畸形，并称为致畸作用。

到20世纪80年代初期，已知对人的致畸物约有25种，对动物的致畸物约有800种。其中，社会影响最大的人类致畸物是"反应停"（酞胺哌啶酮）。它曾于20世纪60年代初在欧洲及日本被用于妊娠早期安眠镇静药物，结果导致约一万名产儿四肢不完全或四肢严重短小。另外，甲基汞对人致畸作用也是大家熟知的。不同的致畸物对于胚胎发育各个时期的效应，往往具有特异性。因此，它们的致畸机制也不完全相同。一般认为致畸物生化机制可能有以下几种：致畸物干扰生殖细胞遗传物质的合成，从而改变了核酸在细胞复制中的功能；致畸物引起了染色体数目缺少或过多；致畸物抑制了酶的活性；致畸物使胎儿失去必需的物质（如维生素），从而干扰了向胎儿的能量供给或改变了胎盘细胞壁的通透性。

（四）致癌作用

癌就是体细胞失去控制的生长，在动物和人体中能引起癌症的化学物质叫致癌物。通常认为致癌作用与致突变作用之间有密切的关系。实际上，所有的致癌物都是致突变剂，但尚未证实它们之间能够互变。因此，致癌物作用于DNA，并可能组织控制细胞生长物的合成。据估计，人类癌症80%～90%与化学致癌物有关，在化学致癌物中又以合成化学物质为主，因此，化学品与人类癌症的关系密切，受到多门学科和公众的极大关注。

化学致癌物的分类方法很多，根据性质划分可以分为化学性致癌物、物理性致癌物（如X射线、放射性核素氡）和生物性致癌物（如某些致癌病毒）。按照对人和动物致癌作用的不同，可以分为确证致癌物、可疑致癌物和潜在致癌物。确证致癌物是经人群流行病调查和动物试验均已证实确有致癌作用的化学物质；可疑致癌物是已确定对实验动物致癌作用，而对人致癌性证据尚不充分的化学物质；潜在致癌物是对实验动物致癌，但无任何资料表明对人有致癌作用的化学物质。目前确定为动物致癌的化学物达到 3000 多种，认为对人类有致癌作用的化学物有 20 多种，如苯并（a）芘、二甲基亚硝胺等。根据化学致癌物的作用机理可以分为遗传性致癌物和非遗传性致癌物。遗传性致癌物细分为：直接致癌物，即能直接与 DNA 反应引起 DNA 基因突变的致癌物，如双氯甲酸；间接致癌物，它们不能与 DNA 反应，而需要机体代谢活化转变，经过近致癌物至终致癌物，才能与 DNA 反应导致遗传密码的修改，如苯并（a）芘、二甲基亚硝胺、砷及其化合物等。

非遗传致癌物不与 DNA 反应，而是通过其他机制，影响或呈现致癌作用的物质。包括促癌物，可以使已经癌变的细胞不断增殖而形成瘤块，如巴豆油中的巴豆醇二酯、雌性激素已烯雌酚等。助致癌物可以加速细胞癌变和已癌变细胞增殖成瘤块，如二氧化硫、乙醇、十二烷、石棉、塑料、玻璃等。此外还有其他种类的化合物，如铬、镍、砷等若干种单质及其无机化合物对动物是致癌的，有的对人也是致癌的。

化学致癌物的致癌机制非常复杂，仍在研讨之中。关于遗传性致癌物的致癌机制，一般认为有两个阶段：第一是引发阶段，即致癌物与 DNA 反应，引起基因突变，导致遗传密码改变。第二是促长阶段，主要是突变细胞改变了遗传信息的表达，增殖成为肿瘤，其中恶性肿瘤还会向机体其他部位扩展。

参考文献

［1］张德会.成矿作用地球化学［M］.北京:地质出版社,2015.

［2］陈义才,李坤,刘四兵.石油与天然气有机地球化学:第2版［M］.北京:地质出版社,2015.

［3］陈希清.中南地区地球化学特征与应用［M］.武汉:湖北人民出版社,2015.

［4］戴金星.戴金星文集卷3天然气地球化学［M］.北京:科学出版社,2015.

［5］张林晔,刘庆,徐兴友.油气地球化学与成熟探区精细勘探［M］.北京:石油工业出版社,2015.

［6］高旭波.山西娘子关泉域岩溶水地球化学演化研究［M］.武汉:中国地质大学出版社,2016.

［7］托马斯·斯蒂芬·比安奇.河口生物地球化学［M］.北京:海洋出版社,2016.

［8］田景春,张翔.沉积地球化学［M］.北京:地质出版社,2016.

［9］赵靖舟,蒲泊伶,耳闯.页岩及页岩气地球化学姚庆祯,姚鹏,译.［M］.上海:华东理工大学出版社,2016.

［10］赵振华.微量元素地球化学原理:第2版［M］.北京:科学出版社,2016.

［11］杨功,李开毕,肖高强.云南省地球化学地质应用研究［M］.北京:地质出版社,2016.

［12］李长生.生物地球化学科学基础与模型方法［M］.北京:清华大学出版社,2016.

［13］史长义,迟清华,冯斌.中国花岗岩类地球化学图集［M］.北京:地质出版社,2016.

［14］奚小环.中华人民共和国多目标区域地球化学图集［M］.北京:地质出版社,2016.

［15］陈岳龙,杨忠芳.环境地球化学［M］.北京:地质出版社,2017.

［16］王敬国.生物地球化学物质循环与土壤过程［M］.北京:中国农业大学出版社,2017.

［17］罗年华.地球化学成矿与找矿预测［M］.北京:地质出版社,2017.

［18］刘恒福,徐云甫,李善平.三十九种元素的分组及元素地球化学［M］.武汉:中国地质大学出版社,2017.

［19］于荣,廖晓峰.水文地球化学与水质分析实验教程［M］.北京:中国原子能出版社,2017.

［20］陈志良,刘晓文,黄玲.土壤砷的地球化学行为及稳定化修复［M］.中国环境出版集团,2018.

［21］庞绪贵.山东半岛特色农产品产地地质地球化学环境研究［M］.北京:地质出版

社,2018.

［22］杜建国,李营,崔月菊.地震流体地球化学［M］.北京:地震出版社,2018.

［23］胡国艺.天然气轻烃地球化学［M］.北京:石油工业出版社,2018.

［24］夏学齐.地球化学样品分析与数据应用统计［M］.北京:地质出版社,2018.

［25］祁士华.环境地球化学［M］.武汉:中国地质大学出版社,2019.

［26］陶平.海洋地球化学［M］.北京:科学出版社,2019.

［27］李水福.油气地球化学［M］.武汉:中国地质大学出版社,2019.

［28］张干.持久性有机污染物的地球化学［M］.北京:科学出版社,2019.

［29］周奇明.深穿透地球化学勘查技术及应用［M］.北京:冶金工业出版社,2019.

［30］宋金明.海洋生物地球化学［M］.北京:科学出版社,2020.

［31］张德会.热液成矿作用地球化学［M］.北京:地质出版社,2020.

［32］侯青叶.中国土壤地球化学参数［M］.北京:地质出版社,2020.

［33］戴金星.中国非常规天然气地球化学文集［M］.北京:石油工业出版社,2020.